"多媒体画面语言学"研究系列丛书
王志军 总主编

5G 时代移动学习资源的画面设计研究

冯小燕 著

南開大學出版社

天津

图书在版编目(CIP)数据

5G 时代移动学习资源的画面设计研究 / 冯小燕著
. —天津：南开大学出版社，2022.12
("多媒体画面语言学"研究系列丛书 / 王志军总
主编)
ISBN 978-7-310-06357-4

Ⅰ.①5… Ⅱ.①冯… Ⅲ.①第五代移动通信系统—
研究②多媒体技术—研究 Ⅳ.①TN929.538②TP37

中国版本图书馆 CIP 数据核字(2022)第 230957 号

5G 时代移动学习资源的画面设计研究
5G SHIDAI YIDONG XUEXI ZIYUAN DE HUAMIAN SHEJI YANJIU

南开大学出版社出版发行
出版人:陈　敬
地址:天津市南开区卫津路 94 号　　邮政编码:300071
营销部电话:(022)23508339　营销部传真:(022)23508542
https://nkup.nankai.edu.cn

河北文曲印刷有限公司印刷　全国各地新华书店经销
2022 年 12 月第 1 版　　2022 年 12 月第 1 次印刷
260×185 毫米　16 开本　16 印张　367 千字
定价:68.00 元

如遇图书印装质量问题,请与本社营销部联系调换,电话:(022)23508339

序

　　《5G时代移动学习资源的画面设计研究》是天津师范大学教育技术学学科原创性研究成果"多媒体画面语言学"研究系列丛书之一。"多媒体画面语言学"理论是诞生和成长于中国本土的一门创新理论，是信息时代形成的新的设计门类，其基本目的是促进优质数字化教学资源的设计、开发和应用。"多媒体画面语言学"的研究框架包括画面语构学、画面语义学和画面语用学，画面语构学研究各类媒体之间的结构和关系；画面语义学研究各类媒体与其所表达或传递的教学内容信息之间的关系；画面语用学研究各类媒体与信息化教学环境及学习者之间的关系。多媒体画面语言学的应用领域非常广泛，与各种新的研究方向有交叉之处，是一种与时俱进的研究。

　　《5G时代移动学习资源的画面设计研究》一书是5G时代多媒体画面语言在语用学层面的创新探索，根据5G时代移动学习场景的新特点，将"多媒体画面语言学"作为移动学习资源画面设计的逻辑起点，将"学习者中心"作为理论起点，将"学习资源存在的问题"作为现实起点，提出移动学习资源画面设计的层次观与设计策略；采用实验研究范式探索并形成了移动学习资源画面设计的相关规则，从而为5G环境下移动学习资源优化设计提供有力支撑，将以学习者为中心的教育理念融入到移动学习资源画面设计的具体过程。本书将理论研究、调查研究、专家咨询和实验研究多种研究方法有机结合，形成了较为严谨的逻辑论证链，进一步继承、创新和发展了多媒体画面语言学的研究范式。

　　作者冯小燕是天津师范大学教育技术学的博士研究生，现为河南科技学院信息工程学院副教授、副院长，河南大学在站博士后。冯小燕博士在读和毕业之后持续在多媒体画面语言学、数字资源优化设计、学习分析等领域探索与耕耘，从学术研究到实践应用都取得了丰硕成果，先后主持国家自然科学基金、教育部人文社科基金、河南省哲学社会科学项目等省部级以上项目五项，参与多项；在《现代教育技术》《远程教育杂志》等教育技术专业期刊发表论文十余篇；多次指导学生在中国大学生计算机设计大赛、全国师范生微课大赛、"iTeach"全国大学生数字化教育应用创新大赛等全国性大赛中获奖。作者在"多媒体画面语言学"领域有较为丰富的学术研究积淀、扎实的理论素养和丰富的实践应用经验。

　　我是冯小燕的博士生导师，对她有较多的了解，她既厚道又聪慧的本质使她具有较好的学术探索敏感性和研究韧性，她对多媒体画面语言学最初的兴趣缘于她在原单位的《多媒体画面艺术基础》课程教学，在攻读博士期间进行了系统的多媒体画面语言研究，显现了她独特的学术天赋，毕业后不忘初心，又不断将研究推向深入。相信她在多媒体画面语言学领域深入、持续的研究将进一步丰富"多媒体画面语言学"研究体系，为我国教育信息化不断发展贡献力量。

王志军

2022年11月

前　言

5G 时代，移动设备已经成为普遍工具，其用途广泛，包括教学、学习、工作和休闲等，移动互联网对全球范围内的教育产生了深入而广泛的影响。手机阅读、手机视频观看、手机游戏等行为已经成为青少年尤其是大学生获得资讯、休闲娱乐的主要方式，但以移动设备为载体的移动学习对青少年的影响还十分有限。移动学习蕴含着改进教育体系、振兴经济、助推国家未来的巨大潜力，但要想真正发挥这些潜力，需要大量、优质、多样化、适应能力强的学习资源，并以此来适应学习者多元化的学习需求，吸引学习者的兴趣，使其将更多的时间和精力投入到移动学习中来，开展有意义的学习。

5G 环境下，移动学习资源具有教育软件和教育资源的诸多特性，同时又具有移动应用和移动互联的特点。优质学习资源是高质量移动学习的基础和关键，设计是否合理影响学习者的兴趣、动机、投入和效果。当前移动学习资源的知识内容存在跨平台适应性不足、学习内容的切分与呈现缺乏考虑知识内在逻辑、移动设备资产专用度低等问题。优质的移动学习资源设计需要从内容选取、教学设计、画面设计及学习活动组织等多方面考虑。提高移动学习资源的质量与增强移动学习资源内容适配性成为赢得与留住学习者的关键。移动学习的特殊性对学习资源的设计提出更高要求，更加强调学习者的学习体验，更加注重资源设计的可用性、易用性与满意度；其强调激发和维持学习动机，使学习者拥有良好的学习投入，并使其取得更好的学习效果。

5G 时代的移动学习呈现学习内容离散性、学习过程随意性和学习行为间断性等特点，易导致学习者产生行为、思维和认知上的碎片化倾向。移动学习不能仅停留在浅层学习阶段，还应注重学生行为、情感上的认知投入，使学习者的认知思维在兼顾低阶认知目标基础上逐渐达到深度学习的高阶认知目标，降低碎片化学习的负面影响，提高学习者的专注度和投入度，改善学习效果。以多媒体画面语言学理论为指导，将提高学习投入作为切入点，优化移动学习资源画面设计不仅可提高学习者的学习投入，也是促使学习者产生深度学习的有效突破口。移动学习研究应从关注技术实现转向关注移动学习本质，以学习者为中心，关注学习者移动学习过程中的学习投入，探索移动学习发生过程中的动力机制与过程特点，以此为基础设计开发的移动学习资源才更加符合学习者的认知规律与学习特点，从而增进移动学习质量，促进学习者提高学习能力。

本书的主要内容如下：

1. 5G 时代的移动学习资源特点

结合 5G 的关键技术、特性，分析 5G 时代教育场景的特点，分析 5G 时代移动学习的新发展特点，从而明晰 5G 时代移动学习资源的画面表征与传播特点，以及相应的设计、开发新要求。

2. 基于多媒体画面语言的移动学习资源画面设计理论分析

依据多媒体画面语言的表征特点和理论框架，开展基于多媒体画面语言的移动学习资源画面特点分析，从而确定移动学习资源画面设计的逻辑起点。

3. 以学习者为中心的移动学习资源画面设计

从"以学习者为中心"理念出发，结合用户体验理论、学习投入理论、多媒体认知学习理论和认知负荷理论等，开展移动学习资源画面设计中"以学习者为中心"理念的充分融入，从而确定移动学习资源画面设计的理论起点。

4. 移动学习资源画面优化设计策略的制定

通过理论分析和现实调研，明确移动学习环境下影响学习投入的因素及作用机理，并通过专家评定的方式确定各影响因素的重要程度，依据专家评定的结果提出促进学习投入的移动学习资源画面设计策略。

5. 移动学习资源画面设计规则研究

依据设计策略和设计层次，从布局方式、学习支架、沉浸体验、画面色彩四个方面开展移动学习资源画面设计的实证案例研究，形成一系列具有可操作性的语法规则。

设计总则

应形成"多媒体画面语言表征的移动学习资源（环境要素）→动机激发与维持（动力机制）→学习投入（过程机制）→学习效果（结果要素）"学习过程生态链。

首先，抓住学习者的注意力，激发其主动学习的动机，提高学习专注度；其次，注重互动和交互方式的设计，调动学习者的学习行为积极性；再次，充分考虑积极情感在学习过程中所发挥的作用，通过合适的画面设计优化学习者的情感体验；最后，从认知、行为和情感等多个维度提高学习投入度，优化移动学习效果。

设计细则

规则 1 根据学习内容需求和知识类型选择合适的画面布局类型与内容切分方法：

（1）注意保持知识的内在逻辑性，依据知识内容选择合适的划分策略。

（2）考虑不同布局方式对不同知识类型的最佳适应性。

（3）应优先选择标签式布局设计方式，其次是瀑布流式布局方式。

规则 2 学习支架设计应依据支架信息作用通道类型对支架信息进行恰当设计：

（1）当支架信息以音频形式呈现时，信息描述尽可能详细。

（2）当支架信息以文本形式呈现时，信息描述尽可能简明。

（3）当支架信息以文本+音频呈现时，信息描述可根据需要进行选择。

（4）学习支架位置对注意力和操作行为有影响，建议位置的优劣顺序为画面下方、画面中间、画面右上方。

规则 3 三维互动界面设计应根据设备类型和内容需求进行恰当选择：

（1）三维互动界面设计有利于增加移动学习的吸引力和沉浸感。

（2）三维互动界面对移动设备屏幕尺寸有最佳适应性，平板效果优于智能手机。

（3）无三维互动时，智能手机和平板电脑的学习优势无显著区别。

规则 4 注重色彩设计的美学功能、情感功能和认知功能的协调与平衡：

（1）合理的色彩设计可以引发良好的情感体验，适应学习者的视觉认知与注意力分配水平。

（2）背景色和提示色对比搭配可以提高信息获取效率，暖色背景冷色提示色最佳，避免暖色背景暖色提示色搭配。

本著作的创新之处在以下两个方面。

理论创新：多媒体画面语言是移动学习资源画面设计的逻辑起点，学习者中心是移动学习资源画面设计的理论起点，现有学习资源存在的问题和不足是移动学习资源画面设计的现实起点。本书从移动学习资源画面设计的逻辑起点、理论起点和现实起点出发，采用实证研究的方式，探索并形成了移动学习资源画面设计的相关规则，从而为移动学习资源优化设计提供有力支撑。本书从激发学习动机、提高学习投入角度探索移动学习资源画面的设计策略，将移动学习资源设计与实际应用中学习者的适应性建立联动关系，将以学习者为中心的教育理念融入移动学习资源画面设计的具体过程。

方法创新：有机融合了理论研究、调查研究、专家咨询和实验研究多种研究范式，形成了较为严谨完备的逻辑论证链。在进行研究数据获取时，基于多模态数据理念，运用多种方式采集多维数据，将学习者的脑波数据、眼动数据和主观问卷数据有机结合，形成三角互证，增加数据的可靠性，充分挖掘数据间关联所反映的本质规律。学习结果分析中，学习者的动机测量数据、学习投入数据和学习效果数据相互印证，形成学习动力、学习过程和学习效果数据间的三角互证，立体、动态地反映了画面设计策略对移动学习的影响情况。这些都在一定程度上丰富和拓展了多媒体画面语言学研究思路和方法。

本书由冯小燕撰写完成。我的恩师天津师范大学博士生导师王志军教授对本书的构思、撰写、成稿和出版都给予了悉心指导和无微不至的关怀。河南科技学院硕士研究生索笑尘、郑茜茹、张钰川参与了本书的校对和排版工作。

受限于作者的水平，本书中定会存在一些不妥之处，在此恳请各位读者批评指正。

本书的出版受到了国家自然科学基金项目"移动学习环境下学习投入的动态变化机制与资源支持研究"（项目号 61907013）、国家自然科学基金项目"基于多模态人机交互的协作式知识生成与演化机制研究"（项目号 62207009）、河南省高等教育教学改革研究与实践项目"课程思政视域下立体化教材建设与应用研究"（项目号 2021SJGLX475）、河南省高等教育教学改革研究与实践一般项目（学位与研究生教育）"专业学位硕士研究生'四创'能力培养模式研究与实践"（项目号 2021SJGLX167Y）、河南省高等教育教学改革研究与实践重点项目（学位与研究生教育）"农业硕士一体化课程思政人才培养体系研究与实践"（项目号 2021SJGLX044Y）等项目的支持，也得到了河南科技学院博士后创新实践基地、河南大学教育学博士后流动站、南开大学出版社的大力支持，在此表示衷心感谢！

目 录

第一章 5G 时代的移动学习

第一节 5G 时代

随着 5G 时代的到来,人们的生活、工作和学习方式正发生着深刻的变化。2020 年初暴发的新冠肺炎疫情全面影响了人们的生活和工作方式,在疫情防控复工复产过程中,5G 技术使得在线办公和在线教育的大规模普及成为可能。中国信息通信研究院 2021 年 12 月份发布的《中国 5G 发展和经济社会影响白皮书——开拓蓝海,成果初显》[1]显示,2021 年是我国 5G 商用取得重要突破的一年,5G 网络覆盖从城市扩展到县城乡镇,5G 手机在新上市手机中的渗透率突破 75%;截止到 2021 年 9 月,5G 终端连接数已超过 4.5 亿。技术的进步与社会的发展促使我们加速进入 5G 时代,5G 正引领新一轮科技革命和产业变革。

一、5G 的主要性能指标 [2]

国际电信联盟提出的 5G 关键性能指标包括峰值速度、用户体验速率、连接密度、流量密度、时延、频谱效率、移动性、网络能效等 8 个方面。

峰值速度指标指用户可以获得的最大业务速率,5G 系统的峰值速率可以达到 10 Gbit/s。用户体验速率指标是指单位时间内用户获得媒体接入控制层用户平面数据的传送量,5G 网络要求用户体验速率最低要满足下行 100 Mbit/s、上行 50 Mbit/s。连接密度指标是指单位面积内可以支持的在线设备总和,是衡量 5G 网络对海量规模终端设备支持能力的重要指标,一般不应低于 10 万台/km²。流量密度指标是指单位面积内的总流量数,用于衡量移动网络在一定区域范围内的数据传输能力,5G 时代网络架构应该支持每平方公里能提供数 10 Tbit/s 的流量。关于时延指标,5G 时代,车辆通信、工业控制、AR 等业务应用场景对时延提出了更高要求,最低空口时延低至 1 ms。频谱效率指标方面,为实现增强移动宽带,5G 的频谱效率比 4G 高 3 倍以上,部分场景的频谱效率会增长 5 倍。移动性指标方面,5G 系统的设计需要支持更广泛的移动性,国际化标准组织第三代合作伙伴计划(3GPP)标准规定 5G 网络可支持的最大移动速度是 500 km/h。网络能效指标是指每消耗单位能量可以传送的数据量,在 5G 系统架构设计中,为了降低功率消耗,采用了一系列新型接入技术,如低功率基站、D2D 技术、流量均衡技术、移动中继等。

二、5G 的主要特点和应用场景 [3]

(一)5G 的主要特点

与传统的移动通信相比,5G 具有高速度、泛在网、低功耗、低时延、万物互联、重构

---

① 中国信息通信研究院. 中国 5G 发展和经济社会影响白皮书——开拓蓝海,成果初显[EB/OL]. 2022－05－06.
② 冯武锋,高杰,徐卸土,等. 5G 应用技术与行业实践[M]. 北京:人民邮电出版社,2020:33－35.
③ 项立刚. 5G 机会[M]. 北京:中国人民大学出版社,2020:10－24.

安全等基本特点。

5G 具有"高速度"的特点。5G 的理论速度可以达到 1 Gbps，某些实验室数据可以达到 2.3 Gbps，现网的实际下载速度可以达到 500−800 Mbps，上传可以达到 50−60 Mbps。价格则大幅下降，用户可以享受高清的视频体验，在 5G 的高速度支持下，人们的日常社交从文字与语音社交转向视频社交，视频设计平台越来越广泛且受欢迎，社交方式和社交体验发生了重要变化。

5G 网络具有泛在性。5G 时代的移动通信广泛地存在于地下室、地下停车场、地铁、矿山中，深入地下覆盖社会生活的每一个角落是 5G 网络部署的一个重要特点。

5G 网络具有低功耗特点。5G 的高速以低功耗为基础，物联网的发展必须以低功耗的通信网络为基础。没有低功耗的通信网络，大量的感应器不能把数据及时发送出来，就没有办法形成有价值的数据，也不可能建构起有价值的服务。

5G 网络具有低时延特点。传统网络的时延无法满足工业控制、远程手术、远程操作等对网络低时延的要求。国际电信联盟对 5G 时延的愿景是 1 ms，目前最好的效果在 5−10 ms，低时延会让网络的可靠性大大提升，大量对网络低时延要求的应用场景将得以实现。

5G 网络具有万物互联的特点。到 2025 年中国的移动通信终端接入有望达到 100 亿，随着这个网络逐渐完善，接入移动通信网络中的终端会越来越多。万物互联意味着人类的信息通信从人与人之间，扩展到人与机器之间和机器与机器之间，并把感应到的信息及时、准确、稳定地传输到云端成为有价值的数据，并据此提供各种服务。

5G 网络具有重构安全的特点。5G 之上的智能互联网面对的安全问题更为复杂，是整个社会构建与支撑的基础。社会管理、公共服务、公共安全、庞大的交通、电力供应、通信支持，以及公共卫生、社会生活的支撑都依托于这个网络。

（二）5G 的主要应用场景

5G 的三大场景主要包括增强移动宽带（broadband）、海量机器类通信（mMTC）和超高可靠低时延通信（uRLLC）。

增强移动宽带是指在现有移动宽带业务场景基础上，用户体验等性能大幅度提升。对于需要大宽带的业务，增强移动宽带的重要性不言而喻，例如直播、高清视频、高清视频转播、VR 体验业务，都需要增强移动宽带。在网络部署方面，eMBB 既可以独立组网，也可以非独立组网，即主体网络是 4G 网络，但是在重点地区通过增强移动宽带进行部署，主要适应于 3D/超高清视频等大流量移动宽带业务。

海量机器类通信是 5G 最主要的价值之一，不再只是人与人之间进行通信，人与机器、机器与机器的通信将成为可能。大量的物联网应用需要进行通信，物联网应用通信有两个基本要求：一个是低功耗，另一个是海量介入。据预测，到 2025 年，中国近 100 亿的移动终端约 80 亿以上是物联网终端，这就需要网络支持大量的设备接入。目前的 4G 网络显然没有能力支持这样庞大的接入数，mMTC 将提供低功耗、海量接入能力，支持大量的物联网设备的接入。

超高可靠低时延通信是传统的通信对可靠性的要求相对较低，但无人驾驶、工业机器人、柔性智能生产线却对通信提出了更高的要求，即必须是高可靠和低时延的。高可靠性指网络必须保持稳定性，保证运行的过程中不会被拥塞和干扰，不会经常受到各种外力的影响；低时延方面，4G 网络最好的只能做到 20 ms，但是 uRLLC 要求做到 1—10 ms，这样的时延才能提供高稳定、高安全性的通信能力，从而让无人驾驶、工业机器人在接到命令时第一时间做出反应，迅速、及时地执行命令。这需要边缘计算、切片技术等多种技术的支持，保证更多高可靠的通信场景。

三、5G 时代的教育场景新特点 ①

智慧教育作为教育信息化发展的一个重要发展方向，改变了传统的教学方式，体现了"以学习者为中心"的教育理念。随着 5G 技术的普及，智慧教育将借助于 5G 网络为师生提供一个更加多元的教育教学环境，实现教育的智能化、泛在化和个性化。5G 技术拓宽教育传播路径，变革教育传播内容和方式，实现教育场景创新。5G 与 AI、VR/AR、超高清视频、云计算、大数据等技术相结合为教育变革提供强大动力。5G 时代，智慧教育的应用场景涵盖智慧教学、智能教学评测、智慧校园管理等，通过多元接入网络的方式实现 5G+智慧教育应用。

（一）智慧教学

智慧教学涵盖沉浸式教学、远程互动教学、虚拟实验室等场景，通过 5G 与 VR/AR 等技术相结合，师生身临其境地进行个性化、互动性的教学与学习。智慧教学的实现需要强大的网络支撑，而 5G 所拥有的高带宽、低时延、大连接特性能够很好地支撑智慧教学，使学生在不同时间、不同地点都能如同在教室中上课般共享教学资源，与教师进行互动；而虚拟实验室的实现，则需要依靠 5G 网络的大带宽、低时延特性，使学生可以身临其境般地进行难度高、危险性大的科学实验。基于 5G 技术，VR/AR 环境下的智慧教学可以将教学内容上传至云端，并对 VR/AR 教学应用进行运行、渲染、展示和互动。通过建设 VR/AR 云平台，开展虚拟实验、虚拟科普、虚拟创客等教学应用，将知识转换为逼真的、可观察和可交互的虚拟实物，使学习者深入探索学习内容，强化对学习内容的理解和掌握，优化学习体验和学习效果。

（二）智能教学评测

基于大数据和 AI 技术，对课堂、学习、运动和教学等行为进行智能分析和可视化管理，可以更好地指导和促进智能教学评测的发展。智能教学测评的主要应用场景数据、云计算等新一代信息技术，智能教学评测场景网络需求包括：视频终端接入，每个终端接入带宽 ≥8 Mbit/s，延时 ≤150 ms，丢包 ≤5%；课堂学习信息采集云专线接入带宽 ≥50 Mbit/s，时延 ≤100 ms，丢包 ≤0.5%；云服务接入能力能接受 1 000 个摄像头并发接入。基于学习过程的评价是智能教学测评的典型应用之一，传统的教学评价以学习者完成学习后的最终测试成绩或作品的评价作为学习者参与和完成学习任务的总体评价，忽略了学习者个体的参与性信息，评价缺乏全面性。在 5G 环境下，借助于线上的平台技术支持和线下的设备支持对学习者的线上线下学习过程进行观察，采集全方位、全过程的数据，发现其参与学习

①冯武锋，高杰，徐卸土，等.5G 应用技术与行业实践[M]. 北京：人民邮电出版社，2020:221—238.

的行为模式，实时发现问题，进而通过多元、多样的形式对其进行即时的、精准的评价和干预。智能教学评测包括课堂情感识别与分析、课堂行为识别与分析、课堂互动识别与分析、课堂活跃度与专注度分析、课堂考勤、学业诊断、多维度教学报告、个人成长档案、智能考试与评价和远程巡考等。智能教学质量的测评需要借助于 5G 网络大带宽、大连接的特性，同时依靠 AI、大数据、云计算等新一代信息技术。

（三）智慧校园管理

智慧校园管理提供面向学校、教师、学生和家长的智慧化管理服务，通过高清智能、高度集成的 AI 安防平台，实现校园统一的安防资源管理，对视频监控、人脸识别、门禁管理、车辆管理、报警管理、消防报警、访客预约管理等安全模块进行统一管理，满足室内外环境监测、能耗监控、实验室管理、机房/网络管理、多媒体设备管理、照明管理等多用户的监控管理需求。校园智能监控是智慧校园管理中常用的功能模块，利用智能监控系统，可以实现对学习者的学习生活轨迹进行追踪、校车人脸识别、校门口无感人脸考勤、学生校内活动监控等学习者出行和学习活动进行跟踪、视频监控、AI 分析、预警服务等，为学习者提供全方位、全过程、全天候的安全保障服务，为学校管理提供强有力的安全管理手段，打造安全的学习环境；为教育主管部门的日常监管提供直观、可视的监督工具。

第二节　移动学习

一、移动学习发展背景

移动学习（Mobile Learning）是一种学习方式，起初它只被视为远程学习的一部分。例如在早期的发展过程中，智能空间（Smart Space）这一移动技术，使教师的课堂教学中既有本地学生的参与，也可以实现学生的远程登录和共享，教师可以借助学生面板了解学生的登录和学习情况。

目前，网络环境下的移动终端设备已经普及，并且用途广泛，包括教学、学习、工作、休闲等。据统计，我国目前使用的手机有 17 亿部，5G 手机终端连接数为 5.2 亿，移动互联网覆盖率为 110%，因为很多人喜欢携带两部手机或一部双卡双待机的手机。[①]移动设备有利于教师为学习者打造个性化的学习模式，有利于学习者开展自主学习。移动学习主要是通过移动网络开展的，我国的移动网络已经迈入 5G 时代，"无处不学"的移动学习已成为学习者提高能力的重要途径。未来的移动学习将更具智能化、交互化的新时代特征，更好地满足各方面的人才需求，在我国教育领域发挥更为重要的作用。

二、移动学习的概念

纵观国内外已有研究对移动学习的定义可以发现，不同的研究者对移动学习的理解不同，技术专家强调设备的功能性和新颖性，而学习领域的研究者则关注非正式情境学习，将移动学习与传统教育进行比较思考。大多数学者认为"基于移动设备"和"基于移动通

---

① 赵卫华：我国累计建成开通 5G 基站超过 142.5 万个，5G 手机终端连接数达到 5.2 亿户[OL]. 科技日报，2022－02－28.

信技术"是移动学习的主要特征。此外，移动学习还具有随时随地学习、碎片化、情境相关性等特征。研究者对移动学习的关注从早期的技术实现到与其他学习形式的比较，再到强调以学习者为中心，移动学习的本质属性和功能定位从物理层面提高到环境层面，再到人的层面，以渐进的方式融入和影响学习，进而革新学习 ①。以学习者为中心，提高学习过程中学习者的主动参与性和身心投入程度是当前移动学习发展阶段的新要求。

结合当前移动学习的发展阶段和已有分析，本书认为移动学习是基于智能手机、平板电脑等主流便携式移动智能终端设备，借助移动通信网络快速获取学习资源、开展学习活动，满足学习者需求的数字化学习方式；关注学习者的个性化需求，强调学习内容和呈现形式对学习者的适应性和吸引力。

三、移动学习的要素

移动学习的要素包括学习者、教师、内容、环境等要素。学习者是学习系统的核心，可以灵活地决定学习速度、掌握何种知识、采用何种学习方法、分享何种学习体验。教师扮演多重角色，从课堂上的教学专家转变为媒体传播者，再过渡到互联网技术中调整学习进程的调节者，关注学习者的兴趣，引导符合兴趣的学习主题，并消除移动学习的障碍。内容是具有互动游戏、参与问答等多媒体元素的知识群。环境是为移动终端设计的能够促进学习者和教师以及学习者之间交流的任何场所。

通过上述对移动学习的概念和构成要素的分析，可以看出移动学习与传统意义的学习有着显著区别。移动学习既不是拘泥于固定的教学计划、传授固定知识的封闭式学习，也不是毫无目标动机、没有任何限制的松散式学习，而是紧密结合移动通信技术、适应学习者、强调体验和互动、灵活调节的一种学习方式。以学习者为中心，提高学习者在学习过程中的主动参与性和身心投入程度，是当前移动学习发展阶段的新要求。

第三节 5G 时代的移动学习新特点

随着 5G 网络的普及，网络将广泛地存在于社会的每一个角落，实现人与物、物与物之间的万物互联、智能互联，成为随时随地进行移动学习的重要技术基础。5G 时代，移动智能设备的普及，大数据、云计算、人工智能等新兴技术的融合引发教师、学生、环境资源等移动学习要素的深刻变革，带来移动学习方式的重大转变，为学生提供移动学习新体验。因此，5G 时代的移动学习将具有更加广阔的发展前景，在移动学习方式、移动学习资源、移动学习平台、移动学习效果等方面呈现新特点。

一、移动学习成为常态化的学习方式

移动学习依靠移动终端以移动性为根本特征，使学习者获得最大限度的学习自主性，给教师、教育管理者提供更加灵活的教学与管理方法。移动学习已是学习者整个学习体验

---

①[美]Scott Mc Quiggan, Lucy Kosturko, Jamie Mcquiggan, 等. 移动学习：引爆互联网学习的革命[M]. 王权，等译. 北京：电子工业出版社，2016:6.

的重要组成部分，然而使学习者获得高质量的移动学习体验还需更多努力。而 5G 技术可以为移动学习的广泛使用和学习体验的提升提供强大的驱动力。在 5G 时代，mMTC 可以使移动设备终端始终与网络连接，为移动学习提供优质的网络环境，学习者可以通过移动终端设备访问"云上的一切"，学习体验的可能性变得无限，移动学习将变得更加主动与协作。

二、移动学习平台具有智能化特点

5G 技术可以实现万物互联，教育场景具有协同互联的特点。在 5G 环境下，由大数据和物联网构建的移动学习平台可以帮助学习者获取海量信息，并通过智能处理满足不同学习者的需求。基于 5G 技术形成学习共同体的学习场域，学习者之间的交互更加便捷化、泛在化和多元化。移动学习环境向更智能、强交互的"室联网"转变，将课堂与其他教学场域连接起来，借助"面对面"的方式交流和处理问题，而不是在彼此看不见对方的网络场中进行。[1]5G 技术构建的新连接方式将促进移动学习平台的智能化、交互化，提升学习者学习的便捷性、沉浸性与体验感。

三、移动学习资源的内容与形式进一步丰富

在移动学习资源流入传输通道的初始阶段，由于传统网络的带宽限制或网络时延，使得一些有用的移动学习资源无法精确快速流入资源传播通道。5G 技术拓宽了传播通道带宽，提高了传播速率，使得 8 K 超高清视频、云 3D、虚拟仿真资源、游戏化资源等具有 5G 特性的移动学习资源内容可以与传统学习资源内容一同流入传播通道。5G 网络可以缩短移动学习资源下载时延，充实资源内容，扩展资源容量，改变 3D、VR、AR 等资源因传统网络速率过低的原因而在学习平台、移动终端应用率低下的现状。移动学习资源内容更加丰富，移动学习资源的形态也逐渐由二维向三维、非智能向智能、现实课程向虚拟课程、理论讲授向理论+实践+讨论三位一体、知识传达向知识体验的转换。[2]5G 时代的移动学习场景更加丰富，给予学习者的个性化支持更加多元化，学习者的学习体验满意度更高。

---

①阳亚平，詹立彩，陈展虹，等. 基于室联网的开放大学智慧学习空间生态建设——以福建广播电视大学"5G 室联网实验室"的建设与应用为例[J]. 现代教育技术，2021，31(06):64—71.
②杨晓宏，李运福，杜华，等. 高校在线开放课程引入及教学质量认定现状调查研究[J]. 电化教育研究，2018，39(8):50—58.

第二章 基于多媒体画面语言的移动学习资源画面设计

第一节 移动学习资源的画面特点

一、移动学习资源画面设计的相关研究

移动学习的特点与潜在问题可以从设备特性、环境特点和学习特点三方面考虑。设备特性方面：移动设备作为学习工具的资产专用度低，在使用过程中学习的优先级也相对较低。因此学习者与移动设备之间难以形成稳定的、单一的学习关系，从而造成移动学习的专注度、投入度和持久性较低。学习环境方面：移动学习环境呈现泛在性、个性化、强适应性、高互动性等特点，移动学习环境中的不确定性因素较多，对学习容易产生干扰，使学习者难以完全沉浸于学习，高阶思维能力难以发挥。学习特点方面：移动学习强调主动性、开放性、学习形式多样性、学习过程片段性、学习意义潜在性等，但移动学习的时间和地点自由，学习计划和学习方式自主权较高，学习呈现非线性、学习计划松散性、学习行为随意性等特点。上述特点既是优势又是劣势，容易造成学习动力不足，学习有效性低。因此如何吸引学习者的深度参与，产生持续的、深度的学习，对移动学习资源画面设计提出了更高要求。

（一）移动学习资源画面要素设计研究

移动学习资源的设计和开发在形式上涵盖了移动端 Web 学习资源、教育类 APP、基于微信公众号等社交媒体的学习资源、VR/AR 技术在移动终端的应用开发等几种类型，开发人员队伍包括专业技术开发人员与教学实践人员，专业开发与按需开发并重，技术门槛阶梯式呈现。基于微信公众平台等社会媒体的移动资源设计开发技术门槛相对较低，随着 H5 技术的推广和普及，APP 类教育资源的设计门槛也在不断降低，更多的一线教师可以根据自己的教学需要，自主设计开发有针对性的学习资源，但还未形成系统的设计方法和规范的技术标准。移动学习资源设计开发受到越来越多人的关注，移动学习资源的质量对移动学习效果的影响将进一步凸显。

移动学习设备屏幕尺寸限制、移动设备多样性、学习方式灵活性和不稳定性、学习效果评价尺度复杂性等给移动学习资源及其画面设计带来诸多挑战。移动学习资源的画面设计包括布局、导航、图文融合、色彩搭配、交互等画面要素搭配，以及信息呈现设计等，对设计者具有较高要求。移动设备界面的小尺寸、多样化和交互独特性使得移动学习资源画面设计受到许多限制，画面设计质量在一定程度上决定了学习者与学习内容的交互质量和学习效果。在移动互联网领域，画面设计比以往 PC 端应用程序更加受到重视，同时，移动设备复杂多样性也加大了画面设计的难度。[①]传统学习资源应用于移动设备终端需要进

---

① 李青. 移动学习：让学习无处不在[M]. 北京：中央广播电视大学出版社，2014:108.

行大的改变设计，而不仅仅是缩小屏幕和图像。

在移动学习资源的表达呈现中，不同的画面要素有着不同的功能定位，如文本适合于基本概念或描述类内容，文字编排优化设计可以提高辨识度，易于操作，提高学习者的使用舒适性；图片适合于直观概念或生动形象的内容，同时增加学习资源的可视化效果和吸引力；音频适合于语言及会话类内容，借助于耳机等设备可以使学习者突破环境的干扰，保持较好的持续性；视频和动画适合于真实场景重现及形象化、过程化知识的展示。移动学习需要根据学习者的特点和情境需要，匹配最佳的学习资源呈现形式。传统屏幕上的文本和图片内容在移动设备上显示时会出现页面显示增多、尺寸不适、导航不合理、细节丢失等问题。移动学习资源的画面设计除了要符合通用设计规则外，还要重点考虑"教"与"学"的问题。这里的"教"强调学习资源的内容设计，而"学"则强调学习资源的画面设计，资源中的学习内容通过画面呈现，内容设计与画面设计有机配合才能充分发挥学习资源的作用。移动设备的屏幕尺寸较小，如何在这类设备上显示学习内容，是移动学习资源建设者们需要首先考虑的问题。

已有研究侧重于画面设计对认知效果的影响，比如字体大小对移动学习效果的影响，屏幕尺寸对移动学习效果的影响，屏幕分辨率对移动阅读的影响，信息呈现方法对移动阅读效果的影响等。移动设备的技术特性使得学习资源的布局设计、导航设计、交互设计都受到较大的限制，较小的屏幕空间很难完整地呈现复杂的学习内容，影响学习交互的效果，同时容易增加认知负荷。[1]移动学习资源的信息呈现应遵循结构清晰、功能明确、操作流畅等规则。

（二）移动学习资源画面艺术性设计研究

随着移动智能设备的普及与用户体验要求的提高，移动应用的图标、布局和设计风格等界面设计成为支撑移动应用质量的重要因素。学习者对移动学习资源画面的设计也提出了更高要求，设计风格、图像风格、要素编排风格等美学特性应保持一定的完整性和一致性，强调视觉设计与信息架构设计的一致性。[2]学习者对移动学习资源画面美的体验是多维的、全方位的，具有丰富性、完整性和整体性的特点。学习者对画面艺术美的体验受到视觉、听觉、触觉等各感官因素的影响，学习者与画面及环境的协调，良好的情感和认知体验等都会影响学习者对画面艺术美的体验和评价。画面设计的艺术美学设计应从实用、认知和审美三个不同层次开展，从而产生既符合美感要求，又具有易用性、好用性功能特点的产品。画面美学设计可以在提高学习者认知效率的同时，强化视觉感官的吸引力，提高信息传播效果。

移动学习资源画面设计应为用户营造轻松、舒适的氛围，引起用户特定的情感反应，激发用户的主动参与性和创造性；将情感关怀融入画面设计，从不同层次满足学习者的需求。移动学习资源画面的艺术化美学设计从重视隐喻的拟物化美学设计，到注重简洁、专注、清晰、兼容的扁平化设计，到带有复古情感因素和抽象美学风格的设计，再到强调思

---

①司国东，赵玉，赵鹏. 移动学习资源的界面设计模式研究[J]. 电化教育研究，2015(2)：71-76.

②张立. 基于用户的移动应用产品界面视觉设计研究[J]. 理论月刊，2017(04)：67-72+91.

考与统一连贯的材料设计（Material Design）美学，都需要从用户需求和使用效率，及移动设备功能等角度综合考虑，并以合理的形式表达。①移动学习资源画面设计中，色彩设计在考虑学习者情感情绪基础上，可以优化学习体验；简洁、清晰、得当的画面设计有利于学习者建立稳定的视觉感受和操作风格。色彩的扁平化设计可以使用户专注于内容和交互，减少画面装饰效果对用户的干扰；简约清晰的扁平化设计可以节约时间和成本，提高操作效率。

当前，相对于其他领域的移动应用设计，移动学习资源设计开发研究中存在"重技术、轻艺术"的倾向，站在艺术学角度的研究较少。移动学习资源设计着眼点基本停留在技术设计、平台架构上，但在人文关怀和艺术美化方面有所欠缺。移动学习有效性的实现依赖于艺术符号对资源画面设计的指导。资源画面设计中的情感释放能给学习者带来愉快的学习体验，调动其积极性和主动性，拓展学习活动的深度和广度。移动学习资源缺乏教学设计、内容缺少趣味性和吸引力已经成为移动学习进一步发展的瓶颈。

（三）移动学习资源画面设计中的用户体验研究

用户体验要求设计师能够全面地分析和体察用户在使用某个系统时的感受，目的是保证用户对产品体验有正确的预估，了解用户的真实期望和目的，并对核心功能设计进行修正，用户体验要让用户感觉自己受到关注，让其有归属感和认同感。移动设备上的用户体验与基于传统 PC 屏幕的用户体验之间有着显著差异，移动终端的物理特性、操作方式、使用情境等都影响移动学习资源的画面设计和内容处理，进而影响学习者的使用体验。移动学习资源设计的美学性、便利性、功能完整性、一致性、感知易用性和感知有用性等都会影响学习者的使用体验，设计开发时应注意抽象与具体相结合，充分考虑学习者需求和学习内容特点。

强大的用户体验是决定移动设备、应用程序和移动媒体成功的关键因素，②用户对移动学习的认知是影响其初始接受和持续使用的关键因素。感知易用性和感知有用性是移动学习用户初始接受的关键影响因素；满意度、感知移动性价值、期望确认度则是移动学习用户持续使用的关键影响因素。移动学习资源在满足学习者需求的同时，还要考虑移动学习的便捷性与学习效率等因素，从设计开发角度提高移动学习资源的可用性、易用性和满意度，改善学习者的心理感受和情感体验，强化学习者与学习资源的交互，提升学习效果。

（四）既有研究的不足与今后研究的发展趋势

1.画面设计对移动学习影响机制的相关研究不足

阿恩海姆认为知觉包含思维、推理和创造；视觉思维是以视觉意象为中介且具有理性功能的视知觉，是一种创造性思维。格式塔心理学认为知觉是组织、结构和内在意义的整体，强调知觉的整体性，包括接近性、相似性、闭合性、连续性、对称性和简单性等重要

---

① 陈星海，杨焕，廖海进. 基于效率的移动界面视觉设计美学发展研究[J]. 包装工程，2015，36(16)：107－110.

② [美]Jennifer Romano Bergstrom, Andrew Jonathan Schall. 眼动追踪——用户体验设计利器[M]. 宫鑫，等译. 北京：电子工业出版社，2015：236－237.

原理，在画面设计中有着广泛的应用，[①]建立在格式塔"同形同构"基础上的设计可以拓展用户和产品间的想象空间，增加感性体验，交互更易于理解和学习。格式塔心理学的接近性原理、相似性原理、闭合性原理和连续性原理与梅耶提出的多媒体设计原则中的时间邻近原则、空间邻近原则、一致性原则在设计主张方面有着一定的相似性；格式塔心理学的简单性原理与梅耶提出的分段原则和冗余原则也有着一定的相似性。格式塔心理学从知觉整体角度提出了人们认知世界的方式，对认知心理学的发展有着重要推动作用，并广泛应用于画面设计中；梅耶则以实验为基础，从支持学习者更好地进行多媒体学习角度提出了多媒体学习材料的设计原则。

但这些原理与原则在移动学习资源画面设计相关研究中未受到充分的关注，对于移动学习资源画面设计还需要在哪些方面进行进一步的创新与发展还未得到深入研究。移动学习资源的呈现方式对信息资源的使用效果有着显著的影响，但当前的移动学习资源建设未能充分满足学习者的需求。从设计角度而言，画面设计是一个复杂的，由心理学、认知科学、视觉传达设计等不同学科相互交叉、共同参与的工程。在人机交互领域，研究者虽然给出了大量界面设计的方法和原则，但这些研究集中于通用软件的界面设计，针对于学习软件或学习资源的较少，移动设备的技术特性进一步增加了移动学习资源画面设计的难度。移动学习资源画面设计既要遵循人机交互领域的界面设计原则，也要符合多媒体学习的认知规律，还要适应移动设备的技术特点，画面设计的质量对学习效果有着至关重要的影响。移动学习资源画面设计影响移动学习效果，但影响的内在机制是什么？如何从学习者的角度提高画面设计对学习效果的积极和正向影响？对于这些问题的相关研究深度不足。

2.移动学习资源画面设计中对移动学习特殊性研究不足

在复杂多变的环境下，时断时续的使用方式，以及小屏幕内的触控操作等特点使得移动学习资源画面需要进行更多的创新设计才能适应移动学习需求。移动设备的便携性以压缩界面空间为代价，同时由于屏幕空间有限，承载的信息量有限，鼠标键盘交互与触控式自然交互的差异，要求移动学习资源在设计时应更加简单、直观、易用。移动设备的屏幕特性使得画面要素设计有着区别于传统多媒体画面设计的特殊要求。

已有研究对于移动学习资源设计更多关注技术实现和具体应用，而对资源设计的特殊性、艺术性等方面关注度不够。由于学习载体的差异，基于传统屏幕的多媒体画面中的图、文、声、像、交互等要素能否平滑地移植到移动学习资源画面中还缺少实证性探索，如交互要素的应用在移动学习终端与传统基于 PC 端的交互差异巨大，交互方式、交互介质、交互体验完全不同，因此交互设计的适应性需要进行验证性探索，但相关研究不足。已有研究侧重于画面各要素对移动设备界面的适应性研究，以及资源画面设计对认知效果的影响，研究相对分散，还未形成系统、完善的研究体系；移动设备对于不同学习内容的适应性，已有传统画面要素间的组合与匹配方式是否适用于移动设备等方面的相关研究不足。

---

①韩静华，牛菁. 格式塔心理学在界面设计中的应用研究[J]. 包装工程，2017，38（08）：108－111.

3.移动学习资源画面设计中用户体验研究的深度和层次不足

良好的移动学习资源画面设计应关注学习者的情感体验，营造友好的画面效果。情感体验是学习者通过触、听、视等感官所获得的感受，以及在此基础上所产生的心理联想。相对于传统多媒体学习，移动学习需要更加关注学习者的体验，关注学习者在移动学习中的行为特点、情感特点和认知特点，从学习者需求出发，设计开发适应于设备特点、环境要求和学习者需求的移动学习资源。

画面的层次设计在一定程度上反映学习资源的信息逻辑结构，在画面设计中的视觉呈现方式会在一定程度上影响信息传达的效率、学习者的心理体验和任务完成的效果。有关移动应用界面的用户体验研究给移动学习资源设计开发带来了诸多启示。移动学习资源画面设计中用户体验研究的深度不够，还未形成较为完善的研究体系和较为系统的研究结论，用户体验理论对移动学习资源设计开发和推广应用方面的指导作用还未得到充分发挥。

二、5G 时代移动学习资源的画面表征与传播特点

5G 时代，智能手机成为移动互联网的主要终端，它携带方便，适应场景广泛，操作简单方便，使用人数出现快速增长，基于智能手机端呈现的学习资源成为移动学习的重要支撑，基于智能手机的各类学习资源的画面表征特点和交流传播特性呈现出新趋势。

（一）移动学习资源画面的表征特点

良好的视觉、触觉和情感体验设计是移动学习资源画面吸引学习者的重要因素。为使学习者能快速有效地进行学习，移动学习资源应具有简洁的画面设计以确保学习者的良好视觉体验，具有高效的交互设计以确保学习者的良好触觉体验，具有良好的情感化设计以确保学习者良好的使用体验。移动学习资源画面表征设计需要从合理的色彩搭配、清晰的信息展示、扁平化的图标设计等多方面进行综合设计。移动学习资源画面具有良好的社交性和互动性，手机作为精准满足不同用户的需求、视觉技术更新最快、观看时间持续最长、视觉文化承载最多的视觉传播平台，[①]移动学习资源画面的载体——手机屏幕不断从大到小、从远及近、从被动到互动的技术变革，使得移动学习资源画面具有较强的具身交互性。学习者在移动学习过程中可以借助于点击、长按、移动、拖拽、点赞、发评论等多种方式实现即时性的交互反馈，带来真实的互动体验和较强的沉浸感。

由于竖屏持握是手机使用的主要方式，因此手机画面呈现的宽高比常见的有 3∶4、9∶16、9∶18 等。相较于传统横屏下 4∶3、16∶9 的画面呈现方式，竖屏画面在画面要素、构图、布局等方面的设计需要结合各元素在竖幅画框内有机安排，以充分发挥竖幅画面的优势。相比于横屏视野，竖屏有着独一无二的优势，这种优势在 5G 时代更加突显。教学短视频作为当前移动学习的主流学习资源，其画面表征特点对学习者也具有较大的影响，为适应学习者长久以来的竖屏持握手机的习惯，教育类短视频越来越呈现竖屏化表征特点。基于手机端的竖屏类教育短视频擅长特定局部的展现，通过对局部的特写，容易带动学习者的情绪体验，在画面展示过程中多使用中心聚焦式镜头，为学习者带来沉浸式的体验。

①苏状. 手机屏幕的具身视觉建构研究[J]. 新闻大学，2021(07)：46－59+120－121.

竖屏在构图上能够突出人物的中心位置，四周的画面被裁剪，形成封闭环境，观众就可以全身心地投入到画面内容中。

（二）移动学习资源画面的传播特点

5G 时代，移动学习在传播内容、传播平台、传播载体等方面的革新，带来了传播效果变化的连锁反应。5G 技术特性配合移动学习场景，创新传播内容和形式，通过多种媒介和多种传播方式向学习者推送，实现移动学习场景中教育信息的高效传递；移动学习者对学习内容和场景的转换表现出更高的接受度，并转化为自觉的学习习惯。在融合 VR、AR、MR 等技术的 5G 教育场景中，移动学习与传统课堂教学的边界将更加模糊，学习者对两者的体验感差距也进一步缩小。

作为移动学习资源画面的终端载体，智能手机以其高度丰富且便捷、高吸引效果的信息资源广受喜爱，手机媒体与社会生活之间的融合更为和谐，影响范围与传播能力不断加强。移动互联网赋予了移动学习资源画面强大的传播优势，移动学习资源更加注重学习内容对学习者的吸引力和深度参与感，社交传播属性的植入使得移动学习资源的交互特征更加突显。结合学习者的认知特点和 5G 网络使用特点，对学习内容、画面元素、交互风格进行匹配性设计，形成更精准的传播接触点，精准满足其学习需求，并促进其持续的学习投入，将学习投入转换为有效的学习效果。

移动学习资源画面可以灵活地安排图片、文字比例，可以将视频、音频、图表、动画等形式嵌入到学习资源画面中，这种多样化的表达不但可以提升学习者的学习体验，也能增强传播效果，使学习者的认知效果和互动性得到提升。移动学习资源的展现形式丰富，3D 场景、全息模拟、体感效果、增强现实交互等，使得移动学习资源设计具有较好的沉浸感、真实性、科技感，为学习者带来的学习体验也不断升级。移动学习资源在呈现过程中具有更明显的即时性、互动性和便捷性等特点，能够通过多样化的方式为移动学习者带来全新的学习体验。

5G 时代，基于移动学习资源的教育传播路径呈现多元化的特点，使教育信息更直接、准确、有针对性地传达给学习者，学习者和教育者在信息传播过程中可以随时随地进行互动与反馈，形成高度互动的社会性传播形态。具有传与受双方互动化、传播信息碎片化、信息传播裂变式等特点。

第二节　多媒体画面语言学观照下的移动学习资源画面设计

一、多媒体画面语言的形成与发展

（一）多媒体画面的定义

多媒体画面的概念最初由游泽清先生提出，将其定义为计算机画面和电视画面的有机结合，是多媒体学习资源的基本组成单位。多媒体画面的特点包括：采用框架式结构，限定了画面的呈现范围；具有运动特性，是不停变换着的画面，画面的呈现受到支持技术的限制和制约；具有交互功能，使有限的屏幕画面得到最大限度的利用。[①]

随着多媒体技术的发展和多媒体画面语言领域研究的深入，研究团队在原有定义基础上，对多媒体画面进行了重新定义，进一步丰富了多媒体画面的内涵和外延。研究团队认为多媒体画面是基于数字化屏幕呈现的图、文、声、像等多种视听媒体的综合表现形式，是多媒体学习材料的基本组成单位。多媒体画面是基于数字屏幕显示的画面，是视觉媒体、听觉媒体、触觉媒体等多种媒体综合作用的结果，具有交互功能，使多媒体信息在有限的框架内实现时间和空间的分割。

多媒体画面具有融合性、可移动性和自然交互性等特点。融合性：多媒体画面是图、文、声、像等多种画面要素的有机融合，具有单个要素所不具有的优势，具有 1+1>2 的组合设计功效；可移动性：随着移动设备的普及，多媒体画面呈现多屏适应性、便携性、移动性等特点；自然交互性：以 VR/AR 技术支持下的多媒体画面具有自然交互的特点，学习者可以按照个人需要和学习进度自主地与多媒体学习材料进行接近真实生活方式的自然交互，更加强调多媒体画面的个体适应性和良好的用户体验。

（二）多媒体画面语言的含义

多媒体画面语言是以多媒体画面为基本组成要素，通过图、文、声、像等媒体及其组合来传递信息，通过交互功能优化教学过程，促进学习者认知和思维发展的新型语言，是区别于文字语言的一种语言类型。多媒体画面语言具有传递知识信息、传承知识文化和交流思想的功能；同时兼具传递视听美感，使受众赏心悦目、陶冶情操的功能。

多媒体画面语言包括画面语构学、画面语义学和画面语用学三部分，其中画面语构学主要研究多媒体画面中各类媒体要素之间的结构与组合关系并得出相应的语法规则；画面语义学主要研究各类媒体与其所传递内容之间的关系，并形成相应的画面语义规则；画面语用学主要研究各类媒体与具体教学环境间的关系，并形成画面语用学规则，旨在取得好的效果。

（三）多媒体画面语言学的发展历程

数字化学习时代，学习资源种类繁多，质量良莠不齐，运用多媒体画面语言指导资源设计开发时，遵循一定的语法规则是保证教学质量的关键。多媒体画面语言作为一种有别于文字语言的语言形式，可以使多媒体学习资源的设计、开发有章可循。多媒体画面语言学的发展经历了 2001－2004 年的多媒体画面语言提出阶段，2005－2008 年的创建多媒体画面艺术理论阶段，2009－2011 年的多媒体画面语言学理论初步形成阶段，2012 年至今的多媒体画面语言学进一步发展阶段。多媒体画面语言学理论从符号学理论、多媒体认知学习理论、艺术理论等众多理论中汲取已有成果，是具有中国本土特色的理论体系。多媒体画面语言学研究目的是规范多媒体学习资源的设计与开发，探索多媒体学习资源的设计与表达方法，使得多媒体学习材料在具体的设计开发和实践应用中有相应的规则可参考，真正做到有章可循。

---

①游泽清. 多媒体画面艺术设计[M]. 北京：清华大学出版社，2009：7－9，164－165.

二、多媒体画面语言学理论框架

多媒体是信息化教学和学习内容的主要载体,多媒体画面中的图、文、声、像和交互等要素是直接、具象的信息呈现形式,作为多媒体画面基本要素有效表达教学内容的语法规范,多媒体画面语言学具有广阔的发展空间和应用价值。[①]多媒体画面语言的语法包括静止画面、运动画面、画面上的文本和声音以及交互功能等几方面的语法及语法规则,并构成相应的多媒体画面语言的语法体系。静止画面语法主要探讨静止画面构成元素(面、线、点、空间、影调、肌理和色彩等)的艺术特性及其构成的艺术规则,运动画面的语法主要探讨画面元素运动或变化的技巧与规则;并从整体角度探讨多媒体画面上文本和声音应遵循的艺术规则;交互功能则是为了配合各种媒体呈现过程中实现各种互动模式的选择。

多媒体画面语言学以语言学研究框架为蓝本创建了画面语言学,形成画面语构学、画面语义学、画面语用学的研究框架,找到一条切实可行的研究路径。[②]画面语构学研究各类媒体之间的结构和关系,画面语义学研究各类媒体与其所表达或传递的教学内容信息之间的关系,画面语用学主要研究各类媒体与信息化教学环境之间的关系,如图 2-1 所示。多媒体画面语言学以多媒体情境下学习者学习的认知机制为基础,以多媒体画面中各要素的有效设计和应用为研究内容。

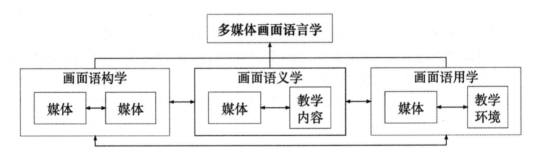

图 2-1　多媒体画面语言学理论框架

多媒体画面语言学理论框架中,画面语构学是基础,画面语义学和语用学需要在语构学的基础上开展研究,语义学和语用学的研究又为语构学提出了相应的设计要求。多媒体画面语言学研究强调以全面系统的视角开展研究,将多媒体学习资源的设计研究纳入到一个复合的教学系统当中。多媒体画面语言学语法规则不仅需要语言学的规范、艺术规则的规范,还需要遵循认知规律。移动学习资源,作为多媒体学习资源的一种特殊类型,应在多媒体画面语言学理论框架下开展研究,探究移动学习资源画面语言的特性。

三、基于多媒体画面的移动学习资源设计

移动学习资源画面是基于平板电脑、智能手机等主流移动设备终端显示的多媒体画面,是多媒体画面在移动互联网环境下的新发展。移动学习资源画面丰富和拓展了多媒体画面

①王志军,吴向文,冯小燕,等. 基于大数据的多媒体画面语言研究[J]. 电化教育研究,2017,38(04):59-65.
②游泽清. 多媒体画面艺术设计[M]. 北京:清华大学出版社,2009:19-20.

语言的内容和形式。与传统的多媒体画面相比具有一定的独特性，特点如下：

画面尺寸相对较小且富于变化，对画面语构学中图、文、声、像等各类画面要素，及要素间的组合设计有较高要求，注重适应移动设备的特点，以满足学习者的多样化学习需求和个性化学习体验。

交互方式多元化，与传统的鼠标键盘交互相比，移动学习资源画面的交互更加接近人类的自然交互方式，触屏交互、体感交互和语音控制等交互方式拓展了学习者的参与程度，对交互的内容和方式都提出了新的要求。

移动学习资源画面因移动设备的便携性特点而具有较大的变化性和不确定性，对画面语义学中的学习内容选择和画面语用学中的环境适应性都有着较高的设计要求，主张采用适当的教学设计策略进行内容组织，以适应移动学习的特点。

在移动互联的智慧学习环境下，多媒体画面语言学理论在相关研究的内容与方法、理论体系的创新与发展、实践应用的对象与领域等方面都面临着新的机遇与挑战。

（一）超越二维空间的屏幕画面需要更为丰富的多媒体画面语言表征

随着媒体技术的深入发展，各种类型的屏幕画面应用于教育教学，超越屏幕画面的 VR、AR 类数字化学习资源受到越来越多设计开发和研究人员的关注。多媒体画面不断超越基于二维的屏幕画面，朝着多维立体式方式发展。多媒体画面要素的设计也超越了原有的设计思路与理念，朝着更加生态化、多样化、复杂化的方向发展。学习者与多媒体画面的交互方式超越了传统意义上画面组接式的交互方式，朝着更具生态效应、更加具身、更具自然时空真实交互特点的自然交互方向发展。

这些新变化和新发展都给多媒体画面设计带来了挑战，也给多媒体画面语言学带来了广阔的发展空间。因此，多媒体画面语言学需要不断增加新的语汇，丰富和完善多媒体画面语言学理论体系，以适应未来智慧化的学习环境、多样化的学习资源、个性化的学习需求和复杂化的学习过程对多媒体画面设计的新要求。

（二）多媒体画面语言研究对多模态数据的依赖更加突显

随着多媒体画面的立体化、生态化和复杂化，原有的多媒体画面语言研究范式也需要在原来基础上进一步发展和完善。形态和内容更加丰富的多媒体画面，以及更加复杂的人与画面的互动方式将会产生大量的多维数据，基于大数据的多媒体画面语言研究范式将成为新常态。基于图、文、声、像、交互等画面各要素产生的多维画面数据，围绕学习者学习过程产生的眼动、脑电波等生物表征数据，记录学习者具体操作的外显行为数据和学习者学习过程中产生的情感体验数据等，形成学习者基于多媒体画面学习过程中的多模态数据，成为大数据时代多媒体画面语言学研究的重要关注点，多媒体画面语言研究的多模态数据为全面刻画学习过程、明确画面设计对学习者的适应性提供了重要的数据支持。

多模态数据的分析方法与技术已经在脑认知、教育学和心理学领域等领域得到了广泛应用。基于多模态数据的多媒体画面语言学研究可以突破单一数据无法实现的整体判断和逻辑关联分析，探索多媒体画面设计的语言学规律。基于多模态数据的多媒体画面语言学研究不仅可以获取大量的画面数据和行为数据，同时能够建立相应的关系模型，探索多维画面数据和多维学习行为数据的生态关系，探索多媒体画面语言学对学习过程影响的机理和本质，从而使多媒体画面语言学更具语言生态学特性，为新时代数字化学习资源的优化做出更大贡献。

第三章 以学习者为中心的移动学习资源画面设计

第一节 优化学习体验的移动学习资源画面设计

一、用户体验思想

体验是个人的、情感的、短暂的，是在特定时刻的主观感知。创建一种体验要求对设计有深思熟虑的思考，产生积极的用户体验决策是根植于更深层次、更抽象的考虑。体验设计的发展吸取了多个学科的知识，包括心理学、环境艺术设计、产品设计、信息设计、人类文化学、社会学、管理学、信息技术等。用户参与、用户与产品交互、用户关注使用体验且可观察或可测量等是用户体验的主要特征，用户体验强调用户与产品间的交互，以及在交互中形成的想法、感受和感知；随着技术复杂性的提升，应给予用户体验更多关注，开发出更加高效、易用和有吸引力的产品。[①]用户体验要求设计师能够全面地分析和体察用户在使用某个系统时的感受，目的是保证用户对产品体验有正确的预估，了解用户的真实期望和目的，并对核心功能设计进行修正。加勒特（Garrett）认为用户体验设计包括用户对品牌特征、信息可用性、功能性和内容性等方面体验；诺曼（Norman）将用户体验扩展到用户与产品互动的各个方面，提出了用户体验层次理论；莉娜（Leena）认为用户体验包括使用环境信息、用户情感和期望等内容。提高用户体验会增强学习者的学习体验，增加学习动机，改变学习者行为。[②]基于用户体验理论关注移动学习资源画面设计，有利于提升移动学习的吸引力和持续性。

二、用户体验的层次体系

加勒特（Garrett）提出的用户体验元素模型是目前被各个领域广泛应用的用户体验模型，侧重用户体验的设计和开发层面，该模型将用户体验由具体到抽象分为表现层、框架层、结构层、范围层和战略层五个层次；产生积极的用户体验决策根植于更深层、更抽象的考虑。美国认知心理学家、工业设计专家诺曼认为人类大脑活动分为先天的本能层、控制日常行为运作的行为层和进行思考的反思层；人类的认知和情感是分不开的，认知思维引导着情绪，情绪影响着认知思维；情感和认知一起工作，认知试图弄清楚这个世界，情感则赋予其价值。[③]其中，本能层是最基本的处理层次，优秀的设计师用美学素养激发用户的本能反应；行为层是学习能力之本，在适当的匹配模式下被触发，优秀设计师非常重视行为层，试图让每个行动都与一个期望相关联，反馈是对结果的预知，是满足期望，学习

---

①[美]Tom Tullis, Bill Albert.用户体验度量：收集、分析与呈现[M]. 周荣刚，秦宪刚，译. 北京：电子工业出版社，2016：4—6.

②王晓晨，郭鸿，杨孝堂，等. 面向数字一代的电子教材用户体验设计研究[J]. 电化教育研究，2014(4)：77—82.

③[美]唐纳德·A.诺曼. 设计心理学——日常的设计[M]. 小柯，译. 北京：中信出版社，2015：52—58.

发展熟练行为的关键；反思层是有意识的认知之本，是产生深层次理解、推理和有意识决策的层次，最高的情感来自反思层。诺曼认为设计必须关注所有层次，并提出了设计的三个层次，如图 3－1 所示。

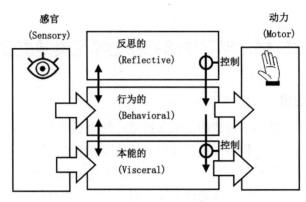

图 3－1 诺曼的设计三层次 ①

　　本能层次设计是自然法则，与第一反应有关，强调初步印象，注重外观；行为层次设计与使用及体验有关，性能和可用性良好的行为层次设计要具备功能性、易理解性、易用性等特点；反思层设计与信息、文化以及产品的含义和用途相关，注重思想和情感的交融，包含诠释、理解和推理等。理想的产品设计是关注产品的三个层次，使三个层次间良好地配合，共同造就优秀产品。好的设计具有可视性和易通性重要特征，可视性是指让用户更容易明白和更容易操作，易通性指让用户明白设计的意图和产品的预设用途，基于以人为本的设计理念，将用户的需求、能力和行为方式在设计之前进行分析。

　　施密特通过"人脑模块分析"和心理社会学说研究消费者的体验，提出感官、行为、情感、关联和思考五大体验体系，如图 3－2 所示。其中感官体验诉诸视觉、听觉、触觉、味觉和嗅觉的体验；行为体验影响身体体验、生活方式并与消费者产生互动的体验；情感体验是顾客内心的感觉和情感创造；思考体验是顾客创造认知和解决问题的体验；关联体验则包括感官、情感、思考，以及与行动体验的很多方面，同时关联体验又超越了个人情感、个性，加上"个人体验"，进而使个人与理性自我、他人或是文化产生关联。

---

①[美]唐纳德·A.诺曼.设计心理学——情感化设计(第 2 版)[M]. 何笑梅，欧秋杏，译. 北京：中信出版社，2015：10，24－78.

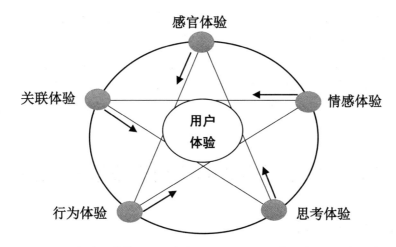

图 3-2　贝恩·特施密特基于"人脑模块分析"与心理社会学说的用户体验体系 ①

三、对移动学习资源画面设计的启示

（一）移动学习资源画面设计应以满足学习者的使用体验为出发点

诺曼从设计学角度提出了用户体验的三个层次，施密特则从产品使用过程角度分析了用户体验中的情感、行为及认知变化，更侧重用户体验过程及与之伴随的情感与认知变化。在用户由感官体验和行为体验向反思体验转化的过程中考虑了情感体验和关联体验这两个动态、复杂、个性、多样化的重要因素，使用户体验不仅仅停留在较低层次，而是伴随着认识与思考等高级思维加工过程产生体验的跃迁，并进一步深刻影响后续的体验回路、行为及结果，形成螺旋式上升的用户体验层级式过程。相对于传统学习方式，宽泛、自由、随意的学习环境，移动学习时学习者更加注重与学习资源互动过程中的体验。因此，良好的学习体验不仅是留住学习者的基础，也是促进学习者参与高级思维加工过程，将感官体验转化为学习行为，产生认知投入与学习反思的重要条件。

（二）移动学习资源画面设计应具有一定的层次设计思想

学习过程的动态性和递进性使得在进行资源画面设计时需要具有一定的层次设计思想，设计理念和设计思想层层深入，以适应学习发生的基本过程，促进学习的有效发生。用户体验层次体系根据用户体验的需求，由感官到行为再到反思的认知和情感设计层次可以为移动学习资源画面设计提供参考。感官层的设计是基础，吸引学习者注意力，让学习者能够停留在画面上，产生继续学习的可能，其主要作用是引起学习者注意，激发学习动机，使学习者进入良好的学习状态。行为层的设计使学习者与画面互动，产生持续的学习行为，其主要作用是使学生的认知编码系统处于持续的激活状态，促使学习真正发生。情感及反思层是提高与拓展，在本能层和行为层基础上，使学习者的认知图式产生变化，产生深层次的学习结果，其主要作用是对学习结果进行巩固与强化，并提升学习者的创新应用能力。移动学习资源画面感官层的设计，重在激发学习者的好奇心和愉悦感，产生乐学的情感状态；行为层的设计对行为投入有较大影响，重在引发学习者的认知策略，产生持续和有效

①罗仕鉴，朱上上. 用户体验与产品创新设计[M]. 北京：机械工业出版社，2010：4-6.

的学习行为；反思层的设计引发学习者认知冲突，促进深度学习发生。

学习者的积极性和主动性对移动学习效果有着重要影响。在移动学习资源画面不同的设计层次中，除了考虑多媒体学习认知规则和移动画面设计要求，还需结合移动学习的特点。不同层次的移动学习资源画面设计会对学习者的学习体验、学习投入和学习结果产生不同的影响，这种影响必须借助于有效的策略设计，作用于学习发生过程，才能对学习起到实质性的促进作用。

第二节 促进学习投入的移动学习资源画面设计

一、学习投入的相关概念

（一）投入

"投入"一般指置身其中，全身心地做某件事情，《现代汉语词典》将"投入"解释为"进入某种阶段或状态""形容做事情聚精会神"，《新华汉语词典》将"投入"解释为"主动参加进去"。从心理学视角看，投入指向一定目标，在定性和定量上描述心理资源，高投入通常表现为选择挑战性问题，高度集中，努力程度和持续性强。[1]

（二）学习投入

关于学习投入内涵和本质研究，存在"学习投入"和"学习性投入"两个极为相似，又存在较大差异的概念，二者在研究目的、理论来源和研究方法上均存在一定差异。但相关的内涵研究彼此争鸣又相互借鉴。"学习投入"概念源于纽曼的《学习投入及其在美国中学的研究进展》一书，指学生在学业中用于学习、理解和掌握知识、技术、专业技能的心理投入与努力，关注学生学习效果和能力发展；[2]其研究范围小、针对性强，注重学生兴趣和动机的激发，以促进学生的深层次思维活动；所采用的研究和测量工具通常因研究内容而异，不具统一性。"学习性投入"概念是库赫（Kuh）基于美国全国大学生学习性投入调查（NSSE），从本科教育质量评估视角，关注学生参与学习活动，认为学习性投入是学生投入到教育性目标活动上的精力，以及为实现有效教育实践活动所做的努力；[3]其研究范围较为宏观、普适性强，形成了具有较高通用型的研究测量工具，可以进行跨地区和跨国家的比较。研究者因对学习投入内涵的界定不同，在研究视角和研究层次上也形成一定差异。同时，二者也存在较为紧密的联系，均以学习者为研究主体，以促进学习者发展为主要目的。在研究中应注意二者的区别与联系，确定研究的内容和层次，明确研究边界，提高研究质量。本书重点关注"学习投入"，以学习发生的微观性过程视角探索学习投入的内涵与外延。

---

①Patrick B C，Skinner E A，Connell J P.What motivates children's behavior and emotion? Joint effects of perceived control and autonomy in the academic domain ［J］.Journal of Personality and social Psychology, 1993, 65（4）:781.

②陈杰. 网络自主学习中的学生投入研究[M]. 北京：北京交通大学出版社，2015：8−9.

③任岽，张胜楠，杨宏. "学习投入"与"学习性投入"的关系辨析[J]. 北京联合大学学报（人文社会科学版），2018，16（1）：120−124.

1.学习投入的概念

随着积极心理学研究的繁荣，越来越多的研究者开始从正向角度看待学习者的学习状态和学习行为，学习中的积极心理能力日益受到关注，学习投入也受到越来越多研究者的关注。学习投入通常指学习者在学习过程中，积极参与各项学习活动，深入地进行思考，充满活力地应对挑战和挫折，并伴有积极的情感体验，可以反映学习者学习的内在过程和外在特征。

研究者从不同角度对学习投入进行了分析和界定，因其研究视角不同，有关学习投入的定义和组成成分也有所差异。绍菲利（Schaufeli）认为，学习投入指学习者对学习充满热情，具有充沛的精力和心理韧性，全身心地沉浸于当前学习中，并表现出积极的情感和持续的行为[1]。弗雷德里克斯（Fredricks）认为学习投入指学生开始和执行学习活动时的情感和行为投入，被认为是获得积极学习成果的重要决定因素。[2]上述观点侧重学习投入的积极情感成分和积极行为的成分与作用，将学习投入看作由学习者内在需求引发的外在行为状态，属于人本主义和积极心理学视角下的学习投入观。

武法提教授认为学习投入是学习者在学习中表现得精力充沛、情绪积极、认知灵活等正向的学习状态特点，是学习者沉浸其中，领悟学习本质的体现。[3]杨立军认为学习投入是指积极参活动、认知与心理资源的高度卷入、积极的情感反应等，包括行为、情感和认知三个维度。[4]上述观点在强调情感投入和行为投入的同时，需要充分考虑认知投入的参与，注重从学习发生层面考查学生的学习投入，以及由此引发的情感和行为投入，属于认知心理学和学习科学视角下的学习投入观。

里夫（Reeve）认为学习投入与动机密切关联，认为学习投入应包含以动机为基础的能动投入。[5]学习动机是激励并指引学习者积极投入学习的一个关键因素，是影响学习者参与学习活动的催化剂，对学习起着启动、导向和维持作用，是促使学习者积极投入学习的助推器。[6]学习投入和较高的成绩水平相关，学习越投入的学生，学业成绩越好。上述观点将学习投入纳入到学习生态系统中，以系统观视角考察学习投入在整个学习动力体系中的角色及作用，强调了学习投入的过程性、动态性和与其他学习要素的耦合性，有利于高效学习体系的形成。

尽管不同研究者对学习投入的定义及其构成的界定不同，但都关注学习者正向情感、积极付出和主动参与。20世纪90年代以来，关于学习投入的研究涉及行为投入、情感投入和认知投入三个不同方面，逐步形成了三个方面的基础结构。不少研究者在进行学习投

①Schaufeli W B, Martinez L M, Pinto AM et al. Burnout and engagement in university students: Across－national study[J]. Journal of Cross－Cultural Psychology, 2002, 33:464－481.

②Fredricks J A, Blumenfeld PC, Paris A H. School Engagement: Potential of the Concept, State of the evidence[J]. Review of Educational Research, 2004, 74(1):59－109.

③武法提，张琪. 学习行为投入：定义、分析框架与理论模型[J]. 中国电化教育，2018(01)：35－41.

④杨立军，韩晓玲. 基于NSSE－CHINA问卷的大学生学习投入结构研究[J]. 复旦教育论坛，2014(12)：83－90.

⑤Reeve J, Tseng CM. Agency as a fourth aspect of students' engagement during learning activities[J]. Contemporary Educational Psychology，2011，36：257－267.

⑥张丽霞，郭秀敏. 影响虚拟课堂学习参与度的因素与提高策略[J]. 现代教育技术，2012(6)：29－34.

入研究时侧重对某一个方面进行研究，也表明了学习投入概念三个维度具有相对独立性。情感投入方面：科佐兰克、斯金纳等把情感投入看作学习活动中的情感体验，安利则把情感投入看作学习的目的和信念等心理因素在教学活动中的整体反应，将心理变量作为整体来进行研究；学习投入过程中涉及许多心理变量，如信念、兴趣等，在学习投入过程中这些变量形成一个整体的反应，并形成一定的情感投入风格。认知投入方面：安利将认知投入分为浅层次、深层次和依赖层次策略三个变量，深层变量越大，学生的认知投入越大。行为投入方面：行为投入是一种基本的投入形态，反映了学习参与学习活动的强度。①

拓扑心理学家勒温认为人的行为受环境的制约，把人和环境看作相互依存因素的集合，来理解或预测人的行为；他利用拓扑学和向量学来描述心理场及其动力结构，主张在动力场中研究人的行为和心理活动，并据此解释学习，形成了学习的心理场论。当多个向量从不同方向驱动个体时，个体会在合力的作用下产生有效的心理移动，即心理张力的变化。②张力的存在会产生一种改变的趋势，这是动力产生的机制。人会因为心理需求而处于一种紧张状态，紧张的释放可以为心理活动和行为活动提供动力和能量，从而形成了心理张力系统，张力对应某种需求，当需求得以满足，张力就会减小。③学习者在与学习内容和学习环境互动的过程中形成了特定学习环境下的心理场，认知投入、行为投入和情感投入作为心理场中的重要向量，从不同的方向以合力的形式驱动学习者在学习场中的移动，形成学习紧张系统，并在学习过程中释放张力，产生心理方向和认知结构的变化。

2.学习投入的成分

有关学习投入构成成分的研究结论具有视角多元化和动态发展性的特点，因此有关学习投入成分的界定也存在一些差异，对已有相关研究中涉及的学习投入三个维度的主要成分进行梳理，结果如表 3-1 所示。

表 3-1　不同研究者对学习投入成分的界定

研究者	认知投入	情感投入	行为投入	来源文献
克里斯滕森（Christen-son）等	采用的认知策略	表现出的积极情绪	努力和坚持的投入程度	学生参与研究手册（The handbook of research on student engagement，施普林格科学）（Springer Science，2012）
瓦特（Watt H M G）等	学习策略等个体投入	兴趣、享受和认同感	参与行为、参与意愿和努力程度	参与数学的理论基础（Theoretical foundations of engagement in mathematics，数学教育研究杂志）（Mathematics Education Research Journal，2017）

①陈杰. 网络自主学习中的学生投入研究[M]. 北京：北京交通大学出版社，2015：10-14.

②李明. 世界著名心理学习家勒温[M]. 北京：北京师范大学出版社，2013：58-59，71-80.

③[德]库尔勒·勒温. 拓扑心理学原理[M]. 北京：商务印书馆，2011：173-198.

研究者	认知投入	情感投入	行为投入	来源文献
斯金纳（Skinner）等	——	兴趣（与厌倦相对）、快乐（与忧伤相对）	学习时间、阅读量、作业提交量	是什么激发了儿童的行为和情绪？（What motivates children's behavior and emotion? 人格与社会心理学杂志）（Journal of Personality & Social Psychology，1993））
纽曼（Newmann）等	认知加工、认知努力	情感体验	——	学生参与的意义和来源（The significance and sources of student engagement，师范学院出版社）（Teachers College Press，1992）
高洁	学习策略、对学习的自我监控与调节	学习者在在线学习中的情感体验	学习者在在线学习中的主动、努力与坚持不懈	外部动机与在线学习投入的关系：自我决定理论的视角（电化教育研究，2016）
李爽等	认知策略、元认知策略、情感管理、资源管理	好奇、快乐、归属感、厌倦	参与、坚持、交互、专注	基于 LMS 数据的远程学习者学习投入评测模型（开放教育研究，2018）
尹睿等	元认知、学习策略	归属感、自我效能感、自我价值	时间、专注度、作业完成情况	在线学习投入结构模型构建(开放教育研究，2017)
马志强等	认知能力与策略、元认知、自我效能感	愉快、唤醒、兴趣	登录、阅读、提交作业等个体学习行为；讨论、协作学习等社会学行为	基于学习投入理论的网络学习行为模型研究（现代教育技术，2017）
武法提等	——	——	积极、持久的行为活动，是整合认知与元认知策略的适应性调节学习行为	学习行为投入：定义、分析框架与理论模型（中国电化教育，2018）
郭继东	——	内在情感投入（兴趣、信心、价值)和外在情感投入（满意度、归属感、认同感）	——	英语学习情感投入的构成及其对学习成绩的作用机制（现代外语，2018）
王洪江等	教学视频播放行为数据、视频观看时长和并发学习行为数据			自主学习投入度实时分析方法及应用研究（电化教育研究，2017）

由上表可以看出，尽管学习投入的认知、情感和行为投入三个维度具有相对稳定和独立性，但由于研究者的视角差异，在三个结构维度的具体成分界定方面存在一定差异。有学者侧重对其中一个或两个维度进行界定和研究，也有研究者对三个维度均进行界定和研究，还有研究者没有对学习投入的具体构成维度分类，而是将具体的学习行为数据作为学习投入的重要表征。

认知投入的成分：有关认知投入的成分，大部分研究者认为认知努力、认知策略、元认知策略等与学习策略相关的因素是认知投入的重要组成部分。有研究者将与情感有关的情感管理等归属为认知投入成分；也有研究者将与自我效能感等相关的信念、价值和期望等归为情感投入成分。

情感投入的成分：情感投入侧重学习过程中的情感体验，其组成要素主要分为积极情感和消极情感两种类型。积极情感是学习者在学习过程中经历或体验到的兴趣、快乐、好奇、归属感等积极情感体验；消极情感则是忧伤、厌倦等消极情感体验。大部分研究者更加关注学习者的积极情感体验，认为积极情感体验有助于学习者主观能动性的发挥和学习效果的提高。情绪信息等价说认为情绪作为一种信息直接调节个体的加工策略，积极情绪下个体倾向于采取启发式或自上而下的加工策略，将新信息同化于已有的知识结构之中；积极情绪作为促进、奖赏信号可能表明环境中缺少威胁，从而解决问题时也更多地依赖于头脑中可获取的信息，使得处于积极情绪状态下的个体倾向于更多地采用需要较少认知资源的整体加工策略。具有较高情感投入的学习者表现出快乐等积极情感，而较低情感投入的学习者则回避困难或消极地面对困难，缺乏努力学习的意愿。有研究发现学习过程中的兴趣、信心和归属感等积极情感投入对成绩有正向预测作用。[①]

行为投入的成分：行为投入主要侧重学习过程中与学习坚持有关的外显行为，包括坚持、交互、参与等行为，并将学习时间作为衡量行为投入的重要指标。学习时间、阅读量、作业提交量等行为投入反映了学习者在学术活动中的行为卷入程度。[②]在 20 世纪 30 年代，教育心理学家泰勒提出"任务时间"概念，在对学生的学习特征进行分析后指出学习者投入到学习中的时间越多，其收获就越大；佩斯提出"努力质量"，认为学生的学习和发展离不开他们投入的时间和努力。学习时间是投入的频度维度，努力是质量维度，学习时间投入得越多，越努力，其学习效果越好。有研究者将认知努力、专注度等成分归为行为投入维度。

认知投入、情感投入和行为投入之间存在内部联系和相互作用，[③]不同研究者在对学习投入三个维度的成分划分存在一定争议和不一致性。一方面反映出研究者视角的差异性，也在一定程度上反映认知投入成分、情感投入成分和行为投入成分的相互包容性和界限模糊性。这也给学习投入的研究和测量带来一定的问题和挑战。

---

① 郭继东. 英语学习情感投入的构成及其对学习成绩的作用机制[J]. 现代外语，2018，41（01）：55-65+146.

② Patrick B C, Skinner E A, Connell J P. What motivates children's behavior and emotion? Joint effects of perceived control and autonomy in the academic domain.[J]. Journal of Personality & Social Psychology, 1993, 65（4）:781-91.

③ Christenson S L., Reschly A L .& Wylie C.The handbook of research on student engagement[M]. New York: Springer Science, 2012：36-42.

综合上述观点,本书认为:学习投入是学习者积极主动地参与学习的综合性活动状态,包括情感投入、认知投入和行为投入,反映学习过程中学习者在认知、情感和行为方面的正向反应和积极状态。学习投入受到学习动机、兴趣、知识基础等学习者内在因素的影响;同时也受到学习资源、学习环境等外在因素的影响。同时,学习者的认知投入、情感投入和行为投入三者通过合力的作用调节学习者的动力来源、认知结构、学习行为,并影响学习过程和最终学习效果。关注学习投入各维度的构成成分,同时也关注学习投入在整个学习动态系统中的重要角色和调节作用。

学习投入的组成成分和相互关系如图3-3所示。

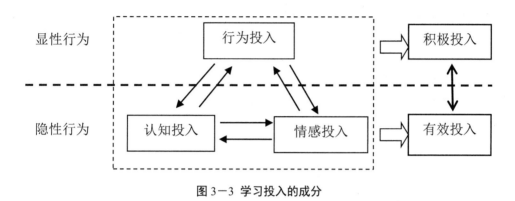

图3-3 学习投入的成分

认知投入关注不易观察的认知策略和心理努力,是对学习策略和心理努力的把握与控制,是学习者为理解和掌握学习内容所做的认知努力、自我调节、元认知监控等学习策略和心理努力。学习者的专注程度是学习者学习精力集中程度的反映,也反映了学习者对学习策略的管理情况,是认知投入的重要表征指标。

情感投入是学习者学习过程中的积极情感体验,包括兴趣、兴奋、愉快或活力等,是学习投入的过程动力,对行为投入和认知投入产生直接或间接的影响。在进行高质量学习时,情感投入像被点燃的燃料,是形成高行为投入和高认知投入的动力所在。学习过程中的情感状态变化反映学习活动本身对学习者情感投入的影响,也反映学习者在学习过程中情绪调节与管理情况,是学习者情感投入的重要表征指标。

行为投入是学习者在学习过程中所表现出来的与学习有关的可观察行为,如时间需求、活动参与状态和学习任务完成情况等,是认知投入和情感投入的载体与表征,积极的行为投入具有产生有效投入的可能性。学习过程中的坚持性反映行为投入维度的努力程度,是学习者积极主动学习的表现,以学习时长为表现形式的坚持行为,是行为投入的重要表征指标。

行为投入具有可观察的特征,高行为投入在一定程度上反映学习投入的积极性;而认知投入和情感投入则具有相对的内隐性,高情感投入和高认知投入在一定程度上反映学习投入的有效性。聚焦学习发生过程中学习投入的整体情况和动态调节,属于微观层次的学习投入研究,旨在探索学习投入的成分、影响学习有效发生的学习投入因素及作用机制。研究关注学习过程中学习者的积极正向的认知努力、情感体验和行为参与等方面的情况。

二、学习投入的相关研究

（一）学习投入研究整体呈现快速上升趋势

自 20 世纪初期泰勒提出任务时间概念，认为学习者投入到学习中的时间越多，学到的越多，开启了教育学、心理学领域关于学习投入的系列理论与实证研究。相对于国外有关学习投入较为成熟的研究，我国的学习投入研究还处于发展和上升期。

为了较为全面地把握学习投入研究的现状，首先对国内外有关学习投入的文献进行了检索和阅读。外文文献选取在"科学网（web of science）核心合集"数据库中，以"academic engagement"或"student engagement"或"study engagement"或"curriculum engagement"或"learning engagement"等主题词进行检索，时间限制为 2012 年至 2022 年 4 月，文献类型为"article"共检索到有效文献 4496 篇。中文文献选取 CNKI 中的北大核心和 CSSCI 来源期刊数据库作为文献来源，时间限定为 2012 年至 2022 年 4 月，以"学习投入"或"学习参与"为主题词进行检索，共获得有效文献 803 篇。对文献年度分布、高频关键词和热点聚类进行分析，如图 3－4、表 3－2、图 3－5 所示。

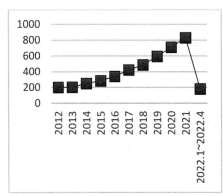
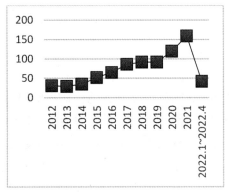

图 3－4a 外文文献年度发文量　　　　图 3－4b 中文文献年度发文量

图 3－4 研究文献年度分布情况

由图 3—4 的文献年度分布图可以看出，就研究关注度而言，我国有关学习投入的研究与国际基本同步，发展趋势比较相似，相关研究在新世纪初期关注度均较低，早期研究主要围绕学习者的参与积极性开展讨论；2013 年之后有关学习投入的研究呈现快速增长的趋势，越来越多的研究者开始关注学习投入对学生学业进步和教育效果的影响，相关研究快速增多。

表 3－2a 中文文献高频关键词

序号	关键词	频次	序号	关键词	频次	序号	关键词	频次
1	student engagement	1168	21	children	168	41	context	90
2	achievement	482	22	adolescent	161	42	framework	90

续表

序号	关键词	频次	序号	关键词	频次	序号	关键词	频次
3	education	429	23	outcm	159	43	middle	89
4	motivation	428	24	technology	142	44	cognitive engagement	88
5	student	392	25	self efficacy	141	45	belief	87
6	academic engagement	389	26	support	137	46	attitude	85
7	performance	377	27	knowledge	123	47	mental health	85
8	higher education	334	28	participation	122	48	predictor	84
9	classroom	311	29	intervention	116	49	satisfaction	84
10	perception	294	30	active learning	115	50	self determination theory	81
11	school	284	31	academic performance	114	51	skill	80
12	engagement	278	32	middle school	110	52	online learning	80
13	school engagement	260	33	burnout	107	53	college	75
14	impact	223	34	strategy	107	54	risk	74
15	model	205	35	validation	104	55	intrinsic motivation	74
16	behavior	203	36	instruction	99	56	involvement	73
17	experience	202	37	perspective	95	57	gender	72
18	science	190	38	university	93	58	college student	72
19	teacher	170	39	Environment	91	59	mathematics	69
20	academic achievement	170	40	design	90	60	program	69

表 3-2b 中文文献高频关键词

序号	关键词	频次	序号	关键词	频次	序号	关键词	频次
1	学习投入	260	15	认知投入	9	29	学生	6
2	大学生	41	16	翻转课堂	9	30	学情调查	6
3	在线学习	34	17	学习效果	8	31	人工智能	6
4	影响因素	33	18	行为投入	8	32	中介作用	5
5	学习参与	24	19	流动儿童	8	33	研究生	5

序号	关键词	频次	序号	关键词	频次	序号	关键词	频次
6	学习分析	22	20	专业承诺	7	34	情感投入	5
7	深度学习	19	21	学生投入	7	35	教学设计	5
8	学习收获	17	22	教学质量	7	36	学习行为	5
9	中介效应	15	23	mooc	7	37	问卷调查	5
10	中学生	14	24	影响机制	7	38	学业成就	5
11	本科生	13	25	学习体验	7	39	高中生	5
12	在线教学	11	26	实证研究	7	40	学业情绪	5
13	高职院校	10	27	学业成绩	7	41	专业认同	4
14	学习动机	10	28	初中生	6	42	学习者	4

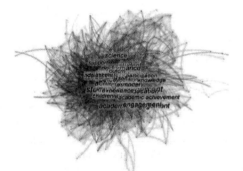

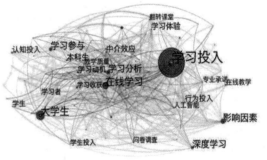

图 3－5a 外文文献关键词共现网络图　　　图 3－5b 中文文献关键词共现网络

图 3－5　关键词共现网络

由表 3－2 高频关键词表和图 3－5 关键词共现网络可以看出，国外有关学习投入的研究中，高频关键词出现频次较高，且分布均匀；国内有关学习投入的研究相对比较分散，造成这一结果的原因一方面是汉语语言特点导致论文的关键词较多元化，另一方面原因可能在于我国有关学习投入的研究深度和系统性有待进一步加强。就具体的高频关键词而言，学习投入、学习动机、学习者、课堂教学、学习效果等关键词是国内外研究共同关注的高频关键词，说明以学习者为中心，关注学习者的学习过程，关注学习投入、学习策略和学习效果间的相互影响，关注学校、课堂层面的学习投入等是国内外学习投入研究的共同的热点。但与学习者个体投入紧密相关的感知（perception）、自我效能感（self—efficacy）等在国外文献中出现的高频词在中文文献的高频词表中没有出现，表明国外有关学习投入发生机理、执行过程、学习者心理特点等方面的研究是学习投入研究的热点之一，更加注重以学习者为中心，注重从心理学视角研究学习投入，但相关研究还未受到国内研究者的充分关注。国内学习投入研究更加关注外部学习环境的影响，侧重从宏观视角开展学习投入研究。

（二）学习投入研究内容涵盖从宏观到微观的不同层次

有关学习投入的研究，不同学者站在不同的立场和角度开展研究，相关研究视角呈现不同层次，这种研究层次反映研究者对有效学习方式的不同主张。

1.宏观层次的学习投入研究

学校（school）层面的学习投入研究，这类研究采用比较宏观的视角，关注特定群体的学习投入。高等教育质量评价问题的核心在于大学的资源和投入是否转化成了学生的学习投入，使学生真正获益。[①]大学生的学习投入开始作为评价大学教学质量的重要指标而受到重视。全美大学生学习投入调查（NSSE（National Survey of Student Engagement））在美国有着广泛的影响。卡苏索－霍尔加多（Casuso－Holgado. MJ）等对保健医学304名学生的横向调查发现学生的学业成就与学习投入呈现显著的正相关，学习投入度越高，学业成就越好，且女生的相关度高于男生。[②]将学习者主体的学习投入作为核心评估理念在我国高等教育领域也产生了广泛影响，以清华大学的中国大学生学习投入调查（NSSE－China）和南京大学的研究型大学的学生体验（SERU（Student Experience in Research University））评估项目为代表，认为大学对学生的影响很大程度上是通过学习者个体的努力程度和投入度来体现的，相应的政策、管理、资源配置应以鼓励学生更好地投入到学习活动中为出发点。[③]学习投入与学习者的高阶能力发展及学业成就呈正相关，是解决学习倦怠、孤独和辍学等问题的关键因素。[④]

2.中观层次的学习投入研究

课程（course）层面的学习投入研究，该类研究属于中观层面的研究，关注不同类型课程的学习投入情况研究。学生高质量的学习投入需要落实到具体的教学组织和实际的学习行动方面。有关基础教育中学习者学习投入的研究，研究者更多地从具体的学习行为、学习绩效、教学策略等方面进行探索。贝克特（Beckett）等认为学习投入是一个在课堂学习时表现出的包含情感和行为的心理过程，并通过辛西科学技术工程数学测试（Cincy STEM iTEST）项目采用数字化设备对美国一所公立城市高中低收入非洲裔美国学生的学习进行干预，研究结果表明学生的情感和行为投入程度得到显著增强。[⑤]布塔（Bouta H）等创建了一个三维虚拟学习环境，并在小学数学课堂上进行了四次的教学实验，通过分析聊天记录、课堂观察比较和前后测结果发现，三维学习环境对于提高学习者的学习投入有着较大的潜力。[⑥]姜金伟等认为提高中学生课堂学习的投入度，应在常规教学基础上，建构高生态

①何旭明. 教师教学投入影响学生学习投入的个案研究[J]. 教育学术月刊，2014（7）：93－99.

②Casuso－HolgadoMJ, Cuesta－Vargas AI, Moreno－Morales N, et al. The association between academic engagement and achievement in health sciences students[J].Bmc Mdical Education, 2013（2）：13－33.

③吕林海，张红霞. 中国研究型大学本科生学习参与的特征分析[J]. 教育研究，2015（9）：51－63.

④李爽，喻忱. 远程学生学习投入评价量表编制与应用[J]. 开放教育研究，2016（6）：62－70.

⑤Beckett GH, HemmingsA, MaltbieC, et al. Urban High School Student Engagement Through CincySTEMiTEST Projects[J]. Journal of science education and technology, 2016, 25（6）：995－1007.

⑥BoutaH, RetalisS, ParaskevaF.Utilising a collaborative macro－script to enhance student engagement: A mixed method study in a 3D virtual environment[J].COMPUTERS & EDUCATION, 2012, 58（1）：501－517.

效度的学习投入方案，激发学生的学习动机，提高中学生的课堂学习投入度。①

3.微观层次的学习投入研究

活动（activity）层面的学习投入研究，该类研究属于微观层次的研究。外因必须通过内因起作用，影响学习投入的外在因素，如教师、同伴、学习资源等，需要通过学习者自身的主观努力与积极行动才能发挥作用，促使学习投入真正发生。皮齐门蒂（Pizzimenti）认为学习者的动机水平、学习投入度可以有效地预测其学习结果，从而为有效干预教学提供参考。②马蕾迪等发现中学生的学习投入对数学成绩有显著的影响，积极的心理投入、恰当时间与精力投入可以提高中学生的数学成绩。③马蕾迪等人提出学习投入度 ICAP 框架（交互－建构－积极－被动，Interactive－Constructive－Active－Passive），认为四种行为模式下的学习投入程度和认知水平是 I>C>A>P，投入程度越高，学习理解得越深入。④主要从可观察的外显行为角度对学习投入度高低进行划分，并描述不同投入度下学习者具体的行为表现，在一定程度上较为客观地表征了学习者行为投入程度的高低，但无法对学习投入的其他维度，如情感和认知维度进行具体的量化，所反映的学习投入成分不够全面。

（三）影响学习投入的因素可归结为外源性和内源性不同类型

学习投入受到多方面因素的影响，不同的因素相互作用，共同影响学习者的学习投入。学习投入的影响因素可以归结为外源性影响因素和内源性影响因素两大类。内源性影响因素主要包括学习者的兴趣、动机、能力基础、人格特征、学习风格等自身因素。基于过程的学习投入受到学习动机、活动积极性和态度等多种因素的影响。⑤学习者的自我效能感也是影响学习投入的因素之一，可以通过激发学习动机、增加自我信心等方式促进学习投入水平的提升。⑥人格特征也是影响学习者学习投入的因素之一，主动型人格自主学习能力较强，学习投入水平也相应较高。⑦学习投入的内源性影响因素具有阶段性的相对稳定性和个体差异性等特征。

外源性影响因素主要包括与学习发生紧密相关的人的因素和物的因素，如教师、学习同伴、家长等人的因素，以及学习资源、学习环境、学习设备等物的因素。数字化学习环境下，学习资源的质量对学习投入有着重要影响，数字化学习资源是学习环境因素的重要组成部分，其设计质量的高低影响学习投入和学习效果。⑧视频的呈现方式和画面风格会影

────────────────

①姜金伟，李苏醒，许远理. 基于同学和教师支持提升初中生学习投入的设计性研究[J].教育研究与实验，2015（5）：77－81.

②Pizzimenti M A，Axelson R D. Assessing Student Engagement and Self－Regulated Learning in a Medical Gross Anatomy Course[J].Anatomical Sciences Education, 2015, 8（2）：104－110.

③马蕾迪，范蔚，孙亚玲. 学习参与度对初中生数学成绩影响研究[J]中国教育学刊，2015（2）：77－80.

④Michelene T.H.Chi, Ruth Wylie. The ICAP Framework: Linking Cognitive Engagement to Active Learning Outcomes[J]. Educational Psychologist, 2014, 49（4）:219－243.

⑤冯小燕，胡萍，李纲. 大学生在线学习投入现状及影响因素研究[J]. 河南科技学院学报，2020，40（10）：24－30.

⑥沈永江，姜冬梅，石雷山. 初中生自我效能对学习投入影响的多层分析研究[J]. 中国临床医学杂志，2014（2）：334－340.

⑦高洁，李明军，张文兰. 主动性人格与网络学习投入的关系——自我决定动机理论的视角[J]. 电化教育研究，2015（8）：18－22.

⑧刘哲雨，王志军. 行为投入影响深度学习的实证探究[J]. 远程教育杂志，2017（1）:72－81.

响学习者的认知加工和学习投入，并通过跳转行为得以间接地表现。[①]

对于影响学习投入的内源性和外源性因素的作用大小，不同学习环境下，影响因素的作用程度不同。上述影响因素中，学习任务和学业挑战、学习者态度与主动学习情况、学习经验基础、学习资源与环境支持、师生沟通与互动等因素可以归为教育性因素，对学习者基于学习过程的投入有着较为显著的影响。同时，学习投入又在促进学习者有效学习，提高学习质量方面有着重要的预测作用。

（四）学习投入测量方法具有针对性和适切性

学习投入构成的多维性与复杂性使得在进行测量时，每个研究者需要根据自己对学习投入内涵及构成的不同理解而建构不同的测量维度，采用不同的测量方法。[②]学习投入因研究视角不同而存在宏观层次、中观层次和微观层次等研究粒度与范围。宏观层次的学习投入包括学校层面、学习社区层面等，中观层次的学习投入包括课堂及班级层面，微观层次的学习投入包括基于实时学习过程的学习投入，如微型学习活动的学习投入等。在宏观和中观层次上测量学习投入可以进行课程分析、观察、等级评定等方法；微观层次上的测量则需要借助于生理和心理设备与指标，如脑电、眼动追踪和皮肤电等数据指标。不同的测量方式有着自身的优点和劣势。

Sinatra 等根据学习投入研究和测量的问题与挑战，提出了适合于不同层次学习投入的测量方法，将学习投入测量视作一个连续的整体，其中学习者个体导向（person－oriented）的学习投入位于连续体的左端，环境导向（context－oriented）的学习投入位于右端，环境中的学习者导向（person－in－context）的学习投入处于连续体的中间。学习者个体导向的学习投入视角关注学习者学习时刻（学习过程中）的认知、情感和动机，最好的测量方法是细粒度的生理和行为测量，如脑电、皮肤电和面部表情等。环境导向的学习投入视角强调将环境作为分析单元，测量方法强调宏观构成，如教师、班级、学校和社区，而非学习者个体。中间粒度环境中学习者导向视角将学习投入看作学生与环境的互动，如学习者如何与同伴及环境互动等。学习投入测量连续体如图3－6所示。

Azevedo R 认为基于过程的学习投入研究，获取实时数据并进行分析，将有助于学习投入理论与模型的建构、研究方法和分析技术的创新，为创建促进学习投入的资源与环境提供指导性意见。对不同学习投入测量方法的特点、层次和适应范围等进行了分析，明确了适应于不同层次范围的学习投入测量方法与数据分析类型，并给出了学习投入测量的相应建议，如表3－3所示。

①陈侃，周雅倩，丁妍. 在线视频学习投入的研究—MOOCs 视频特征和学生跳转行为的大数据分析[J]. 远程教育杂志，2016(4)：35－42.

②李爽，李荣芹，喻忱. 基于 LMS 数据的远程学习者学习投入评测模型[J]. 开放教育研究，2018(1)：91－102.

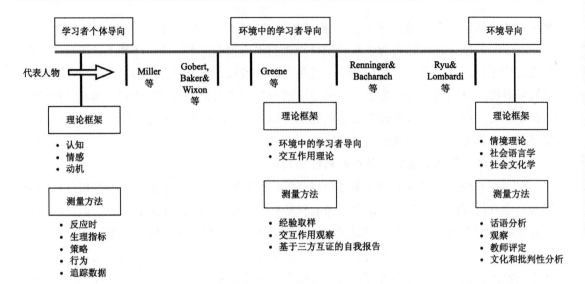

图 3—6 学习投入测量连续体 ①

表 3—3 学习投入的测量方法与适应范围 ②

数据类型	测量方法/工具	测量维度			
		认知	元认知	情感	动机
过程数据	屏幕记录（视频和音频）	Y	Y	N	N
过程数据	实时性出声思维	Y	Y	Y.C	Y.C
	回顾性出声思维	Y	Y	Y.C	Y.C
	眼动追踪	Y	N	N	N
	日志文件	Y	N	N	N
	面部表情识别	N	N	Y	N
	生理传感器（EDA、EMG、EKG、EEG、fMRI、fNIR 等）	Y	N	Y	Y.C
结果数据	前测—后测—迁移测试	Y	N	N	N
	测验	Y	N	N	N
	总结	Y	N	N	N
自我报告	自我报告式调查问卷（MSLQ、LASSI、AEQ、ERQ、MAI、OMQ 等）	Y	Y	Y	Y

①Sinatra G M，Heddy B C，Lombardi D. The Challenges of Defining and Measuring Student Engagement in Science[J]. Educational Psychologist，2015，50(1)：1—13.

②Azevedo R. Defining and Measuring Engagement and Learning in Science：Conceptual, Theoretical, Methodological, and Analytical Issues [J]. Educational Psychologist，2015，50(1)：84—94.

续表

数据类型	测量方法/工具	测量维度			
		认知	元认知	情感	动机
知识建构	笔记和绘图	Y	N	N	N
	课堂话语分析	Y	Y	Y	Y
Y 表示该方法是获取和测量相应类型学习投入数据的理想方法； Y.C 表示该方法是获取和测量相应类型学习投入数据的理想方法，但其效果取决于学习内容； N 表示该方法不是获取和测量相应类型学习投入数据的理想方法。					
注意：本表格是一个可用来测量和分析学习投入的示例。其中生理测量类的方法，虽然其采用的测量表征、维度和计量单位不同，但为了便于分析，将它们放在了一行，理论上它们应各自成行。					

学习投入不同的研究内容需要采用不同的测量工具与方法，由表3－3可以看出，不同类型的数据与测量方法有着自身的优缺点与适应性，应根据研究需要，有针对性地选择。首先聚焦和明确学习投入的测量维度，然后选择合适的方法进行测量，才能在相应的维度和层次得到较为合理的学习投入测量数据。

Sinatra 以较为宏观的视角，在分析了不同层次学习投入的理论框架基础上，对各种学习投入的测量方法进行了分析总结，有利于后续研究者明确自己研究层次的定位和测量方法的选取。Azevedo R 则进行了更深入的探索与分析，将学习投入各类型数据的测量工具及其适应范围进行了梳理和评价，从具体的可操作层面为后续研究者对学习投入不同维度的测量提供了有价值的参考。

以往学习投入的测量较多在宏观和中观层次上进行大规模样本的测试，基于过程的学习投入研究相对比较缺乏，相应的测量方法和技术目前发展迅速，但相关研究关注度不够。随着学习分析技术的发展，基于过程的学习分析为学习投入的测量提供了新的视角。借助于学习分析技术，如反映学习者认知加工情况的眼动追踪技术，反映学习者情绪情感状态的电生理测量技术和反映学习者学习表现的行为分析技术等，对学习者在不同学习环境、不同学习状态情况下的学习行为、情绪情感状态、学习方法与策略等学习痕迹进行记录，从认知、情感、行为等维度对基于过程的学习投入进行量化分析。将这种"在线"式的测量方法和与"离线"问卷调查式测量方法相结合，有利于探寻学习过程中的学习投入和影响因素，优化学习环境，促进深度学习。[①]

移动学习属于微型学习方式，即时性、碎片化特点突出，因此在进行学习投入的测量时，选取细粒度的、微观层次的、基于短暂学习时段的测量方法比较理想，可以掌握学习者即时的学习过程，有利于判断学习者的学习状况，及学习资源画面对学习过程的影响，有利于从资源改进角度对学习投入进行干预。

---

①刘哲雨，郝晓鑫，王红，等. 学习科学视角下深度学习的多模态研究[J]. 现代教育技术，2018，28(03)：12－18.

三、对移动学习资源画面设计的启示

（一）移动学习环境中的学习投入研究受到关注

学习投入是学习者参与学习活动的主动性与努力程度的指标，被视为可预测学业成就的一项重要变量。[①]在移动网络技术支持下，学习者可以随时随地进行学习，如何使学习者在这样的环境下保持较高的学习投入度是学习资源设计开发者所面临的挑战。坎恩（Cann）研究在线学习环境下利用简单便捷的实验前测验工具来提高学生的学习投入度，结果表明低成本、低技术的方法同样可以激发学习者高水平的满意度，提高学习投入水平。[②]沈欣忆基于知识情境化和同伴评价的理论，设计相关激励策略可以提高学习者的在线学习投入度。[③]移动网络时代高校教师需要采用的新的教学策略和方法促进大学生的学习参与和投入程度，马努格拉（Manuguerra M）等的实验研究表明，将基于 ipad 的移动教学可以提高大学生的学习能力，增加他们的学习投入水平。[④]

随着移动互联网的普及应用，线上线下学习的进一步融合，影响学习投入的因素更加多样和复杂，需要从不同视角和维度进行探索。移动学习环境下，无论是传统的课堂教学，还是远程自主学习形式，基于学习过程的学习投入是实现高质量学习的关键，也是教学设计和课程资源开发需要充分考虑的因素。

（二）提高学习者的投入度应成为移动学习资源设计追求的重要目标

移动体验和桌面体验最大的区别在于用户的投入程度，桌面电脑往往期待用户沉浸其中，而移动使用情境复杂，用户在使用移动产品时很可能被打断。[⑤]移动学习是一种注意力消费的学习方式，学习者的移动性和注意力的分散性之间的矛盾无法规避。[⑥]移动学习环境下的学习投入与传统信息化环境下的学习投入有着较大差异，对学习的影响机理也较为复杂，需要深入探索。

移动学习资源的画面设计与学习者的认知心理密切相关，移动端界面尺寸较小且与人眼睛的距离更近，交互功能和方法与传统的鼠标键盘交互不同。因此，在进行移动学习资源画面设计时应结合认知心理、视觉搜索及用户偏好等多因素进行综合考虑，以提高移动学习资源的用户吸引力和学习者的学习投入。[⑦]移动终端的使用对学习者的学习投入度有较大的影响，移动终端资源的丰富性、画面的吸引力、呈现方式的多样化、交互的人性化设计都影响学习投入。

移动设备为学生的自主学习提供便利的条件，但也是一把双刃剑，如果运用不当更容

---

①顾小清，王春丽，王飞. 信息技术的作用发生了吗：教育信息化影响力研究[J]. 电化教育研究，2016（10）：5—13.

②Cann AJ. Increasing Student Engagement with Practical Classes Through Online Pre—Lab Quizzes[J]. Journal of Biological Education, 2016, 50（1）：101—112.

③沈欣忆，胡雯璟，Daniel Hickey. 提升在线学习参与度和学习效果的策略探究及有效性分析[J]. 中国电化教育，2015（2）：21—28.

④Manuguerra M, Petocz P. Promoting Student Engagement by Integrating New Technology into Tertiary Education：The Role of the iPad[J]. Asian Social Science，2011，7（11）：285—287.

⑤黄冰玉. 多屏时代的移动用户体验设计研究[D]. 北京：北京邮电大学，2015：29—30.

⑥刘刚，胡水星，高辉. 移动学习的"微"变及其应对策略[J]. 现代教育技术，2014（2）：34—41.

⑦郑世钰，刘三女牙. 智能手机的微型移动学习创新设计[M]. 北京：清华大学出版社，2015：130—131.

易导致学生的学习投入度不足。高投入水平的移动学习是一种积极主动的高品质学习，是较为理想的移动学习状态，也是移动学习追求的目标。因此，在进行移动学习资源设计时应将提高学习者的学习投入水平作为高质量移动学习资源设计开发的重要目标。

（三）以学习投入为视角探索移动学习资源画面设计的内在规律

移动环境下对学习投入相关问题进行研究有利于探索移动学习的发生过程，促进移动学习的健康发展。目前移动学习资源的设备适应性、内容适应性和学习者适应性存在诸多问题。研究者已经开始关注移动学习中的学习投入及其对学习的影响，但相关研究还不够充分。在对大学生移动学习投入情况的访谈中，有学生反映"我进行移动学习时最大的问题是边学边玩，甚至是只玩不学"。移动学习资源对学习者的吸引力远不及移动设备上的其他娱乐性和消遣性的内容。

因此，针对移动学习的特点与不足，应充分考虑学习者的需求，以学习投入视角观照移动学习和移动学习资源开发，探索移动学习资源画面设计中影响学习投入的关键因素，提出促进学习投入的移动学习资源画面设计规则，从资源设计层面提出移动学习环境下的学习投入提升策略。

（四）重视学习分析和移动学习资源画面设计研究方法的革新

受尺寸限制，梅耶的一些多媒体设计原则在移动学习资源中存在不适应的现象，移动学习资源画面设计中传统的设计策略需要谨慎使用；移动学习的效率需要进一步提高，适应于移动学习特点的画面设计研究方法也需要不断改进和创新。眼动追踪和脑波测量研究方法应用于移动设备终端处于初步探索与发展阶段。眼动追踪作为评估移动设备和移动应用用户体验的重要工具，能够告诉研究者用户与移动设备之间互动时的注意力分布情况，发现设计中不合理的元素、位置及导航等情况，改善移动画面设计。脑波测量作为学习者脑波数据实时监测的有力手段，可以帮助研究者窥探大脑"黑箱"的工作机制和实时变化过程，可以为研究移动学习资源画面设计对学习投入的影响提供了基于过程的脑波数据支持，有利于探索画面设计对学习影响的本质和规律。

眼动追踪方面，杰森（Jason M）研究发现基于移动设备的 AR 学习资源能够提高学习的有效性，并能够给学习者带来积极的情感体验。[1]赖文华等利用学习分析的方法进行了电子课本学习环境下的学习行为分析。[2]对于移动学习资源画面设计的评估，较之传统的问卷调查和访谈等方法，眼动追踪技术可以使研究者更好地了解用户期望和感受，为画面设计提供改进依据。研究者利用眼动追踪技术对手持移动终端界面的可用性进行研究，并据此建立可用性评价指标。脑波测量方面，赵鑫硕等利用脑波仪采集反映学习者注意程度的生物数据，探讨了视频类移动学习资源设计中字幕设计对学习者注意力和学习效果的影响。[3]Chen C M 等应用脑波仪测量学习者在坐、站和走等不同条件下的移动端阅读时的专注度、

---

①Jason M. Harley，Eric G. Poitras，Amanda Jarrell，et al. Comparing virtual and location-based augmented reality mobile learning：emotions and learning outcomes[J]. Educational Technology Research and Development，2016（7）.

②赖文华，王佑镁. 电子课本环境中数字化学习行为的眼动研究[J]. 开放教育研究，2016（10）：112-120.

③赵鑫硕，杨现民，李小杰. 移动课件字幕呈现形式对注意力影响的脑波实验研究[J]. 现代远程教育研究,2017(01):95-104.

认知负荷及阅读效果 ①。上述研究为研究者探寻学习过程中学习者认知、行为和脑波变化情况提供了有力支持

　　眼动追踪技术和脑波测量技术在探索学习者认知特点与规律方面有着独特的功能，借助于眼动追踪和脑波测量开展移动学习资源画面设计将有利于研究者深入学习发生过程，将学习过程中实时测量的眼动数据和脑波数据进行信号同步、建模与匹配，从多维视角探索不同画面设计策略对学习投入和学习效果的影响，具有精确性、过程性、可视化和可量化等特点，在移动学习资源设计开发和应用方面有较大的创新空间和应用价值。

第三节 提升有效学习的移动学习资源画面设计

一、有效学习相关理论

　　技术改变人的大脑，工具重构人的思维。当前教学目的从传递知识向知识建构转变，教学范式从以教师为中心向以学习者为中心转变；教学组织从如何实施教学向促进学习者发展转变。② 关于学习是如何发生的，如何才能产生有效的学习，不同研究者有着不同的理解。如何判断学习是否有效的发生了，不少学者提出了判断学习发生的条件和方法，如表 3-4 所示。

表 3-4　学习发生的条件 ③

学者	起点	动力	外显行为	内隐行为	外部支持
爱因斯坦	主观能动性和创造性				
卡尔·罗杰斯	本人起动	学习的意义：学习者自我评价	个人投入	对知识全方位普遍深入	
爱德华·戴维斯	真实的问题	个人的兴趣和意愿			
詹姆斯·朱尔		内在动机/自我驱动力			
威廉·里斯		学习意愿或学习需求	实践	对学习内容的理解	反馈

　　由表 3-4 可以看出，对于学习发生的条件，学者普遍比较关注学习者的动力，强调学习者的兴趣、动机的激发与维持，其次是对学习起点的重视。学习的起点是指学习者在进

---

　　①Chen C M，Lin Y J. Effects of different text display types on reading comprehension，sustained attention and cognitive load in mobile reading contexts[J]. Interactive Learning Environments，2014，24(3)：1-19.

　　②黄荣怀，陈庚，张进宝，等. 关于技术促进学习的五定律[J]. 开放教育研究，2010(1)：11-19.

　　③黄荣怀, 张振虹, 陈庚.网上学习:学习真的发生了吗?[J].开放教育研究,2007(6):12-24.

行新内容学习时原有知识水平、心理发展水平等的适应情况；[①]恰当的学习起点是有效学习的基础。学习者的内隐学习活动和外显学习行为也是有效学习的重要条件。在当前混合式学习环境下，移动学习更多以非正式自主学习方式影响学习者，良好的外部支持是开展有效移动学习的重要保障。黄荣怀等研究者结合已有的研究观点，认为有效学习活动是指学习者在预期时间内完成学习任务、达到学习目标的过程；有效的学习需要满足五个条件，即以真实问题为起；以学习兴趣或意志为动力；以学习活动的体验为外显行为；以分析性思考为内隐行为；以指导、反馈为外部支持，如图3－7所示。

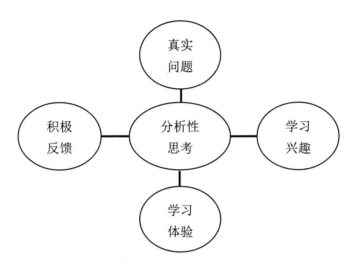

图3－7 有效学习活动的五个条件 [②]

二、多媒体认知学习理论

梅耶认为学习科学包括双重通道原理、容量有限原理和主动加工原理三大基本原理：双重通道原理认为人拥有用于加工言语材料的言语通道和用于加工图示材料的视觉通道，大脑中不同部位完成相应的加工，进而产生不同的心理表征。容量有限原理认为每个通道一次只能加工一小部分材料，学习者需要对材料进行选择性关注，并尝试赋予其意义。主动加工原理认为有意义学习发生于学习者的认知加工过程，包括选择相关材料、组织材料进行连贯表征、将其与长时记忆中激活的原有知识进行整合三个基本过程。在此基础上，梅耶结合人类认知加工的一般过程，从外部世界指向内部心理世界的发展逻辑，将动机和元认知作为学习的强大基石，提出"元认知控制和动机学习下的多媒体学习认知理论"模型[③]，如图3－8所示。

①[美]约翰·D.布兰思福特等.人是如何学习的[M].程可拉, 孙亚玲, 王旭卿, 等译.上海:华东师范大学出版社,2014:9－10, 48.
②黄荣怀, 陈庚, 张进宝, 等.关于技术促进学习的五定律[J].开放教育研究, 2010(1) :11－19.
③[美]理查德·E.梅耶. 应用学习科学——心理学大师给教师的建议[M]. 盛群力, 等译. 北京: 中国轻工业出版社, 2016:30－31.

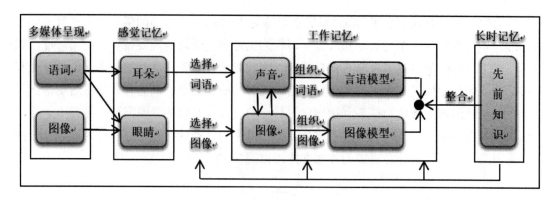

图 3-8 元认知控制和动机学习下的多媒体学习认知理论模型

　　来自外部世界的语词和图像作为多媒体呈现方式通过眼睛和耳朵进入感觉记忆，并在感觉记忆中保持很短一段时间；多媒体学习的主要过程发生在工作记忆中，在积极主动的意识状态下，工作记忆被用于暂时性地存储知识；同时由于人的主动思考，存储在长时记忆中原有的大量知识被带入工作记忆，与新知识进行整合。由学习者心理内部指向外部世界的箭头分别指向"选择""组织"和"整合"等阶段，突出了学习者的动机和元认知在学习过程中的作用，学习动机是有意义学习的先决条件，当学习者付出努力进行适当的认知加工时有意义学习才会发生；具备元认知意识的学习者知道什么是对自己有用的学习策略，同时知道运用这些策略的合适时间，对调节和控制自己的学习过程负责。

　　按照可理解性标准，多媒体环境的设计应与学习方式相符合，梅耶通过大量实验研究总结出了多媒体教学信息设计的若干条原则，如图 3-9 所示，为多媒体学习材料的设计和多媒体教学实践的开展提供了重要的参考价值。

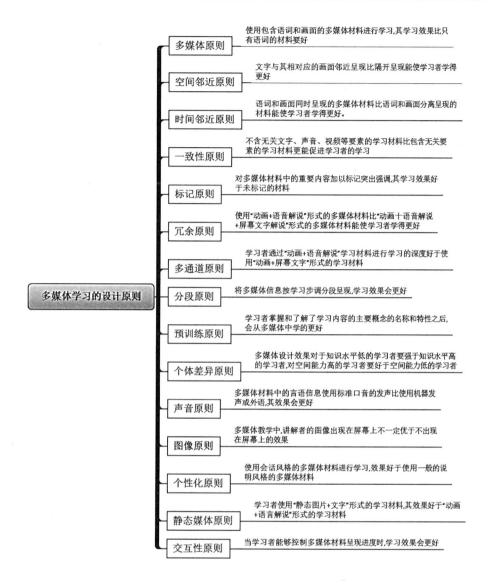

多媒体原则 —— 使用包含语词和画面的多媒体材料进行学习,其学习效果比只有语词的材料要好

空间邻近原则 —— 文字与其相对应的画面邻近呈现比隔开呈现能使学习者学得更好

时间邻近原则 —— 语词和画面同时呈现的多媒体材料比语词和画面分离呈现的材料能使学习者学得更好。

一致性原则 —— 不含无关文字、声音、视频等要素的学习材料比包含无关要素的学习材料更能促进学习者的学习

标记原则 —— 对多媒体材料中的重要内容加以标记突出强调,其学习效果好于未标记的材料

冗余原则 —— 使用"动画+语音解说"形式的多媒体材料比"动画+语音解说+屏幕文字解说"形式的多媒体材料能使学习者学得更好

多通道原则 —— 学习者通过"动画+语音解说"学习材料进行学习的深度好于使用"动画+屏幕文字"形式的学习材料

多媒体学习的设计原则

分段原则 —— 将多媒体信息按学习步调分段呈现,学习效果会更好

预训练原则 —— 学习者掌握和了解了学习内容的主要概念的名称和特性之后,会从多媒体中学的更好

个体差异原则 —— 多媒体设计效果对于知识水平低的学习者要强于知识水平高的学习者,对空间能力高的学习者要好于空间能力低的学习者

声音原则 —— 多媒体材料中的言语信息使用标准口音的发声比使用机器发声或外语,其效果会更好

图像原则 —— 多媒体教学中,讲解者的图像出现在屏幕上不一定优于不出现在屏幕上的效果

个性化原则 —— 使用会话风格的多媒体材料进行学习,效果好于使用一般的说明风格的多媒体材料

静态媒体原则 —— 学习者使用"静态图片+文字"形式的学习材料,其效果好于"动画+语言解说"形式的学习材料

交互性原则 —— 当学习者能够控制多媒体材料呈现进度时,学习效果会更好

图3-9 多媒体教学信息设计原则 [①]

三、认知负荷理论

认知负荷理论以信息加工心理学为基础,认为人类信息加工的容量是有限的,当学习者所加工的信息超过了本身信息加工的容量就会出现认知负荷超载。Sweller 结合工作记忆理论、图式理论和资源有限理论,提出认知负荷是指在特定学习时间内施加于个体认知系统的心理活动总量,认知负荷的大小与具体的学习任务有关,成为能否解决问题和获得图式的重要影响因素。[②]认知负荷总量由外在认知负荷、内在认知负荷和关联认知负荷共同组成,其中外在认知负荷由教学活动设计或学习资源设计不当引起;内在认知负荷由学习材

①[美]J.M.斯伯克特,M.D.迈瑞尔,J.G. 迈里恩波. 教育传播与技术研究手册[M]. 任友群,等译. 上海:华东师范大学出版社,2015:479-493.

②孙崇勇. 认知负荷的理论与实证研究[M]. 沈阳:辽宁人民出版社,2014:4-7.

料本身引起并受学习者原有知识水平影响；关联认知负荷由学习者在图式建构中投入的认知资源数量决定。①

　　大量研究证实了认知负荷会对学习产生不同的影响。在研究学习者如何应对认知负荷时需要采用合适的资源设计和教学设计策略以支持学习者，同时还要使学习者能够应对高认知负荷或超认知负荷的情况。②可以通过设计资源呈现形式或教学方式对学习者的认知过程进行外部控制与管理；同时也可以通过调动学习者的动机和元认知等策略从内部对认知负荷进行控制与管理。认知负荷的这种管理思想与梅耶的"元认知控制和动机学习下的多媒体学习认知理论"模型一致，可以看作从认知负荷理论视角对多媒体学习认知理论的解析，同时多媒体学习认知理论模型也为认知负荷的优化提供策略指导。

四、对移动学习资源画面设计的启示

（一）移动学习资源画面设计应以促进有效学习为目的

　　相对于传统学习环境，学习者对于新的学习环境反应更积极，但是否愿意投入必要的时间和精力达到理想的理解水平还缺乏足够的证据支持。③随着移动学习的普及，越来越多的学生乐于接受移动学习活动，但这些学习活动不一定能激发其有效的学习投入。结合有效学习的要求和学习科学规律，应甄选移动学习内容，优化移动学习资源画面设计来激发和维持学习者学习兴趣和学习动机，增加学习者移动学习的良好体验，并在学习过程中给予积极的反馈，为学习者提供有效的学习引导和辅助策略。从外部提高学习支持的效果，从内部优化学习者的学习准备，促进有效学习的真正发生。

（二）移动学习资源画面设计应以多媒体认知学习理论模型为依据

　　多媒体学习认知理论模型用选择、组织和整合三个核心词来解释多媒体学习中的知识建构，揭示学习过程中学习者感觉记忆、工作记忆和长时记忆中的主要加工过程，包括选择相关词语、选择相关图像、组织所选择的词语、组织所选择的图像和整合以文字为基础和以图像为基础的表征等五个非线性的步骤，为多媒体学习资源设计提供了理论依据。以多媒体认知学习理论为基础，研究学习者如何在移动学习环境下更有效地学习，无论是对于移动学习者、教师还是移动学习资源开发者都有着重要意义，帮助学习者更好地进行移动学习，帮助教师更好地开展移动学习，帮助移动学习资源开发者设计更加优质的移动学习资源。

（三）移动学习资源画面设计应充分考虑认知负荷的影响

　　小屏幕的画面使得移动学习内容的结构化和整体性被破坏，画面布局也必须适应小屏幕特点，信息呈现形式容易给学习者造成更多的认知负荷。学习者在适应移动学习资源的呈现形式过程中需要通过工作记忆进行新的信息整合；画面数量的增加、频繁的导航切换与操作互动也容易增加学习者的认知负荷，使得学习者难以根据学习内容构建清晰的认知

---

①冯小燕，王志军，李睿莲，等. 基于认知负荷理论的微课视频设计与应用研究[J]. 实验室研究与探索，2017，(10)：218－222.

②赵俊峰. 解密学业负担：学习过程中的认知负荷研究[M]. 北京：科学出版社，2011：25－27.

③[美]R. 基思.·索耶.剑桥学习科学手册[M].徐晓东，等译.教育科学出版社，2010：541－556.

图式。因此画面设计需要考虑移动学习的特点，在结构布局、信息呈现方式、视听觉效果、资源导航及互动操作等方面进行科学、精心的设计，减少学习者因操作不当产生的外在认知负荷，同时给予学习者以及时的提示、指导和帮助，优化关联认知负荷，使其能够适应移动学习的特点，进行有效的学习。

（四）移动学习资源画面设计应在多媒体设计原则基础创新发展

移动设备的技术特性使得学习资源的布局设计、导航设计、交互设计都受到较大的限制，特别是信息呈现设计，较小的屏幕空间很难完整地呈现复杂的学习内容。多点触屏式的交互方式给画面设计带来创新的同时也带来了新的挑战。不同的移动学习资源有着自身的特点，同时由于移动设备小屏幕、使用环境复杂等原因，多媒体设计原则不能很好地适应，在指导移动学习资源设计时给设计开发人员带来了新的困惑。在进行移动学习资源设计时，需要在多媒体设计原则基础上创新发展，探索出适合移动学习资源特点，适应移动设备特性的学习资源画面设计原则。

第四章 移动学习资源画面优化设计策略的确定

第一节 移动学习环境下学习投入的影响因素分析

一、移动学习环境下影响学习投入因素的确定

（一）理论分析

移动学习环境下学习投入的影响因素更加复杂多样。学习投入被视为可预测学业成就的一项重要变量，无论是传统的课堂教学还是数字化学习形式，基于过程的学习投入是实现高质量学习的关键，也是教学设计和课程资源开发需要充分考虑的因素。移动学习时代的到来，使学习方式发生了变革，学习者不仅可以自主学习，而且可以随时随地按需学习。由此带来的学生发展的重要问题之一是如何促进学习者思维水平的提升，提升学习者的综合素质，实现全面发展。

如何实现高投入水平的学习应成为移动学习追求的重要目标之一。随着移动互联网的普及，线上线下学习的进一步融合，影响学习投入的因素更加多样和复杂，需要从不同视角和维度进行探索。由于移动学习的自主性与不确定性，导致影响学习投入的因素呈现多样化、动态化和更为复杂的特点，其中外源性因素中学习环境特点与资源质量等相对于传统学习环境对学习者学习投入的影响更加突出；移动学习的个性化、随意性与自主性使得学习者个体的内源性因素对学习投入的影响也更加显著。内源性外源性因素的交互作用则对学习者的学习投入产生更为动态、复杂、多方位的影响。因此需要进一步厘清移动学习环境下学习投入的影响因素，在理论分析基础上，以现实为出发点，从教师和学习者双重视角探索移动学习环境下影响学习投入的因素，并对相关因素进行分析归类，明确可干预的主要影响因素，在此基础上实施有针对性的干预策略，以提高学习者的投入度，优化移动学习效果。

低资产专用度的设备特性使得移动学习高水平投入面临挑战。相对于PC机单一的工具支撑性作用，PAD和智能手机等移动设备在学习过程中除了具有工具支撑性作用，同时还具有多种形式的娱乐性功能，导致移动设备用于学习的资产专用度较低，对学习过程产生较多的干扰，由此带来学习投入度低下，学习效果不理想等问题。同时，由于移动设备的便携性、私有程度较高、使用体验独特性、非学习性因素多样化等特点，使得移动设备自身对学习投入也产生了诸多负面影响，导致移动学习过程中很难实现高水平的学习投入。因此，移动学习环境、学习内容、学习者自身、学习资源与环境等因素对学习者的学习投入有着较大的影响。学习者在移动学习过程中面临着更加多样化、较低可控性的干扰因素，较高水平的学习投入难以保证。

因此如何从资源设计、内容呈现形式和画面表征等方面进行探索和改进，优化移动设

备的合理使用、教学资源的粒度设计、协作任务的难度设计等，以提高移动学习的专注度、可持续性和投入水平是移动学习必须解决的问题，这也是提高移动学习认可度与接受度必须解决的关键问题。

移动设备沉迷于学习投入度不足之间的矛盾的化解需要从多方面努力。移动设备为学习者的自主学习提供了便利的条件，但也是一把双刃剑，如果运用不当更容易导致学习者的学习投入度不足。随着智能手机的普及和网络资源的丰富，不少学习者出现了手机沉迷的现象，应通过正确的引导，使其将更多的基于手机的时间和精力应用在与学习有关的活动上。

移动学习资源的丰富性，画面的吸引力，呈现方式的多样化，交互的人性化设计都影响学习者的学习投入。早期的移动学习终端设计，受技术和认识的制约，不能促进学习者充分地投入到学习任务中。Cann 认为数字化学习环境下采用低成本、低技术的方法同样可以激发学习者高水平的满意度，提高学习投入水平。[1]学习者对移动设备的沉迷与移动学习投入度不足矛盾的化解需要全面考虑移动学习环境下影响学习投入的各类因素，从资源设计、教学设计、学习引导等多方面进行改进，降低移动设备沉迷给学习者带来的负面影响，同时提升移动学习的吸引力，提高学习过程中的投入度与学习质量。

（二）现实调研

移动学习是高度自由和自主化的学习活动，受到"人"的因素和"物"的因素两方面的影响，其中人的因素主要指学习者和教师，物的因素包括设备、任务、环境和资源等。"物"的特性影响"人"的行为，"人"的行为又反过来影响"物"的选择，二者相互作用，共同影响移动学习者的学习投入。由于移动学习环境的多变与复杂性，影响学习投入的因素更为多样化。由于基于课堂的移动学习和自主学习形式下的移动学习在学习形式和学习方法上存在较大差异。因此，针对这两类移动学习形式开展调研，找出影响学习投入的共同因素进行分析。

1.基于教师访谈的混合式移动学习形式下学习投入的影响因素分析

随着移动设备的普及和智慧校园的建设，许多学校开始了围绕课堂教学开展移动教育的尝试，但学习者在学习过程中的投入情况也受到了不同因素的影响。为了把握基于课堂教学的移动学习中学生的学习投入情况，通过对参加中国移动互联网教育大会的 11 名开展过或者正在开展移动教育的任课教师（小学教师 3 名、中学教师 4 名、高校教师 4 名）进行一对一的在线与面对面相结合的访谈（访谈提纲见附录 1－1），了解基于课堂教学的混合式移动学习环境中学生学习投入情况，以及影响学习投入的因素，对结果进行整理分析。

（1）混合式移动学习环境下不同学习投入度的具体表现

对教师的访谈结果进行分类梳理，归纳出混合式环境下基于课堂的混合式移动学习中，教师观察到的学习者不同学习投入的情况如表 4－1。

①Cann A J. Increasing Student Engagement with Practical Classes Through Online Pre－Lab Quizzes[J].Journal Of Biological Education，2016，50(1)：101－112.

表 4－1 基于课堂的移动学习中学习者不同投入的表现（教师观察）

高投入的表现		低投入的表现	
	学习兴趣很高		三分钟热度
	对学习活动积极响应		关注学习的表面形式
	爱使用 pad 等移动设备完成作业		学习不深入
	课堂上积极沟通		不能长时间专注于学习
	与同学之间的互动频繁		完不成任务时找理由推脱
	乐于参与组织的课堂辩论		参与合作的积极性不高
	喜欢挑战性的活动		学习中交头接耳
	主动性高		东张西望
	专注程度高		目光游离
	思维活跃		上课走神
	作业认真		仅仅是对移动设备本身感兴趣
	作业完成得质量高		对利用移动设备进行学习情绪低落
	受外界干扰小		贪玩手机
	注意力集中		在非操作时间偷偷摆弄设备
	反应快速		反应比其他同学慢半拍
	操作设备时很投入		操作设备时好奇但不能长时间专注
	主动参与课堂活动		参与其他课堂活动的积极性低

由表 4－1 可以看出，基于课堂的混合式移动学习方式，学习者存在不同形式的学习投入不足情况，这些学习投入不足情况有些与传统课堂相似，与学习内容掌握不足、学习进度跟不上有关；有些则与移动学习环境的影响有关，移动设备进课堂像一把双刃剑，在某些方面可以促进学习投入，某些方面则在一定程度上阻碍了学习投入，给课堂学习带来了负面影响。

教师的观察结果表明混合式环境下基于课堂的移动学习中，学习者的学习投入受到多方面因素的影响，这些因素包括环境因素、教师因素、教学组织因素等，也包括学习者自身的因素、设备特性因素等多种影响。同时，移动学习环境下，学习者的投入具有个体差异性，移动设备的引入有利于促进部分学习者的学习投入，但对于有些学习者则可能会阻碍学习投入，尤其是对于移动学习素养较低的学习者来讲，其阻碍作用可能更为显著。基于课堂的混合式移动学习中，影响学习投入的因素应从多方面进行优化。

（2）混合式移动学习环境下影响学习投入的具体因素

对教师访谈结果中有关"学习投入影响因素"的反馈结果进行梳理和分类，结果如表 4－2 所示。

表 4-2 影响移动学习投入的因素（教师反馈）

学生因素	自身的素质与基础	学习资源与内容因素	学习内容吸引力
	学习态度		学习内容选择与学生学习能力的匹配
	学习能力		学习资源是否经过精心设计
	对内容与任务的兴趣		学习资源内容是否条理清晰
	学习是否主动		学习资源的质量高低
	参与的积极性		是否是适合移动学习的有效资源
	专注程度		学习资源呈现形式能否吸引学生
	是否注重移动设备的娱乐功能而非学习		学习资源的丰富程度
	对移动学习的熟悉程度		学习资源是可以满足不同教学环节
	学生操作技能的高低		资源的价格与收费情况
	学习中使用移动设备的时间		教师对资源的使用是否熟练
	学习中使用移动设备的频率	设备因素	设备使用对教师的要求高低
	是否经常处于移动学习的氛围中		使用中设备故障的处理是否及时
	小组互动参与情况		学生对设备是否熟练
	自我控制与约束能力的高低		设备操作中非学习内容的干扰
教师因素	对移动教育重要性与必要性的认识	教学活动因素	师生互动频率
	对移动教育的态度与兴趣		师生互动的质量
	是否乐于接受新事物		课堂设计情况
	是否具备相应的教学组织水平		活动的设计、组织与实施
	是否具备相应的课堂教学设计能力		评价方式与标准
	教师对资源和设备使用的熟练程度	学校管理因素	学校对移动教育的顶层设计
	是否愿意使用移动教育资源		对于移动教育资源引进的资金规划
	是否愿意付出足够的时间和精力		对教师和学生的系统引导
	是否有探索和开发移动资源的意向		教学组织是否支持移动学习
家长因素	家长是否认可与支持		班级管理是否适宜移动学习
	家长是否有转变思想的意愿		相应的管理制度是否完善
	家长是否参与家校联合的移动教育		是否有完整的评价体系

可以看出，影响学习者学习投入的因素有显性的直接因素，如学习者自身因素、教师因素、学习资源与活动因素、设备因素等；也有隐性的间接因素，如家长因素、学校管理因素等。移动设备有利于激发学习者的好奇心和兴趣，在学习活动初始阶段有较高的投入度，随着学习的深入，教师对教学内容的组织、对课堂的驾驭能力、资源质量的好坏都会影响到学习者持续性的学习投入。

基于课堂的移动学习中，学习者的学习投入情况受到教师、教学设计与组织、学习资源与内容、设备因素和学习管理等因素的影响。在中小学阶段，学生的学习投入还受到家长态度较大的影响。教师如果不熟悉移动教学形式，缺乏有效的课堂组织，或设备操作不熟练等都会在一定程度上导致有效学习投入低下，从而产生"看起来很热闹，但没太大成效"的现象。基于移动设备的教学课堂组织形式与传统课堂有着较大差异，是否在课堂上充分利用移动设备进行高效的教学也是影响学习投入的主要方面。学习内容的选择和资源的呈现形式是能够吸引学习者，使其全身心投入到学习中的关键。设备的合理利用和有效的管理支持也是重要的影响因素。

　　2.基于学习者调研的自主式移动学习形式下学习投入的影响因素分析

　　为了解自主学习环境下的移动学习投入情况，对部分有移动学习经历的学习者进行了问卷调查。由于自主式移动学习的复杂性与多样性，从学习者体验的角度出发，采用学习者自我报告的形式来收集移动学习中影响学习者投入的因素，调查问卷见附录1－2。考虑到利用移动设备进行自主学习的群体多样性，通过网络调查与课堂随机调查相结合的形式开展，选取了不同学段的学习者作为被调查对象，共189名，分别来自天津、河南、山东、江西及黑龙江等地，其中，高中生17名，大学生121名，研究生32名，职场白领19名；其中男生88名，女生101名。

　　（1）自主式移动学习中学习投入与学习频率、资源质量、专注程度的相互关系

　　结果显示，50%的被调查者经常利用移动设备进行学习，有48%的被调查则偶尔利用移动设备进行移动学习，无论是中学生、大学生还是职场白领，利用移动设备进行自主式学习和充电已经成为一种常态。66%的受访者认为当前的移动学习资源质量一般，对他们缺乏足够的吸引力，有28%的学习者认为移动学习资源的质量还不错；有约6%的受访者认为移动学习的质量很差，对他们没有什么吸引力。62%的学生表示在移动学习时偶尔会开小差，30%的学生认为移动学习时经常会开小差，约有6%的受访者表示有时开小差的时间比学习时间还长，只有极个别受访者表示从不开小差。可以看出，移动学习中学习者的专注度较差，学习投入程度低，移动学习资源质量不高，对学习者吸引力不足是造成移动学习投入度低的一个重要因素。对不同学段受访者的移动学习频率、对移动学习资源的感知质量、移动学习专注度情况和移动学习投入情况进行统计分析，结果如图4－1所示。

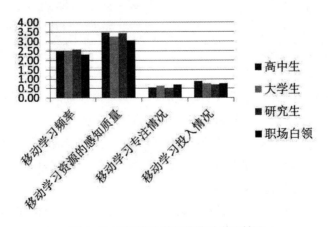

图4－1 不同学段学习者移动学习情况

可以看出，无论是高中生、大学生、研究生还是职场白领，移动学习频率、资源感知质量、学习专注和投入方面的得分情况较为一致，表明移动学习对于各个阶段学习者的影响具有相似性，也进一步表明移动学习特点具有普遍性。总体来讲，移动学习普及率高，学习资源质量有待进一步提升，学习者的专注度和投入情况不容乐观。进一步对数据间的关系进行分析，如表4－3所示。

表4－3　各调查因素间的相关关系

	学段	移动学习频率	移动学习资源感知质量	移动学习专注情况	移动学习投入情况
学段	1				
移动学习频率	.050	1			
移动学习资源感知质量	−.092	.376**	1		
移动学习专注情况	.117	.003	.186*	1	
移动学习投入情况	.041	.215**	.299**	.404**	1

**. 相关性在 0.01 层上显著（双尾），*. 相关性在 0.05 层上显著（双尾）。

结果表明：学习者自我报告的学习投入情况与移动学习的频率、移动学习资源感知质量和学习专注情况呈现高度相关，但与学段无关，表明移动学习频率越高，学习投入情况越好；对学习资源的满意度越高，学习投入情况也越好。这与雷浩等人将学习者的学习时间（行为）投入与学习专注度（认识与情感投入）视为学业勤奋度的双维核心模型，学习者在高时间投入和高专注度情况下学习质量最好这一研究结果一致。[①]学习越专注，学习投入情况也越好，不同学段的移动学习者有着相似的学习投入情况。移动学习专注情况与学习资源的感知质量显著关，与学段和学习频率无关，表明当学习者感知学习资源质量较好时，其学习专注程度更高。移动学习资源质量的感知情况与移动学习频率高度相关，与学段无关，表明当学习者认为移动学习资源质量较好时，其利用移动设备进行学习的频率就会增加，学习投入也相应增加。学习者学习投入情况与学习者的专注度的相关系数最高，其次是资源感知质量。学习者自身因素，包括注意力、意志力、自我控制等对学习投入影响较大，属于内源性影响因素；移动学习资源质量也是影响学习投入度的关键因素，优质的学习资源是高学习投入的基本保证，属于外源性影响因素。

（2）自主式移动学习中影响学习投入的具体因素

为了解影响移动学习投入的因素，设置了开放题："移动学习中影响您学习投入的因素有哪些？"共有167受访者从不同的角度给出了回答。对回答进行梳理分析，发现影响移动学习投入的因素是多方面的，结果如表4－4所示。

---

①雷浩，刘衍玲，魏锦. 基于时间投入——专注度双维核心模型的高中生学业勤奋度研究[J]. 心理发展与教育，2012(4)：384－391.

表 4-4　影响学习投入的因素——学习者自我报告

影响因素维度	提及人数及人次比	描述案例
学习内容因素	15（7.4%）	知识体系非结构化
		内容杂乱、没有重点 很多内容付费但没重点，难以学到自己需要的知识
		任务太难学不下去 讲得不透彻
		内容应该多一点儿
		内容不系统，学着学着容易被带偏
		学习内容是否与自身需求相适应
		内容不新颖
		应该有足够的吸引力
		内容太碎片
资源设计因素	54（26.9%）	学习资源质量较低，参差不齐 更新太慢 资源不新不广
		界面设计应更人性化些
		资源呈现形式比较闷，没有吸引力 样式不丰富
		操作不方便容易不耐烦
		学习界面的舒适性
		各种 APP 资源杂乱
		学习环节较为单一 过程重复，缺乏乐趣
		缺少帮助
		视频画面应足够清晰
		视频类老师的语调语速很容易受影响 音频质量不好容易烦躁
学习者自身因素	54（26.9%）	里面的内容是否有帮助 是否能满足自我需求
		注意力不集中 容易走神
		不够勤奋 精力不集中

影响因素维度	提及人数及人次比	描述案例
学习者自身因素	54（26.9%）	自控力不足 有没有人监督很重要 自我约束力太低 是否感兴趣 精神状态好坏
设备因素	11（5.5%）	手机中的娱乐功能 移动设备诱惑大 手机屏幕伤眼睛 看多了容易疲劳 注意力难以诉诸移动设备之上 网络速度是否给力
干扰因素	67（33.3%）	需要安静的环境 环境经常是地铁、公交等场景，容易受到干扰 环境嘈杂 容易受到其他 APP 信息的影响 学习容易被弹出的信息中断 更想玩游戏 有广告插入 聊天信息的干扰
合计	201（100%）	

通过对学习投入影响较大的因素进行归类分析发现，自主式移动学习中学习投入的影响因素包括学习者自身因素、学习内容因素、资源设计因素、设备因素和干扰因素等几个方面，由于自主学习以学习者的体验为主，因此学习者提及频率较高的因素可以认为是影响较大的因素。可以看出，学习者认为学习环境和学习过程中干扰因素影响对学习投入的影响最大，占影响因素的 33.3%，这也是移动学习最大的劣势，影响学习者的学习体验和移动学习价值定位；其次是学习者自身因素，占影响因素的 26.9%；学习者比较关注的影响因素还包括资源设计因素 26.9%、学习内容因素 7.4%、设备因素 5.5%。需要说明的是，尽管学习内容因素被提及的次数较少，并不代表这一因素对学习投入的影响低，适切的教学内容和优化的教学设计与内容处理是优质学习资源的核心组成部分。

3.影响因素指标体系的确立

由于学习环境和学习方式的差异，课堂环境下的移动学习和自主式移动学习中，影响学习者学习投入的因素存在一定差异。通过对教师的调查分析发现，正式课堂学习环境下开展的移动学习中，影响学习投入的因素包括学生自身因素、教师因素、家长因素、学校管理因素、班级课堂组织因素、学习资源内容因素和设备特性等因素。非正式学习环境下的影响因素包括学习内容因素、资源设计因素、学习者自身因素、设备因素、干扰因素等。可以看出，其中学生自身因素、学习内容因素、资源设计、设备、环境干扰因素等是两种情况下共同的影响因素，因此，学习者、学习内容、学习资源、设备及环境因素是不同形式移动学习中学习投入的重要影响因素，这些影响因素中，部分因素属于外源性因素，部分因素属于内源性因素。诸多影响因素对学习投入所起的作用不同，而且这些影响因素的可控性和可调节作用不同。

结合已有的理论分析、访谈和调研结果，对各维度的影响因素进行描述化指标分类，形成学习投入影响因素的三级指标，共包括 5 个一级因素维度，18 个二级子维度和 48 个具体表征指标。需要说明的是，在确定二级子维度和三级指标时，为了获取相同一级因素维度下较为全面的影响因素指标，对两种移动学习形式下的学习投入影响因素进行合并，相应表征细目如表 4-5 所示。从多媒体画面语言学角度分析发现，5 个一级因素维度中，资源设计因素属于多媒体画面语构学的研究内容，学习内容因素属于多媒体画面语义学的研究内容，学习者自身因素、设备因素和环境干扰因素属于多媒体画面语用学的研究内容。

表 4-5　学习投入的影响因素三级指标

因素维度 （一级）	子维度 （二级）	具体指标的表征描述 （三级）
学习内容因素 （语义）	内容选择	主题是否明确
		重点是否突出
		内容是否丰富
		内容是否新颖
	教学设计	体系的完整性
		结构化设计程度
	学习者适应性	是否满足学习者需求
		难度是否适中
		是否具有较强的吸引力
	碎片化	碎片化程度高低
资源设计因素 （语构）	资源质量	整体质量
		涉及内容是否广泛
		呈现形式是否丰富
		是否更新及时
	资源画面感官设计	界面设计是否人性化
		资源呈现是否具有吸引力
		学习界面友好性
		学习界面舒适性
		视频类内容的画面清晰度
		音、视频内容讲解的语速语调

因素维度 （一级）	子维度 （二级）	具体指标的表征描述 （三级）
资源设计因素 （语构）	资源画面交互设计	互动是否良好
		操作是否方便
		帮助是否及时
	学习过程设计	学习环节是否多样化
		学习过程是否充满乐趣
		是否有人性化的学习氛围
	抗干扰性	是否易受设备的其他信息干扰
学习者自身因素 （语用）	能力基础	基础能力高低
	自我监控能力	学习动机强弱
		自我效能感高低
		学习策略掌握情况
		注意力集中程度
		能否长时间集中精力
		有较强的自控力与自我约束力
	学习品质	精神状态的好坏
		是否勤奋
	自我需求	是否对内容或主题感兴趣
	生理因素	年龄
		性别
设备因素 （语用）	设备的内容属性	移动设备对移动学习的适应性
		手机中的娱乐功能与诱惑性
	设备的物理属性	网络速度是否给力
		屏幕对眼睛及视力的影响
环境干扰因素 （语用）	环境干扰 （外干扰）	学习环境是安静还是噪杂
		学习环境多样性 （如地铁、公交上等非正式场合）
	学习过程中的干扰 （内干扰）	其他应用 （如微信、游戏）
		弹出信息 （如电话、聊天等）
		广告的强势植入

　　在进行移动学习的过程中，学习者以学习任务为驱动，选择合适的学习内容，以移动

设备为载体，通过学习资源画面与资源内容进行互动。学习资源画面不仅仅是学习者与学习内容互动的中介与窗口，同时也是学习者与学习资源、学习内容、教师、学习环境构成移动学习生态系统中重要的动力枢纽和联系纽带。学习者为了完成学习任务，选择特定的设备，利用相应的学习资源，通过与资源画面交互完成学习。学习资源的教学设计、学习者学习状态及画面设计形式等影响学生的学习投入，构成了移动学习环境下的多媒体画面语言学的语用、语义和语构等方面的研究层次。

二、各因素对移动学习环境下学习投入影响的机理分析

在上述影响因素中，学习者是主体，属于内源性因素；学习内容和学习资源是核心，也是最需要改进和提高的因素，属于外源性因素；设备因素不仅影响学习者的学习体验，也影响资源的设计，是连接学生和资源的纽带，属于外源性因素；环境干扰因素属于外源性因素，存在较多的不确定性。

（一）各因素相互影响和制约

学习者自身因素、学习内容、设备与环境干扰、学习资源各影响因素之间的关系，以及各因素对学习投入影响的关系如图4-2所示。

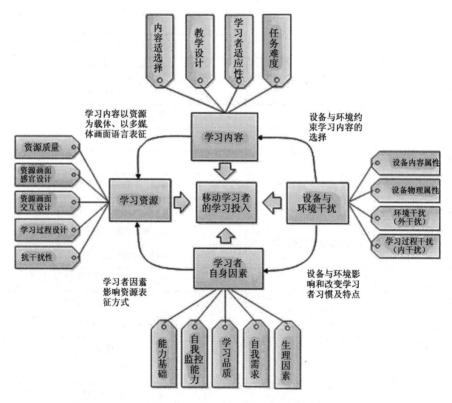

图4-2 移动学习环境下学习投入影响因素及其相互作用关系

移动学习环境下学习投入各类影响因素间的关系相互影响，彼此制约，共同影响移动学习中学习者投入情况。

移动设备和移动学习环境的特殊性对学习内容的选择具有一定的约束作用，只有选择适应于移动学习设备和特点的学习内容，才有可能使学习者有较高的学习投入，取得满意的学习效果；同时移动设备和环境的特殊性也在一定程度上改变了学习者的学习体验和学习习惯，进一步影响其学习方式和学习特点。

学习内容的选择在一定程度上受所用设备和使用环境的约束，同时学习内容必须以合适的资源为载体，遵循画面语言表征的规则才能达到良好的传播效果。

学习者自身的特点对学习资源的表征形式具有约束和规范作用，应选取适应于学习者自身特点的画面语言对学习资源进行表征，以适应学习者的特点与需求。

移动学习资源是移动学习内容的载体，在设计开发中应遵循多媒体画面语言学理论体系，通过多媒体画面语言对移动学习资源呈现方式的表征，使学习资源画面与移动设备特点和移动学习内容相适应。

（二）各因素对移动学习投入影响作用的层次和大小存在差异

上述影响移动学习投入的因素中，各因素因其来源不同，影响机理存在差异，其对学习投入产生的大小和所起作用的层次也存在一定差异。从实施主体与所起作用看，设备与环境干扰属于约束性因素，对其他因素具有较强的约束作用，约束学习内容的选择和学习者学习方式和学习习惯的适应性。学习内容和学习资源属于直接影响因素，直接影响着学习者的学习行为和学习过程，并影响学习效果。学习者自身因素属于相关的隐性因素，在学习过程中，通过影响学习者对学习资源的感知特点、学习内容的认知过程而影响其学习投入与学习效果，属于较深层次的隐性影响因素。

各影响因素所起作用的大小与影响因素的来源有关，也与学习时的环境和条件有一定关系，同时跟学习者自身的差异也有较大关系，是复杂、动态的学习投入影响因素作用体系。外因通过内因起作用，高质量的移动学习资源对学习投入和学习效果的积极影响，需要恰当的多媒体画面语言表征、合适的教学设计，以及有机的活动组织策略；需要对学习者的移动学习过程进行优化和干预，提高兴趣，激发动机，提升注意力与专注度等策略，使学习者维持较高的学习投入度，使优质移动学习资源充分发挥作用，提高学习效果。

三、各因素重要程度与可干预程度的专家评定

由前期分析可知，不同影响因素对于学习投入的影响大小和作用层次存在差异，为了明确各个影响因素在整个评价指标体系中的作用地位及重要程度，同时为提高影响因素指标的可靠性与一致性，在指标体系确定后需要采用科学的方法对各指标赋予不同的权重系数，以确定各影响因素的作用大小；并进一步明确各影响因素的可干预程度，从而为后续干预策略的确定提供科学依据。采用专家评定的方法明确各级因素的评定权重，确定各维度指标的重要程度权重和可干预程度权重，以提高影响因素的可靠性与有效性；通过科学的评定过程，过滤掉影响力小且可干预程度低的冗余因素，为后续干预策略的制定提供有价值的参考。

（一）专家评定方案的确定与实施

各因素指标的权重是指标评价过程中其相对重要程度的一种客观度量的反映。目前，权重的确定方法主要采用专家咨询的经验判断法，由个人经验决策转向专家集体决策。其

中专家投票表决法（简化的 Delphi 法）通过每个评委的定性分析，给予定量的回答，并对回答结果进行统计处理，计算公式为：

$$a_j = \sum_{i=1}^{n} \frac{a_{ij}}{n} \ (j = 1,2...m)$$

式中，n 为评委数；m 为评价指标总数；a_{ij} 为第 i 个评委给第 j 个指标权数的打分值；a_j 为第 j 个指标的权数平均值。在此基础上对结果进行归一化处理，公式为：

$$a_j' = a_i / \sum_{j=1}^{m} (a_j)$$

最后的结果 a_j' 代表评委们对该因素权重的集体意见。[①]

移动学习中学习投入各影响因素的权重需要从各指标的影响程度和可干预程度两个维度进行评定，为后续研究提供策略指导。将各影响因素以等级量表的形式从表示，其中"影响程度"从小到大分为"非常小""较小""一般""较大"和"非常大"五个等级，分别代表 1 分、2 分、3 分、4 分、5 分；"可干预程度"从低到高分为"很低""较低""中等""较高"和"很高"五个等级，分别表示 1 分、2 分、3 分、4 分、5 分。将指标因素制成专家咨询表的形式，分别向相关领域的专家进行咨询评定，咨询评价表见附录 2。

专家的选取与确定：选取专家的原则是学术权威性、学科多样性和领域相关性相结合，以确定各影响因素的重要程度和可干预性，为后续干预策略的制定提供专家指导。所邀请的专家是相关领域有一定学术影响力和学术活跃度的专家学者，共邀请到专家 16 名，包括移动学习研究专家 5 名，心理学教育学研究专家 3 名，学习投入研究专家 4 名，资源设计专家 4 名。专家均具有副教授及其以上职称，且教授比例占 25%以上，75%的专家具有博士学位，在一定程度上保证了专家的学术权威性和评判结果的可靠性。通过电话联系、电子邮件及微信沟通的方式向专家说明研究的目的与要求，通过纸质填答与在线填答相结合的形式获得专家的评判结果及相关意见反馈。

（二）一级维度影响力和可干预程度评定结果

专家对各因素的具体表征指标进行评价，评价最高为 5 分，最低为 1 分。首先从总体上对五个一级维度的影响因素得分情况进行平均，以了解不同一级维度的重要程度和可干预程度，结果如表 4-6 所示。

表 4-6 各一级因素维度的影响大小与可干预程度权重

因素维度	影响大小				因素维度	可干预程度			
	均值	标准差	权重	排序		均值	标准差	权重	排序
资源因素	3.996	0.292	0.206	1	资源因素	3.992	0.178	0.223	1
内容因素	3.980	0.462	0.205	2	内容因素	3.960	0.231	0.221	2
设备因素	3.917	0.415	0.202	3	设备因素	3.450	0.288	0.193	3
学习者因素	3.850	0.613	0.198	4	干扰因素	3.387	0.154	0.189	4
干扰因素	3.653	0.160	0.188	5	学习者因素	3.094	0.569	0.173	5

①杜栋，庞庆华. 现代综合评价方法与案例精选[M]. 北京：清华大学出版社，2005：5-6.

学习投入影响的五个因素维度中，资源因素、内容因素和设备因素分别是影响大小和可干预程度的前三名，且排名顺序一致，同时得分均值较大且标准差相对较小，表明专家对这三个维度的评价意见较为一致和集中。

其中资源设计因素是最为重要的因素，无论是对学习投入影响力的大小还是可干预程度得分均为最高，因此，提高移动学习投入的最佳干预策略是从改进移动学习资源的设计入手，从提高移动学习的资源质量角度开展。

其次是内容因素，移动学习内容不是传统数字化学习内容的搬家，而应是适应移动学习特点与需要，选择适合于移动学习环境、移动学习需求和移动学习特点的内容，否则很难达到理想的学习效果。

最后是设备因素，提高移动学习的投入水平，必须充分结合移动设备的特点，以及由此带来的学习者与学习内容适应性的问题，只有在以合适的移动设备为载体，硬件、软件、资源和学习环境匹配良好，学习投入度和学习效果才能有保证。

从评价结果可以看出，学习者自身因素对学习投入的影响程度较大，但其可干预程度较低；而干扰因素虽然重要程度相对较低，但其可干预程度较高，因此，在进行学习投入干预策略制定时，相对于学习者自身因素的干预，应优先从降低干扰因素影响的维度考虑，干预效果会较为理想。

（三）具体子指标影响力和可干预度评定结果

分别对各因素的影响力大小和可干预程度大小得分情况进行统计分析，得出影响力得分较高的影响因素和可干预程度较高的影响因素，以及影响力和可干预程度均较高的影响因素。

1.高影响力因素的确定

专家对各因素的评价最高分为 5 分，最低为 1 分，平均分为 4 分或以上在一定程度上代表了该因素对学习投入有着非常大的影响，因此选取影响大小均值 4 以上的因素作为对学习投入有较大影响的因素，共 22 个，结果如表 4-7 所示。

表 4-7 对学习投入影响较大的指标因素

序号	一级因素维度	具体指标表征描述	均值	标准差
1	学习者因素	学习兴趣	4.800	0.400
2		学习动机	4.800	0.400
3	学习内容因素	内容的吸引力	4.600	0.611
4		满足学习者需求	4.533	0.618
5	资源设计因素	使用体验的舒适性	4.467	0.499
6		呈现形式的吸引力	4.400	0.611
7	学习内容因素	重点突出	4.333	0.471
8		内容新颖	4.267	0.680
9	资源设计因素	资源的整体质量	4.267	0.680

序号	一级因素维度	具体指标表征描述	均值	标准差
10	资源设计因素	操作方便	4.267	0.573
11		更新及时	4.200	0.748
12	学习者因素	注意力	4.200	0.542
13	设备因素	移动设备对学习内容的适应性	4.200	0.542
14	资源设计因素	画面设计的友好性	4.133	0.499
15	设备因素	移动设备的娱乐功能与诱惑性	4.133	0.340
16		网络速度是否给力	4.133	0.957
17	资源设计因素	帮助与反馈及时	4.067	0.772
18	学习者因素	自控力与自我约束力	4.067	0.854
19	学习内容因素	主题明确	4.000	0.632
20		难度适中	4.000	0.730
21	资源设计因素	互动良好	4.000	0.730
22		学习过程的趣味性	4.000	0.816

可以看出，对学习投入影响较大的指标包括资源设计因素、学习内容因素、设备因素和学习者四个一级因素维度，其中资源设计因素 9 个、学习内容因素 6 个，学习者因素 4 个，设备因素 3 个，可见移动学习中学习者的投入因素受来自资源设计、学习内容、学习者和设备等多因素的共同影响，但各因素的影响大小有所不同。

2.高可干预度因素的确定

选取可干预程度得分均值为 4 以上的因素作为可干预程度较高的影响因素，共 19 个，结果如表 4—8 所示。

表 4—8　可干预程度较高的指标因素

序号	一级因素维度	具体指标表征描述	均值	标准差
1	学习内容因素	重点突出	4.267	0.573
2	资源设计因素	更新及时	4.200	0.980
3		学习过程的趣味性	4.200	0.748
4	学习内容因素	主题明确	4.133	0.718
5		内容丰富	4.133	0.718
6	资源设计因素	画面的整体设计	4.133	0.957
7		画面设计的友好性	4.133	0.884
8		使用体验的舒适性	4.133	0.806
9	学习内容因素	内容新颖	4.067	0.68
10		结构化设计	4.000	0.632

续表

序号	一级因素维度	具体指标表征描述	均值	标准差
11	学习内容因素	内容的吸引力	4.000	0.894
12	资源设计因素	资源的整体质量	4.000	0.816
13		涉及内容的广泛性	4.000	0.894
14		呈现形式的吸引力	4.000	0.730
15		视频类内容的画面质量	4.000	0.816
16		互动良好	4.000	0.816
17		帮助与反馈及时	4.000	0.73
18		学习环节多样化	4.000	0.816
19		学习氛围的人性化	4.000	0.816

可以看出，可干预程度较高的影响因素主要属于资源设计因素和学习内容因素两个一级因素维度，其中资源设计因素 13 个，学习内容因素 6 个。从可干预程度视角考虑移动学习环境下学习投入的因素，资源设计各影响因素的优化是提高移动学习投入的最有力的突破口。

3.影响力与可干预程度双高因素的确定

参考模糊综合评判法的策略 [①]，采用对高影响力和高可干预度两个方面进行权重按比例分配的方式确定每个因素的最终权重。本书认为，因素的影响程度和可干预程度对于因素评定具有同等重要的作用，因此，采用等比分配的方式，即两个因素的权重比为1:1。影响力均值与可干预度均值都在 4 分及以上的共同影响因素共 12 个，属于资源设计因素和学习内容因素两个一级因素维度。其中属于资源设计维度的因素 8 个，分别隶属于资源质量、画面设计和过程设计 3 个二级子维度；内容设计的因素 4 个，分别隶属于学习者适应性和内容选择 2 个二级子维度。结果如下表4—9所示。

表4—9 影响力和可干预程度双高因素

一级维度	二级维度	三级指标表征描述	影响力		干预度		综合评定均值
			均值	标准差	均值	标准差	
资源设计	画面设计	使用体验的舒适性	4.467	0.499	4.133	0.806	8.600
		呈现形式的吸引力	4.400	0.611	4.000	0.730	8.400
		画面设计的友好性	4.133	0.499	4.133	0.884	8.266
		帮助与反馈及时	4.067	0.772	4.000	0.730	8.067
		互动良好	4.000	0.730	4.000	0.816	8.000
	过程设计	学习过程的趣味性	4.000	0.816	4.2.00	0.748	8.200

①杜栋，庞庆华. 现代综合评价方法与案例精选[M]. 北京：清华大学出版社，2005：41—42.

一级维度	二级维度	三级指标表征描述	影响力		干预度		综合评定均值
			均值	标准差	均值	标准差	
资源设计	资源质量	资源的整体质量	4.267	0.680	4.000	0.816	8.267
		更新及时	4.014	0.773	4.200	0.98	8.214
学习内容	学习者适应性	内容的吸引力	4.600	0.611	4.000	0.894	8.600
	内容选择	重点突出	4.333	0.471	4.267	0.573	8.600
		内容新颖	4.267	0.680	4.067	0.680	8.334
		主题明确	4.000	0.632	4.133	0.718	8.133

可以看出，对学习投入影响较大且可干预程度较高的因素主要包括资源设计和学习内容两个一级因素维度。学习内容因素包括学习者适应性和内容选择两个二级子维度，表明移动学习资源内容的选取首先要适应学习者的需求，对学习者有足够的吸引力才能保证学习者有足够的学习投入；同时在进行内容选择和设计时，应选择较为新颖，主题明确和重点突出的内容，使学习者在进行移动学习时，付出较小的认知努力即可进入内容的深层次学习，提高学习过程中的投入程度。

资源设计因素包括资源质量、画面设计和过程设计三个不同的二级子维度，其中画面设计因素的具体表征指标最多，且综合评定得分较高；同时过程设计的趣味性因素可以通过画面设计的优化来实现，在一定程度上也可以归为画面设计因素。可以看出，移动学习资源画面设计因素是提高移动学习投入干预策略中最为优先考虑的关键因素，从资源质量角度出发，提高移动学习资源画面质量，促进学习者的学习投入水平，提高移动学习效果。

四、影响学习投入的移动学习资源画面设计双高因素分析

（一）影响学习投入的移动学习资源画面设计因素评定结果

由评定结果可以看出，对于学习者的学习体验和学习投入有直接影响的因素是与学习者互动最为频繁的移动学习资源画面相关因素。移动学习资源画面设计因素中共包括五个高影响力和高可干预度的双高因素，即呈现形式吸引力、帮助与反馈及时、互动良好、使用体验舒适性和画面设计友好性。这五个双高影响因素归属于多媒体画面语言的语构层，并辐射影响语义层和语用层，是移动学习资源画面设计研究的核心范畴。结合诺曼和贝恩特·施密特的用户体验体系，将移动学习资源画面设计中影响学习投入的 5 个双高因素进行归类，结果如表 4-10 所示。

可以看出，对学习投入影响较大且可干预程度较高的画面设计因素中，呈现形式属于感官体验层次；帮助反馈与操作互动属于行为体验层次；画面友好、使用体验舒适属于情感体验层次，进而产生关联体验和思考体验。移动学习资源画面设计从三个不同层次，由浅入深，由显性到隐性，由直觉到行为，再到情感，形成了移动学习过程中的用户体验层次体系，对学习投入的影响不断加深。

表4-10 影响学习投入的移动学习资源画面设计因素层次及评定

影响因素	画面设计的体验层次	影响力		干预度		综合评定均值
		均值	标准差	均值	标准差	
呈现形式吸引力	感官体验层次	4.400	0.611	4.000	0.730	8.400
帮助与反馈及时	行为体验层次	4.067	0.772	4.000	0.730	8.067
互动良好		4.000	0.730	4.000	0.816	8.000
使用体验舒适性	情感体验层次	4.467	0.499	4.133	0.806	8.600
画面设计友好性		4.133	0.499	4.133	0.884	8.266

　　语言是思维的外壳，多媒体画面语言学为移动学习资源画面设计提供了语言工具，多媒体画面语言学理论从语言学层次开展多媒体画面设计研究，使当前信息化教学中形式纷繁复杂的多媒体学习材料在设计、开发和应用过程中有章可循，从而促进教学效果的提升。[①]从影响力大小和可干预程度看，移动学习资源画面设计是影响学习投入，且可干预程度非常高的重要因素，在提高移动学习投入的策略选择方面应属于最优先考虑的策略因素。以多媒体画面语言为理论框架，以影响学习投入的移动学习资源画面设计双高因素为突破口，利用多媒体画面语言优化移动学习资源设计。从移动学习资源画面设计的语构层出发，提升移动学习资源画面语言表征的合理性和科学性，提高学习资源内容适配性。通过对于移动学习资源画面的设计间接作用于学习者的兴趣、动机、注意，吸引并留住学习者，提升学习体验，提高学习投入度，优化移动学习品质。

（二）移动学习资源画面设计对学习投入影响的作用机制

1.历史发展视角：适应学习需求是媒体画面不断演变的动力之源

　　作为教育技术发端的视觉教育强调感官对学习者的冲击作用，其初衷是反对语言主义，提高教学质量。桑新民教授主张将"基于媒体的学习"作为教育技术学理论体系的逻辑起点，将"高绩效的学习"作为逻辑终点。[②]对学习者内在"学习条件"的研究成为教育技术学专业研究的一个重要方面，由此推动教学设计沿着个性化、智能化的方向深化发展。如何激发学习者的内在学习动力是信息技术环境下资源设计的难点和关键。

　　在还未出现多媒体画面的早期阶段，教学研究者就开始尝试利用插图等画面形式在教学中吸引学习者的注意力，激发兴趣，引导认知，促进学习，可以认为是前多媒体学习时期。多媒体学习的研究经历了17世纪中叶以夸美纽斯的《世界图解》为标志的教学插图的初期阶段，20世纪中叶开始的利用插图和文本学习的科学研究阶段，以及20世纪末开始的以计算机多媒体学习为主的科学研究阶段。[③]随着工业和科学技术的发展，在19、20世纪之交前后，由于电影和电视的发明，出现了以此为载体的，对人们有着极大吸引力的屏

[①]王志军，王雪. 多媒体画面语言学理论体系的构建研究[J]. 中国电化教育，2015（7）：42-48.

[②]桑新民. 媒体与学习的双重变奏——教育技术学的生产发展与国际比较研究[M]. 南京：南京大学出版社，2014：98，187，248.

[③][美]J Michael Spector，M David Merrill，Jan Elen，等. 教育传播与技术研究手册（第四版）[M]. 任友群，焦建利，刘美凤，等译. 上海：华东师范出版社，2015：481-482.

幕画面，屏幕画面可以被看作多媒体画面语言在计算机画面出现之前的初期发展阶段。屏幕画面具备的强大视听觉吸引力，许多教育研究者尝试将其应用在技能培训领域，展示了屏幕画面强大的信息表征能力和传播效果。随着计算机 windows 操作平台图形用户界面的迅速普及和多种输入输出形式的应用，基于计算机的屏幕画面受到广大用户的喜爱，真正意义上的多媒体画面开始广泛应用。多媒体画面是多媒体学习材料的基本组成单位，是多媒体问世之后出现的一种信息化画面新类型，是基于数字化屏幕呈现的多种视听媒体的综合表现形式，这一时期的多媒体画面是基于屏幕的画面，集成了电视画面和计算机画面的特点与优势。①

随着平板电脑、智能手机等新型媒体的出现和 AR、VR 技术的融入，当前的多媒体画面在具有了电影、电视、计算机等传统屏的画面特点基础上，又具备了画面立体化、尺寸多样化、交互自然化、使用个性化等特点。多媒体画面开始走向与真实世界的多维融入，具有较高的生态性。多媒体体画面对学习者的影响也呈现出吸引力更强、互动更深入、强调个性化需求、更注重体验等特点。以移动学习资源画面为代表的多媒体画面是媒体画面在新时期的进一步发展，只有满足学习者需要的多媒体画面才能具有较强的影响力和应用价值。

知觉现象学家梅洛·庞蒂认为注意是一种普遍的和无条件的能力，意识则是在确定一个对象的时候开始存在，知觉则是一切行为得以开展的基础，是行为的前提，学习者的"内部体验"只有借助于外部体验才能产生；触觉材料与视觉材料的共存十分深刻地改变了触觉材料，使触觉材料能作为抽象运动的基础。②多媒体画面表征从视觉、听觉及触觉等多方面影响学习者的感知与知觉，进而影响其认知与判断。多媒体画面的表征形式使得其对受众有着先天的吸引力，多媒体画面语言学研究重点在于描述和解释多媒体情境下的学习是怎样发生的，以及如何促进学习更好地发生。面对教育信息化进一步深化，数字化学习环境更加复杂，多媒体画面语言研究的基础性价值进一步凸显，利用丰富的设计策略与表现手段使学习者产生较强的沉浸感和心流体验，将这种较强的沉浸感和心流体验运用于学习过程，可以使学习者产生较高的学习动力和学习投入。因此，在设计多媒体学习材料时，注重运用多媒体画面语言进行规范化表征，结合学习者的知觉特点，利用多媒体画面表征吸引学习者注意力，激发学习兴趣和动机，鼓励学习者视觉、听觉和触觉的积极参与，产生深层次的认知活动，提高学习效果，是多媒体画面设计一直以来的追求。

2.用户体验视角：移动学习资源画面设计注重体验从感官到情感的跃迁

诺曼将设计分为本能层、行为层和反思层三个层次；施密特则从产品使用过程角度分析了用户体验中的情感、行为及认知变化，包括"感官体验→行为体验→情感体验→关联体验→思考体验"等几个环节。更侧重用户体验过程及与之伴随的情感与认知变化，使用户体验不仅仅停留在较低层次，而是伴随着认识与思考等高级思维加工过程产生体验的跃迁，形成螺旋式上升的用户体验层级式过程。罗仕鉴等认为用户体验的生命周期包括吸引、

①游泽清. 多媒体画面艺术设计[M]. 北京：清华大学出版社，2009：8－9.
②[法]莫里斯. 梅洛－庞蒂. 知觉现象学[M]. 北京：商务印书馆，2001：5－6，53－54.

熟悉、交互、保持、拥护等几个阶段，用户的需求层次经历"感觉需求→交互需求→情感需求→社会需求→自我需求"等五个逐层升高的需求层次，只有满足了不同层次需求的产品，才能使用户产生满意的体验，进而留住用户。[①]

在用户感觉需求方面，增加感官要素，增强用户与产品互相交流的感觉可以提高用户感觉需求的满意度，使人感觉良好的产品会更容易使用，并引起更和谐的结果。相关研究证实"美"能够影响物品的使用难易程度，外观可用性与内在可用性间存在显著相关。在用户交互需求方面，应使用户的交互过程流畅，提高产品的易用性，让用户在与产品互动中产生好用的体验和满意度。在情感需求方面，用户在使用和操作产品过程中所产生的感情，良好的设计感、故事感、交互感及意义感等有利于提高用户的情感需求满意度，在情感上更加喜欢所使用的产品。将移动学习资源画面设计与用户体验维度结合起来，将移动学习资源画面设计建立在学习者体验层次基础上，将影响学习投入的画面设计因素归属为不同的设计层次，从而形成相应层次的画面设计目标，如图4-3所示。

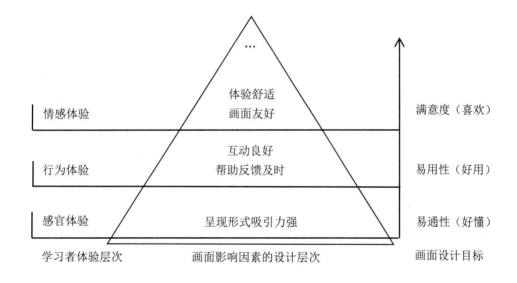

图4-3 满足不同需求的移动学习资源画面设计

首先，感官体验层的设计是最基础的设计，所引起的学习投入也是最基础的，由学习者感官的初步参与所引起的基础性投入，位于学习投入的底层。一般来讲，视觉、听觉等感官初步参与所引起的学习投入是较为直观、容易被观察和普遍性存在的学习投入层次，属于学习投入的基础阶段。其次，行为体验层的设计是稍微高一层次的设计，所引起的学习投入的层次和程度也相应提高，是由学习者多个感官的深度参与引起的学习投入。相对于感官层的基础性投入，该层次的学习投入层次提高，程度加深，对学习者的投入层次和能力要求都进一步提高。再次，情感体验层的设计是较高层次的设计，所引起的学习投入层次进一步提高，需要学习者多个感官深度参与的同时，还需要学习者情感、反思等主观

①罗仕鉴，朱上上. 用户体验与产品创新设计[M]. 北京：机械工业出版社，2010：18-19.

价值判断的参与，所引起的学习投入程度更深，逐渐达到深度学习的层次。①理想的移动学习资源画面设计不仅能引起学习者感官层次的学习投入，同时也能引起学习者行为体验层次和情感体验层次的学习投入，使学习者在整个学习过程中的认知、情感和行为都处于高度投入的状态，学习效果较为理想。

移动学习资源化对学习者学习投入的影响是一个由浅入深的渐进式过程，是学习者从感官体验到行为，再到情感与反思体验的跃迁过程，只有设计符合学习者认知特点与学习需求、满足学习者良好体验的移动学习资源画面才有可能促使学习者在学习过程中产生由感官到情感和反思的体验跃迁，从而产生高质量的学习投入和理想的学习效果。相对于传统学习方式，宽泛、自由、随意的学习环境使得移动学习中，学习者更加注重初期接触时的感官体验，以及与学习资源画面互动过程中的交互体验，并由此产生的情感共鸣体验。良好的学习体验不仅是留住学习者的基础，也是促进学习者高级思维加工过程的参与，将感官体验转化为学习行为，产生认知投入与学习反思的重要条件。在移动学习资源画面设计中，注重满足学习者不同阶段和不同层次的用户体验需求，为有效学习的开展打下设计基础。

3.学习科学视角：移动学习资源画面激发动机、促进情感与认知双向联动

已有多媒体学习相关研究关注学习者的认知过程较多，较少考虑动机、情感对多媒体学习的影响。莫雷诺（Moreno）认为在解释多媒体学习效果时应考虑情绪和情感的影响，并提出了认知—情感理论，认为动机和元认知会通过增加或减少认知投入的方式影响多媒体学习。②多媒体画面设计有利于学习者对学习材料的认知加工，同时影响学习者对多媒体学习材料的态度和动机。学习动机是推动学习者学习的内部动力，激励并指引学习者积极参与学习的一个关键因素，是影响学习者参与学习活动的催化剂。③梅耶认为动机和元认知是学习的强大基石，学习动机反映了学习者愿意为理解学习材料付出的努力——参与选择、组织和整合的认知加工过程，学习动机是意义学习的先决条件。高洁④等人从自我决定理论的视角研究了外部动机与学习投入的关系，表明外部学习动机能有效促进学习者的学习投入。学习者的学习投入与动机密切关联，只有激发学习者的学习动机才能引发学习者的行为投入、情感投入、认知投入乃至能动投入，促进学生发展。⑤

美国著名心理学家凯勒（Keller）在勒温场理论的视阈下，描述了 P（主体）与 E（环境）这两类因素对三类行为反应（即努力、成绩与后果）的影响，综合价值—期望理论、归因理论、自我效能感等多方面的动机研究，并融合了行为主义心理学有关学习的研究，以及认知心理学和信息加工过程的研究，采用综合性的视角来解释教学活动，形成"动机—成绩—教学影响"理论；在此基础上，凯勒（Keller）提出了 ARCS 动机模型，如图 4—

---

①刘哲雨，侯岸泽，王志军. 多媒体画面语言表征目标促进深度学习[J]. 电化教育研究，2017，38（03）：18—23.

②Moreno R. Optimising learning from animations by minimising cognitive load: cognitive and affective consequences of signalling and segmentation methods[J]. Applied Cognitive Psychology，2010，21（6）：765—781.

③张丽霞，郭秀敏. 影响虚拟课堂学习参与度的因素与提高策略[J]. 现代教育技术，2012（6）：29—34.

④高洁. 外部动机与在线学习投入的关系：自我决定理论的视角[J]. 电化教育研究，2016，（10）：64—69.

⑤尹睿，徐欢云. 国外在线学习投入的研究进展与前瞻[J]. 开放教育研究，2016（6）：89—97.

4 所示，模型包含激发学习动机四个要素，即 Attention（注意）、Relevance（针对性）、Confidence（自信）和 Satisfaction（满意）。

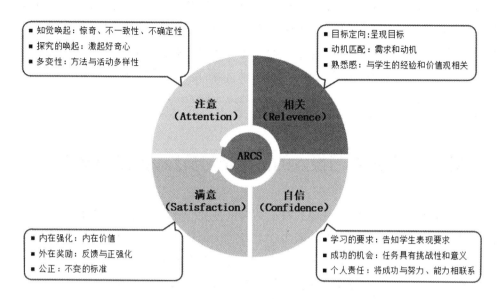

■ 知觉唤起：惊奇、不一致性、不确定性
■ 探究的唤起：激起好奇心
■ 多变性：方法与活动多样性

■ 目标定向:呈现目标
■ 动机匹配:需求和动机
■ 熟悉感：与学生的经验和价值观相关

注意（Attention）　相关（Relevence）

ARCS

满意（Satisfaction）　自信（Confidence）

■ 内在强化：内在价值
■ 外在奖励：反馈与正强化
■ 公正：不变的标准

■ 学习的要求：告知学生表现要求
■ 成功的机会：任务具有挑战性和意义
■ 个人责任：将成功与努力、能力相联系

图 4—4 ARCS 动机模型 [①]

ARCS 模型强调了学习动机在学习过程中的重要作用，认为可以通过对学习环境（E）的设计与调节来影响学习者（P）的学习过程和学习行为。创设有意义的学习情境，设计多元化的学习活动是激发学习者兴趣的重要途径。[②]在学习者遇到困难时，不仅需要给予及时的指导和帮助，还要给予强有力的情感支持，增强学习者克服困难的信心。学习动机激发的四个原理：（1）当学习者相信通过自己的行为能够成功地完成有挑战性的任务时会具有更强的动机；（2）与学习者个人的需要、动机和兴趣相符的活动更容易激发学习动机；（3）当学习者拥有具体的、近期的目标，且意识到这些目标的重要性时，会具有更强的学习动机；（4）当学习中融入了适当水平的变化和令人惊奇的事件时，更容易激发动机。[③]移动学习的碎片化学习形式不仅容易给学习者造成知识提取与记忆困难，同时会对学习者的学习情绪和意志力造成负面影响。学习者只有具备较强的学习动机才能维持学习活动的有效进行。目前国外数字化学习环境下的学习投入研究逐渐向交互行为活动和各种学习体验聚焦，开始关注情感投入，突出知识创新，优化测量方法。[④]

动机支持下的学习环境创设是学习者学习投入的动力之源。通过对移动学习资源画面的设计与优化，营造能激发学习者内在动机、自主性动机和自我效能感的移动学习环境，

---

①[美]托马斯·费兹科，约翰·麦克卢尔著. 教育心理学——课堂决策的整合之路[M]. 吴庆麟，译. 上海：上海人民出版社，2008：342.

②李宝敏，祝智庭. 从关注结果的"学会"，走向关注过程的"会学"——网络学习者在线学习力测评与发展对策研究[J]. 开放教育研究，2017（4）：92—100.

③[美]托马斯·费兹科，约翰·麦克卢尔著. 教育心理学——课堂决策的整合之路[M]. 吴庆麟，译. 上海：上海人民出版社，2008：188—189.

④尹睿，徐欢云. 国外在线学习投入的研究进展与前瞻[J]. 开放教育研究，2016（6）：89—97.

促进并支持学习者的投入。学习动机的变化是个动态过程，学习环境的变化会引起动机的变化，设计有效的交互活动吸引学习者积极参与，同时给予及时的反馈，有利于学习过程中动机的激发与维持，从而提高学习过程中的投入度和学习效果。优质的移动学习资源画面设计给学习者带来丰富学习内容的同时，也能在一定程度上维持学习者的学习动机，通过各种设计策略和媒体呈现形式，与学习者开展在视觉、听觉、触觉和情感上的交流，对学习者的学习行为产生积极的影响。从而建立起完整的、动态循环的"多媒体画面语言表征的移动学习资源（环境要素）—动机激发与维持（动力机制）—学习投入（过程机制）—学习效果（结果要素）"学习过程生态链。

第二节　促进学习投入的移动学习资源画面设计策略

　　移动学习资源画面设计中，画面的框架结构、视觉要素和交互方式需要充分考虑和精心设计，以保持画面设计的一致性，减少学习者的认知负荷，将学习者对学习过程的控制最大化。以用户体验与学习需求为出发点，以学习动机为内驱动力，借鉴 ICAP 学习投入思想，从感官层的画面整体布局设计，行为层的学习支架和三维沉浸式互动为基础的交互设计，情感层的色彩设计等视角进行移动学习资源画面设计，激发学习者的情境动机，提高其内在学习动力，使学习者从浅层投入逐渐过渡到深层投入，产生良好的学习效果。

一、以用户体验与学习需求为出发点

（一）移动学习资源使用体验调研数据分析

　　移动学习资源画面设计的是资源画面，但最终服务的对象是学习者，学习者的学习需求是否得到满足是衡量资源设计成功与否的重要标准。什么样的移动学习资源是学习者满意的资源？学习者认为当前移动学习资源有哪些问题与不足？如何改进资源设计才能让学习者的接受度和满意度较为理想，进而有更好的学习投入？为此，在前期自主式移动学习中学习投入影响因素的调查问卷中设置了"当前的移动学习资源如何改进，才能让你的学习更专注与投入？"的开放式问题，见附录 1－2，共收到回答反馈 183 份。对回答进行分析梳理，将表述相近的词语进行整理合并，统计结果如表 4－11 所示。

表 4－11　移动学习资源改进建议

维度	子指标	提及频次	合计	所占比例
资源整体质量改善	提高质量	15	36	15.72%
	丰富类型	16		
	完善功能	5		
对学习者的吸引力与专注度	趣味性	20	59	25.76%
	吸引力	7		
	个性化	3		
	挑战性	2		

维度	子指标	提及频次	合计	所占比例
对学习者的吸引力与专注度	无广告	27	59	25.76%
操作与交互设计	操作便捷	16	38	16.59%
	反应迅速	7		
	互动性好	9	38	16.59%
	测试反馈	6		
画面要素及设计	排版布局合理	11	45	19.65%
	画面简洁	11		
	画面元素表现力	7		
	字体合适	7		
	色彩设计	3		
	图文组合	3		
	考虑用户体验	3		
学习内容设计	内容丰富	17	38	16.59%
	内容条理性	7		
	知识点清晰	9		
	教学方法	5		
其他	收费更低或免费	5	13	5.69%
	限制娱乐功能	3		
	尺寸大小	1		
	屏幕分辨率	1		
	构建思维导图	1		
	注重资源共享	1		
	减少冗余	1		
合计			229	100%

可以看出，学习者从资源质量、学习者吸引力、操作交互、画面要素设计、学习内容设计等几个维度提出了自己的见解和建议，其中被提及次数较多的包括趣味性、无广告、操作便捷、排版布局合理、画面简洁、内容丰富和知识点清晰等几个方面，与画面设计紧密相关的因素被提及次数较多。进一步对结果进行可视化分析，以把握移动学习资源画面设计中存在的突出问题，为后续的改进思路提供现实基础，如图4－5所示。

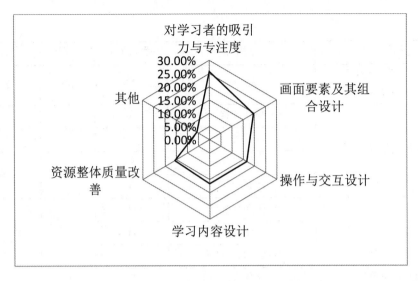

图 4-5　基于用户体验的移动学习资源改善建议雷达图

　　根据调查结果可以发现，当前让学习者满意度最低的是移动学习资源对学习者的吸引力不足，导致学习者的专注度和投入度较低。对回答的具体内容进行进一步分析发现，学习者反映当前移动学习资源的干扰因素较大，尤其是学习中的广告弹出严重影响了学习者的注意力和专注度，是人为制造的干扰因素，这使本来就容易受到外部环境干扰的移动学习又必须接受来自学习过程和学习内容的强势干扰，对学习过程和学习体验造成较大负面影响。其次是学习资源的趣味性和吸引力不足，使得学习者很难像其他娱乐项目一样深入沉浸其中，因此，提高移动学习资源的吸引力与趣味性，降低过程干扰，是移动学习资源画面设计中首先应考虑的问题。

　　（二）移动学习资源设计改进的学习者建议

　　学习者注意力、学习兴趣的激发与维持需要结合具体的学习内容，对资源画面从要素设计、要素组合及整体布局等多方面进行细化和落实，才能使学习者有较强的持续使用意愿，从而产生较高的学习投入和良好的学习效果。学习者以学习动机与兴趣为核心的情感投入必须转化为具体的学习行为，积极调动认知资源，付出持续的认知努力，才有可能将学习投入转换为有效的认知加工过程，产生较为理想的学习效果。

　　通过对调查结果分析发现，被调查者分别从优化排版布局，增加画面简洁性，提高画面元素表现力，对画面的文字、图像进行精心设计等几个方面对画面布局提出了相应的使用体验与改进建议，属于画面设计的感官层设计建议。分别从良好的互动性、操作的便捷性、互动友好性和及时的反馈与针对性的测试等几个方面对操作互动提出了相应的建议，属于画面设计的行为层和情感层的设计建议。这些建议与前期研究结果中影响学习投入的双高因素结果一致。同时，对于学习内容这一核心要素，被调查者和学习者分别从内容丰富性、设计条理性、知识点的清晰性及适合于移动学习的教学方法等几个方面提出了使用体验和改进建议。

　　可见，当前的移动学习资源设计对于提升学习者兴趣与投入度，提高学习效果方面重视度不够，不能很好地满足学习者的需求，导致满意度低，持续学习意愿低下，学习投入度低，学习效果不理想。因此，以用户体验为出发点，在提升学习者的情感需求和满意度基础上，进一步提升学习者的学习投入，是提升移动学习资源质量的重要突破口。

二、以学习动机为内驱动力

（一）学习动机是影响学习投入的重要动力因素

尽管动机没有被纳入学习投入的具体维度，但研究者经常明确地或含蓄地将动机作为学习投入的重要特征而纳入研究范围。[①]Greene 认为自我效能感也是预测认知投入的重要因素。[②]Renninger 和 Bachrach 认为学习投入应包括兴趣及相关的环境条件，兴趣是重要的认知和情感动机变量，激发和维持学习者的兴趣是学习投入干预策略能否对学习者学习行为产生影响的关键所在。[③]学习投入聚焦于个体的学习心理体验如何影响当下学业任务中的自我展现，作为个体与环境相互作用的机制，有利于更好地理解学习者学习经验的复杂性，并设计出更加有目的性的干预方案。移动学习资源画面设计的优劣对于认知投入因素中的认知能力与策略、元认知策略有潜在影响，对情感投入因素中的唤醒、兴趣也有着潜在影响，并以此为中介影响学习者的学习行为和最终学习效果。即使学习者的学习投入在最初得到激发，学习环境的某些特征也可能会影响学习投入的质量。当学习者认识到学习任务的多样性、新奇性和挑战性时，对学习任务能够做出较为准确的价值判断时，能够提高其动机和兴趣。学习者对学习任务的持续性兴趣和较多的时间与行为投入能够产生更具深度的认知投入。

Reeve[④]等认为学习投入除了包含认知投入、情感投入和行为投入之外，还应充分考虑动机作用下的能动投入因素，学习动机，以及与学习动机紧密相关的情感、认知因素是影响学习者学习效果的核心要素，并通过有效的行为投入来得以实现。因此，在移动学习过程中，应充分利用移动学习资源的画面表征优势，采用合适的设计策略，提高学习者的动机，激发学习者较高的情感投入和认知投入，并进一步将其转换为有效的行为投入，提高学习效果。

（二）移动学习资源环境、学习动机、学习投入与学生发展的作用关系

Hana Ovesleová[⑤]依据 ARCS 模型，结合加涅的九段教学法、斯金纳的条件操作理论以及布鲁姆的目标分类等教学设计相关理论，对数字化学习资源的界面进行优化设计，以激发学习者的动机，优化学习过程中的情感体验。学习资源的画面设计不仅能让学习者感受

---

①Sinatra G M，Heddy B C，Lombardi D. The Challenges of Defining and Measuring Student Engagement in Science[J]. Educational Psychologist，2015，50（1）：1－13.

②Greene B A. Measuring Cognitive Engagement With Self－Report Scales：Reflections From Over 20 Years of Research[J]. Educational Psychologist，2015，50（1）：14－30.

③Renninger K A，Bachrach J E. Studying Triggers for Interest and Engagement Using Observational Methods[J]. Educational Psychologist，2015，50（1）：58－69.

④John Marshall Reeve，Ching－Mei Tseng. Agency as a fourth aspect of students' engagement during learning activities[J]. Contemporary Educational Psychology，2011，36：257－267.

⑤Ovesleová H. User－Interface Supporting Learners' Motivation and Emotion：A Case for Innovation in Learning Management Systems[C]// International Conference of Design，User Experience，and Usability. Springer International Publishing，2016：67－75.

视觉上的美感，也是从更深层次激发学习者的学习兴趣和动机，需要重点关注学习资源画面的整体布局设计和交互设计，使学习者与多媒体画面语言表征下的学习内容进行深度互动，逐渐推进自己的学习进程，从而达到预期的学习目标。

　　根据相关理论与前期研究结果，提出移动学习环境、学习动机、学习投入和学习者发展的关系模型，如图 4-6 所示。

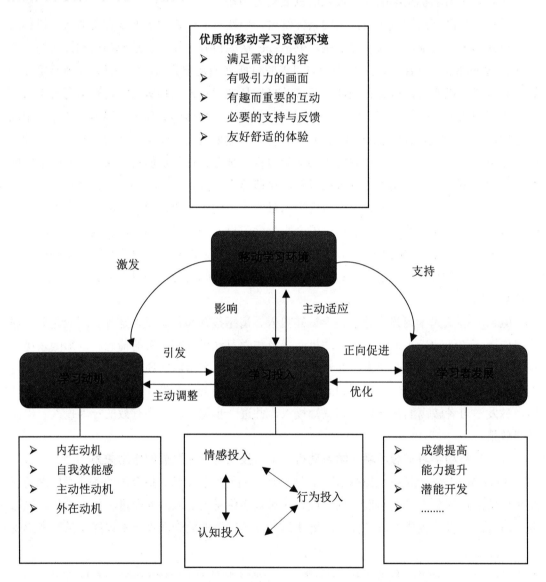

图 4-6 移动学习环境、学习动机、学习投入和学习者发展的关系模型

　　移动学习环境、学习动机、学习投入和学习者自身发展等因素在移动学习过程中属于相互影响、彼此制约的动态平衡关系。优质的移动学习资源环境（即：移动学习资源的学习内容能够满足学习者需求，并且以有吸引力的画面呈现学习内容，在学习过程中为学习者提供有趣而重要的交互活动，为学习提供必要的支持与反馈，让学习者在学习过程中产生友好舒适的学习体验）能够激发学习者的学习动机，并为学习者发展提供有力的环境支持；较高的学习动机引发学习者在学习过程中产生较高的情感投入和认知投入，并引发较高的行为投入；积极的学习投入能够产生良好的学习结果，促进学习者成绩提高和能力提升，及更好地发展。同时，当学习者具有积极主动的学习投入状态时，会主动调整学习过程中的动机，主动适应移动学习环境。学习者在学习过程中的情感投入、认知投入和行为投入之间相互影响，并在学习过程中对学习动机进行动态调整，积极主动地适应移动学习，真正形成以学习者为中心的移动学习动力系统。

三、促进学习投入的移动学习资源画面设计框架

（一）ICAP 学习投入度框架

学习投入研究视角的差异在一定程度上反映了研究者对学习方式的不同主张，相应地形成了不同的学习方式分类框架。[1]Chi 等人提出的学习投入度 ICAP 框架（交互－建构－积极－被动，I－C－A－P）认为学习投入程度越高，学习理解得越深入。被动模式投入中知识以碎片形式存储，只有在很具体的线索呈现情况下才能激活和提取；积极投入模式中已有知识被整合到了新的信息中；在建构投入模式中新知识通过与已有知识的整合并进行进一步推断而形成；交互投入模式中上述的激活、整合、推断以交互的形式发生。学习者的投入度随着学习活动的深入而不断增加。[2]Chi 等人主要从可观察的外显行为角度对学习投入度高低进行了划分，并描述了不同投入度下学习者具体的行为表现。

ICAP 学习投入度框架依据学习者的投入程度和外显行为对学习方式进行分类，是"以学习者为中心"理念观照学习发生过程，反映了不同层次学习方式和学习过程产生不同程度的学习结果。利用移动设备的特性为学习者营造主动学习、建构学习和交互式学习的环境和学习支持服务体系，需要对移动学习资源按照科学合理的方式进行设计开发，促进学习者的投入程度，促使深度学习的发生。

（二）移动学习资源画面设计层次

促进学习投入的移动学习资源画面设计层次框架以贝恩特·密特的用户体验体系和 ICAP 投入框架为参考，根据学习者的不同需求层次，将移动学习资源画面分为感官层、行为层和情感层三个设计层次，不同的设计层次可以达到不同层次的画面设计目标，满足学习者不同层次的需求，进而产生不同层次的学习投入，如图 4－7 所示。移动学习资源画面设计应从基础的感官层出发，逐渐提高设计层次，使其能在不同的学习阶段引发学习者不同层次的学习投入，学习投入程度逐渐加深。

①盛群力，丁旭，滕梅芳. 参与就是能力——"ICAP 学习方式分类学"研究述要与价值分析[J]. 开放教育研究，2017，23（02）：46－54.

②Michelene THChi, Ruth Wylie. The ICAP Framework：Linking Cognitive Engagement to Active Learning Outcomes[J]. Educational Psychologist，2014，49（4）：219－243.

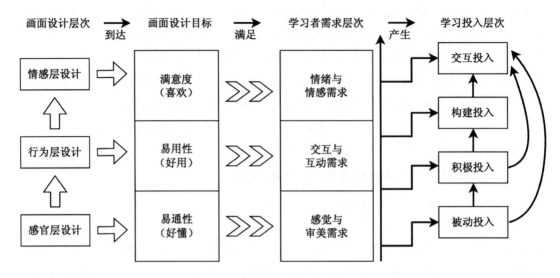

图 4-7 移动学习资源画面设计层次框架

　　感官层的设计是基础。感官层的设计主要解决易通性问题，使学习资源画面具有较高的可视性，让学习者更容易理解；进而满足学习者的感觉与审美需求，吸引注意力，让学习者能够停留在画面上，产生继续学习的可能。感官层的设计与教学过程中的引起注意、告知目标激发动机、呈现刺激材料相呼应，其主要作用是引起学习者注意，激发学习动机，激活学习者的认知编码系统，使学习者进入良好的学习状态。此时学习者的投入是学习投入的初始阶段，知识以碎片的形式存储，只有在具体的线索呈现下才能被提取出来。此阶段是学习者投入由浅入深的基础阶段，深层次的学习投入必须在此阶段基础上来实现。

　　行为层的设计是在感官层基础上的进一步深化。行为层的设计主要解决易用性问题，使学习者在与学习资源互动过程中体验到资源的易操作与好用性，产生认同感；进而满足学习者操作与互动的需求，使其产生持续的学习行为。行为层的设计与教学过程中的提供学习指导、引出学习行为、提供反馈与帮助相呼应，促使学习的真正发生。在外部学习材料呈现和学习指导的帮助下，学习动机和兴趣得到进一步的激发与维持，此时学习者的投入是积极主动的，并进一步发展为建构式的学习投入，是学习者与学习内容积极互动，重新建构原有知识体系的过程，学习者已有的知识被激活并整合到新信息中，新的知识通过推断进一步形成，此阶段属于学习投入的动态深化阶段，是学习层次不断提升的重要阶段。

　　情感层设计是对学习过程理性认识与感性体验的进一步升华。情感层的设计主要解决学习者满意度和持续学习的意愿问题，使学习者在学习过程中感受到尊重与价值体现，产生乐学爱用的体验；进而满足学习者的情绪与情感需求，使学习者的认知图式产生变化的同时，对学习过程和学习结果产生价值判断，从而促进学习者知识体验的生成与转换。此时的学习投入属于交互式的，为知识的迁移和创新应用打下坚实基础。

　　（三）设计策略

　　对前期影响学习投入的移动学习资源画面设计双高因素进行层次划分，可以发现五个因素分别属于不同的画面设计层次。"呈现形式吸引力"因素属于画面感官层设计内容，

"帮助反馈设计"与"互动良好"因素属于行为层设计,"画面设计友好"和"使用体验舒适"则属于情感层设计。可见,影响学习者学习投入的画面设计因素具有层次性特点,需要根据相应层次的需求特点进行有针对性的设计。结合影响学习投入的移动学习资源画面设计双高因素和移动学习资源画面设计层次,提出促进学习投入的移动学习资源画面设计的具体策略,如图4-8所示。

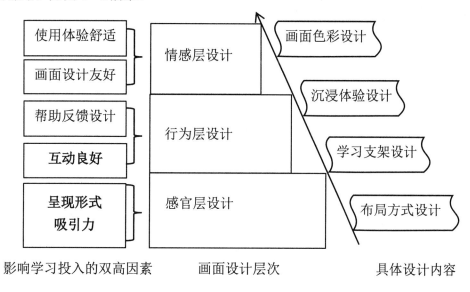

图4-8 移动学习资源画面的设计策略

在学习过程中,学习者首先接触的是感官层的设计要素,这些要素的设计主要影响学习者选择学习资源的基本需求和直观判断,这与前期研究结果中对学习投入有影响的双高因素(影响力高和可干预性高)中的"呈现形式吸引力"因素相对应。因此在进行移动学习资源画面的感官层设计时,要重点考虑通过优化画面布局设计的方式增加画面呈现形式的吸引力,以满足学习者的感觉与审美需求,从而留住学习者,使学习者积极主动地开展深入的学习。

若想使学习者持续深入地学习,需要行为层设计的深度介入,使学习者能够与学习资源进行深入互动,得到及时合理的帮助,并产生较好的沉浸体验。交互与互动需求是学习者持续深入学习的保障,这与前期研究结果中对学习投入有影响的双高因素中"帮助反馈及时"因素和"互动良好"因素相对应。因此,在进行移动学习资源画面的行为层设计时,应设计能够为学习者提供及时帮助和反馈的学习支架,同时设计多种形式的操作交互与行为互动,增加学习者的沉浸体验,从行为互动角度满足学习者的交互需求,促进深度学习的发生。

如何引发学习者的情感共鸣和良好的情绪体验,促进知识的高效转化是移动学习资源画面情感层设计需要关注的设计要素。情感层的设计属于内隐性设计,对学习者有着潜移默化的影响。让学习者在学习过程中产生良好的情感体验既是用户体验思想在学习资源设计中的体现,也是以学习者为中心教育思想在学习资源设计开发中的具体实践,这与前期研究结果中影响学习投入的双高因素中的"画面设计友好"因素和"使用体验舒适"因素相对应。画面色彩是引发情感的最直接因素，因此在进行移动学习资源画面情感层的设计时，重点是色彩搭配等容易激发学习者积极情感的要素设计，满足学习者积极的情感体验需求，从而使学习者与资源画面、学习内容进行互动交流，促进学习者知识的激活、整合和推断，产生交互式的学习投入，提升学习者的创新应用能力。

第五章 移动学习资源画面优化设计的实证研究

第一节 移动学习资源画面设计实证研究的总体设计

一、整体流程

实验研究的整体工作流程划分为三个阶段，即准备阶段、实施阶段和数据分析阶段。

第一阶段：实验准备阶段。 确定实验研究的问题与实验目的后进入研究的准备阶段，这一阶段的具体研究工作包括：（1）确定实验目的。（2）设计和制作实验材料。（3）设计实验前被试分组测试问卷、实验后学习效果测试问卷、学习投入测量问卷。（4）规划实验过程。

第二阶段：实验实施阶段。 根据研究需要，将实验分为基于脑波的实验和脑波与眼动相结合的实验两种类型，并根据脑波实验和眼动实验特点与要求开展相应的研究工作。

基于脑波实验的基本流程包括：（1）获取被试的基本信息与先前知识基础等数据，并据此筛选合适的被试进入正式实验。（2）告知被试实验流程与注意事项，为被试佩戴脑波仪并调试设备；被试利用本研究设计的实验材料进行学习。（3）实验结束后对学习者进行学习效果和相关问卷的测试。该类型实验获取的数据主要包括学习时间、脑波数据、学习效果及测量问卷等相关数据。

脑波与眼动相结合的实验的基本流程包括：（1）获取被试的基本信息与先前知识基础等数据，并据此筛选合适的被试进入正式实验。（2）告知被试实验流程与注意事项，为被试佩戴脑波仪并调试设备，并坐在眼动仪前进行距离和位置高低的调试，对被试进行视线定标，之后被试利用实验材料进行学习。（3）实验结束后对学习者进行学习效果和相关问卷的测试。该类型实验获取的数据主要包括学习时间、眼动数据、脑波数据、学习效果及测量问卷等相关数据。

第三阶段：实验数据分析阶段。 对实验研究期间所获取到的各类数据进行统计分析，并以此为依据总结出相关的结论。

整体实验流程如图 5-1 所示。

图 5-1 实验流程

二、设计架构

主要探索移动学习资源画面对学习者投入的影响，发现促进移动学习投入的画面设计方法与规则。依据设计策略，分别从画面布局方式、画面中的学习支架设计、沉浸体验式三维界面交互设计和画面色彩搭配设计等四个方面开展实验。在实验研究过程中，重视学习者的体验，将眼动数据、脑波数据与学习者的主观问卷数有机结合，作为学习者投入的主要参考指标，并在此基础上进一步分析画面设计、学习投入与学习效果的深层次关系，从学习发生层面探讨移动学习资源画面如何影响学习者的学习过程、学习投入和学习效果。实验的整体框架如图 5-2 所示。

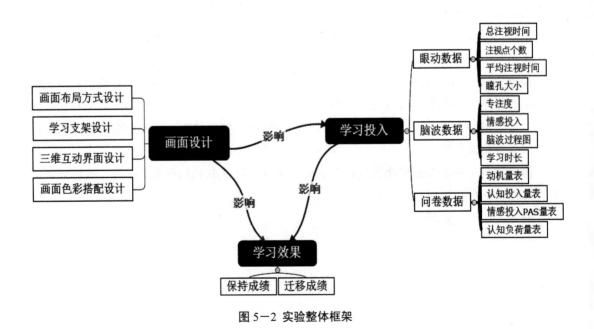

图 5-2 实验整体框架

具体实验项目和实验内容如表 5-1 所示。

表 5－1 实验研究的项目安排与因素水平

研究项目	实验名称	因素水平
研究一 画面布局	实验 1：移动学习资源画面布局设计对学习投入影响的实验研究	1.标签式布局、程序性知识 2.标签式布局、陈述性知识 3.瀑布式布局、程序性知识 4.瀑布式布局、陈述性知识
研究二 学习支架	实验 2：移动学习资源画面中学习支架设计对学习投入影响的实验研究	1.文本信息、简明概述 2.语音信息、简明概述 3.语音+文本信息、简明概述 4.文本信息、详细描述 5.语音信息、详细描述 6.语音+文本信息、详细描述
研究三 三维互动	实验 3：移动学习资源画面中三维互动界面设计对学习投入影响的实验研究	1.有三维界面互动、手机学习 2.有三维界面互动、Pad 学习 3.无三维界面互动、手机学习 4.无三维界面互动、Pad 学习
研究四 色彩搭配	实验 4－1：移动学习资源画面色彩搭配对学习投入影响的实验研究	1.暖色背景、暖色重点提示 2.暖色背景、冷色重点提示 3.冷色背景、暖色重点提示 4.冷色背景、冷色重点提示
	实验 4－2：移动学习资源画面色彩的有无对学习投入影响的实验研究	1.画面设计中使用色彩 2.画面设计中不使用色彩

三、测量方法与工具

自变量为移动学习资源画面的不同设计策略与层次水平，因变量包括学习动机、学习投入、认知负荷和学习效果等内容。

（一）学习动机、认知负荷和学习效果的测量方法

学习动机测量：当学习者学习动机明确，对学习有较高兴趣，学习积极主动时，其学习投入状态较为理想。因此，选择莱恩（Ryan）[1]及林立甲[2]采用的动机测量量表来测量学习者的学习动机，它有六个分量——兴趣、能力、价值、努力、压力和选择，对学习者的学习动机进行评估。

---

[1]Ryan R M. Control and information in the intrapersonal sphere：An extension of cognitive evaluation theory. [J]. Journal of Personality & Social Psychology，1982，43（3）：450－461.

[2]林立甲. 基于数字技术的学习科学理论、研究与实践[M]. 上海：华东师范大学出版社，2016：72－73.

认知负荷测量：认知负荷是客观任务及过程所引起学习者的主观感受，当前测量认知负荷以主观测量为主，帕斯（Pass）[1]等假设学习者有能力反思他们的认知过程，并在数值量表上给出他们的反应，因此可以采用自我报告的问卷形式来测量学习者的认知负荷。参考林立甲[2]等人的研究，在哈特（Hart）[3]等研究的基础上，用三个主观题，即任务要求、努力和导航要求来测量认知负荷的每个子成分（即内在认知负荷、外在认知负荷和关联认知负荷），采用 9 点李克特量表的形式进行测量。

学习效果测量：参考梅耶学习效果的测量方法，包括保持测试成绩和迁移测试成绩，保持成绩主要测量学习者对学习内容记忆的程度，迁移测试主要用来测量学习者对学习内容的理解程度；[4]保持测试成绩考察学习者对知识的记忆、保持和再现情况，可反映学习材料对学习者浅层学习的影响；迁移测试成绩考察学习者的概念建构、分析推理和问题解决的情况，反映学习材料对学习者深层次学习的影响。

（二）学习投入的测量方法

学习投入的研究有宏观、中观和微观等不同层次，不同的研究层次使用不同的学习投入测量方式。不同的测量方法有其自身的优缺点和适应范围，根据研究内容和目的，采用面向学习过程的微观层次学习投入研究视角，微观层次的、细粒度的学习投入测量方法也需要根据研究需要进行合适的选择。

学习投入测量方法采用辛纳特拉（Sinatra）的测量连续体左端的"学习者个体导向"的测量方法，并适当参考连续体中间的"环境中学习者导向"的测量方法，将生理、心理、行为等测量与自我报告相结合。结合多媒体画面语言表征特点和移动学习资源设计中存在的问题，注重移动学习过程中学习投入数据的获取与分析，将脑电图（EEG）脑波数据、眼动追踪数据等过程数据与前后测数据相结合，并辅以学习者的自我报告，采用三角互证的方法[5]，对数据进行挖掘和分析，提高分析结果的信度和效度。米勒（Miller）认为测量越微观时，学习投入的成分区别越模糊，基于较短时间的教学设计框架强调学习投入的情境性。[6]为了考查不同画面设计策略对学习投入不同维度的影响，结合阿泽维多（Azevedo R）[7]研究结论中各测量方法优缺点，采用自我报告结合 EEG 脑波数据测量学习者的投入情况，同时将眼动追踪作为测量的辅助来表征学习者学习投入的情况。

---

①Fred Paas，Juhani E. Tuovinen，Huib Tabbers，et al. Cognitive Load Measurement as a Means to Advance Cognitive Load Theory[J]. Educational Psychologist，2003，38(1)：63－71.

②Lin L，Lee C H，Kalyuga S，et al. The Effect of Learner－Generated Drawing and Imagination in Comprehending a Science Text[J]. Journal of Experimental Education，2016，85：1－13.

③Sandra G. Hart，Lowell E. Staveland. Development of NASA－TLX（Task Load Index）：Results of Empirical and Theoretical Research[J]. Advances in Psychology，1988，52(6)：139－183.

④[美]理查德·E.梅耶.多媒体学习[M].牛勇，邱香译.北京：商务印书馆，2006：63－64.

⑤Sinatra G M，Heddy B C，Lombardi D. The Challenges of Defining and Measuring Student Engagement in Science[J]. Educa－tional Psychologist，2015，50(1)：1－13.

⑥Miller B W. Using Reading Times and Eye－Movements to Measure Cognitive Engagement[J]. Educational Psychologist，2015，50(1)：31－42.

⑦Azevedo R. Defining and Measuring Engagement and Learning in Science：Conceptual，Theoretical，Methodological，and Analytical Issues [J]. Educational Psychologist，2015，50(1)：84－94.

1.自我报告式问卷

罗杰（Roger）对学习投入的测量方法进行系统分析后认为，相对于通过眼动追踪、屏幕记录及生理传感器测量等获得的过程数据，通过测验、总结获得的结果数据，自我报告式的调查问卷测量学习投入的维度最全，应用十分广泛，且相对比较成熟，能够通过不同的问卷内容测量学习投入的认知、元认知、情感及动机等多个维度。[1]动机驱动下的情感投入与认知投入是移动学习高质量投入的保证，也是移动学习行为持续发生的动力源。当学习者具有较高学习动机，以积极的情感来应对学习任务，并采用有效的认知策略进行学习时，可以认为此时学习者具有良好的学习投入状态。

认知投入的主观判断：学习者在学习过程中采用合适的认知策略和元认知策略有助于对学习内容的掌握和学习过程的动态调整，孙（Sun）[2]对弗雷德里克斯（Fredricks）学习投入中认知投入维度的测量进行了改进，以适应基于学习过程的认知投入情况的测量，其适应环境为利用移动设备的混合式课堂学习环境；在此基础上，对该认知投入问卷进行了改进，以适应实验要求和学习环境，形成认知投入测量维度的问卷。

情感投入的主观判断：情感投入侧重学习过程中的积极情感体验，积极情感是学习者在学习过程中经历或体验到的兴趣、快乐、好奇、归属感等积极情感体验。由前期分析可知，已有研究更加关注学习者的积极情感体验，认为积极情感体验有助于学习者主观能动性的发挥和学习效果的提高。具有较高情感投入的学习者表现出快乐等积极情感，对学习充满兴趣和积极性，具有较强的努力学习意愿。若学习者在学习过程中情感状态和情感体验良好，表明学习材料或学习环境的设计诱发了学习者的积极情感投入，提高学习效果。[3]因此采用沃森（Watson）[4]的积极情感问卷测量学习者学习过程中的情感投入情况。

2.基于脑波仪的生理传感器测量

神念科技（NeuroSky）开发的脑机接口BCI（Brain computer interface）技术，通过获取主要负责高级思维和运动信息处理，反映智力活动的额叶区的脑波数据，可以将人类大脑思维时产生的生物电信号（脑波）进行探测分析。通过无需打脑电膏的干态电极传感器采集大脑产生的脑波信息，通过脑电图传感器（ThinkGear）芯片进行过滤、放大，并通过eSense 算法对被试的精神状态以电子感知（eSense）参数[（注意力水平（attention）、沉思水平（meditation）、德尔塔（Delta）、西塔（Theta）、阿尔法（Alpha）、贝塔（Beta）、伽马（Gamma）等波段的能量谱形式]，以及原始的脑波数据在电脑终端可视化呈现与输出，实现基于脑波的人机交互。神念科技脑机接口（NeuroSky BCI）设备通过蓝牙或Wi-

①Azevedo R. Defining and Measuring Engagement and Learning in Science：Conceptual，Theoretical，Methodological，and Analytical Issues[J]. Educational Psychologist，2015，50（1）：84－94.

②Sun C Y. Influence of polling technologies on student engagement：An analysis of student motivation，academic performance，and brainwave data[J]. Computers & Education，2014，72（1）：80－89.

③Mayer R E，Estrella G. Benefits of emotional design in multimedia instruction[J]. Learning & Instruction，2014，33（33）：12－18.

④Watson D，Clark L A，Tellegen A. Development and validation of brief measures of positive and negative affect：the Panas scales.[J]. Journal of Personality & Social Psychology，1988，54（6）：1063－1070.

Fi 技术将被试对刺激的反应传输给电脑接收端，测试过程中允许被试在一定范围内自由移动，生态效度较高。

（1）认知投入（专注度）和情感投入（放松度）的客观测量

学习与注意密切相关，注意是学习的初始阶段，注意力是学习的一项必备条件；认知心理学家维特罗克认为学习是从感觉经验的选择性注意开始的。作为一种重要的学习策略，选择性注意严格筛选进入大脑的信息，保证大脑有效地编码、贮存和加工信息。史密斯（Smith）[1]等认为注意力（attention）是学习者在学习过程中接受刺激并对刺激做出反应的一种认知过程和行为过程，是重要的心理活动，在学习中发挥着核心作用，注意力水平的高低在一定程度上反映学习者的认知加工深度和认知投入水平。选择性注意是实现高效率学习的前提，选择性注意包括选择并集中注意于有关的学习信息，以及对重要信息保持警觉。[2]若要提升学习效果，学习者要在信息处理过程中选择合适的注意策略，对注意进行控制和调试，使注意力得到充分发挥。

学习者的情绪情感对行为和认知具有重要的调节作用。积极情绪扩展与建构理论(broaden－and－build theory of positive emotions) 认为积极情绪(如欢乐、兴趣、满足等)能扩展个体的注意和认知范围，扩展知觉、思维、行为活动的序列，提升思维和行动能力，[3]从而提升学习者对于学习环境的兴趣，使其更积极地探索知识，采取更灵活的加工策略。[4]阿南德（Anand）[5]等认为沉思（meditation）是一种有意识的自我调节，以使情绪放松和平静，代表的是一种积极的精神状态，可以有效表明一个人心理的平静或放松状况，较高的放松度表明学习者更放松，压力更小。坎皮恩（Campion）[6]认为沉思除了增加放松和平静外，还可以减少压力和愤怒，提高注意力；一个冷静放松的心理状态可以从多个方面改善注意力。高水平的沉思状态可以提高学习者的注意力水平，并更好地吸收和保持学习信息。当学习者沉思水平较低时，容易产生较高的焦虑和压力，从而影响学习效果。紧张和焦虑的学习者在生理、心理和行为上都是脆弱的，从而直接影响学习过程和学习效果。[7]由于压力对学习有负面影响，因此沉思在学习过程中是一种重要的精神状态。

如果学习者的专注和沉思水平均比较高则可以强化学习。沙迪耶夫（Shadiev）[8]和孙

①Smith E E，Kosslyn S M. Cognitive psychology：mind and brain[M]. Pearson/Prentice Hall，Pearson Education International，2007.

②周详，沈德立. 高效率学习的选择性注意研究[J]. 心理科学,2006(05)：1159－1163.

③Fredrickson B，Branigan C. Positive emotions broaden the scope of attention and thought‐action repertoires[J]. Cognition and Emotion，2005.

④Kareem J.Johnson，Christian E. Waugh，Barbara L. Fredrickson. Smile to see the forest：Facially expressed positive emotions broaden cognition[J]. Cogn Emot，2010，24(2)：299－321.

⑤Kumar A，Khanna R，Srivastava R K，et al. Alternative healing therapies in today's era[J]. International Journal of Research in Ayurveda & Pharmacy，2014，5(3)：394－396.

⑥Jonathan Campion，SharnRocco. Minding the Mind：The Effects and Potential of a School－Based Meditation Programme for Mental Health Promotion[J]. Advances in School Mental Health Promotion，2009，2(1)：47－55.

⑦Porter D. Anxiety and Depression in the Classroom：A Teacher's Guide to Fostering Self－Regulation in Young Students[J]. School Social Work Journal，2016，40.

⑧Shadiev R，Huang Y M，Hwang J P. Investigating the effectiveness of speech－to－text recognition applications on learning performance，attention，and meditation[J]. Educational Technology Research & Development，2017，65(5)：1－23.

（Sun）①等用神念科技（Neuro Sky）头戴式脑波仪测量学习者的注意力水平（attention）和沉思水平（meditation），将其作为认知投入水平和情感投入状态的测量指标。由于所使用脑波仪设备软件在汉化过程中用词的差异等，文中所采用的电子感知（eSense）参数"专注度"和"放松度"即是上文提到的注意力水平（attention）和沉思水平（meditation），代表学习者的注意力集中程度和沉思水平，均以 40 为基线，在 1—100 之间波动变化，用于描述被试实时精神状态的波动范围。专注度描述被试进入专注状态时注意力的集中程度，可以反映被试学习过程中的认知投入情况。②放松度描述被试平静或放松的精神状态，可以反映被试学习过程中的情绪和情感投入。③被试学习过程中的脑波变化和各种脑波能量谱值作为参考，其中，Alpha 波（7 Hz—14Hz）与放松意识、沉思和冥想等状态相关；Beta 波（14 Hz—30Hz）与积极思考、主动注意和解决实际问题等状态相关；Delta 波（3 Hz—7Hz）是在成人被试的前时间段和儿童的后时间段可以检测到的与连续注意相关的高振幅波；Theta 波（4 Hz—7Hz）通常与情感压力有关，如挫折或失望；Gamma 波（30 Hz—80Hz）一般与多感官刺激的认知加工有关。④

实验过程中采用基于 Neuro Sky BCI 技术的视友科技的便携式脑波仪 CUBand 进行脑波数据实时测量，使用 EEG 脑电生物传感器，信号采样频率为 512 Hz，信号精度为 0.25 uV，ADC 精度为 12 bit；配套软件为佰意通脑电生物反馈训练系统专业版 MindXP，通过对大脑活动所产生的脑电波信号的采集和分析，实时获取被试的多项心理状态数据。获取被试的以专注度为代表的认知投入和以放松度为代表的情感投入，作为客观测量值，与采用问卷获取的主观判断值一起，作为学习投入的不同维度指标。

（2）行为投入（学习时间）的客观测量

行为投入主要侧重学习过程中与学习坚持有关的外显行为，包括坚持、交互、参与等行为。学习时间、阅读量、作业提交量等行为投入反映学习者在学术活动中的行为卷入程度⑤。学习者越努力，学习时间投入得越多，其学习效果越好。学习者的时间投入是测量学习投入、解释学习结果差异的重要因素。Evans 的双重加工理论认为，启发式加工具有平行、快速、依赖直觉决策等特征，分析式加工则是序列化、慢速的、控制的和分析式的加工；与启发式相比，分析式加工需要更多的意识努力和思考；⑥当学习者投入更多的努力与思考，进行分析式加工时，则需要更长的学习时间。泰勒提出"任务时间"概念，认为

①Sun C Y. Influence of polling technologies on student engagement: An analysis of student motivation, academic performance, and brainwave data[J]. Computers & Education, 2014, 72(1): 80-89.

②Charland P, Léger P M, Mercier J, et al. Measuring implicit cognitive and emotional engagement to better understand learners' performance in problem solving – A research note[J]. Zeitschrift Für Psychologie, 2016, 224(4): 294-296.

③Crowley K, Sliney A, Pitt I, et al. Evaluating a Brain-Computer Interface to Categorise Human Emotional Response[C]// IEEE, International Conference on Advanced Learning Technologies. IEEE, 2010: 276-278.

④Folgieri R, Lucchiari C, Cameli B. A Blue Mind: A Brain Computer Interface Study on the Cognitive Effects of Text Colors[J]. British Journal of Applied Science & Technology, 2015, 9(1): 1-11.

⑤Patrick B C, Skinner E A, Connell J P. What motivates children's behavior and emotion? Joint effects of perceived control and autonomy in the academic domain. [J]. Journal of Personality & Social Psychology, 1993, 65(4): 781-91.

⑥Evans J S B T. Dual-Processing Accounts of Reasoning, Judgment, and Social Cognition — Annual Review of Psychology[J]. Annual Reviews, 2007, 59(1): 255.

学习者投入到学习中的时间越多，其收获就越大。佩斯认为学生的学习和发展离不开他们投入的时间和努力。20 世纪 60 年代卡罗尔指出直接影响学习者学习的所有变量都可以用时间来界定，通过测量学习者完成某一既定学习任务所需要的时间和实际花费时间的比例，可以评定他完成这一任务所达到的程度，被认为是现代探究时间对学习过程影响的开始。[①]布鲁姆认为卡罗尔创新性地将时间作为判断学习过程的核心，布鲁姆并在卡罗尔学习假设基础上提出了一种学习模型，即学习达成度= f（实际学习时间/需要学习时间），认为学习程度反映了学习者投入实际学习的时间和必要的学习时间的合理比例。并在此基础上提出了"时间本位"模式的掌握学习理论。[②]按照布鲁姆的学习模型，学习者按自己的速度进行学习，学习者投入的时间越多，学习效果越好。

　　有关学习者学习时间对学业成绩影响的研究发现学习者参与时间和学术学习时间的增加对于提高学业成绩和学习态度都具有很强的正相关，参与时间是指学习者实际参与学习过程的时间，学术学习时间指学习者成功地学习了测试所要考的内容所花的时间总量；休伊特等人从系统理论的视角提出了教学过程互动模型，发现学习者的学术学习时间是学习过程性变量中与学业成绩关系最大的变量。[③]当学习者学习过程中积极地与学习内容进行互动，沉浸于学习过程时，会主动投入较多的学术学习时间来完成学习任务。Miller[④]认为在学习者自定步调的阅读过程中，阅读越投入，需要花费的时间越长，主张用学习时长来测量学习者阅读过程中的投入程度。因此，学习时长是学习者行为投入的一个重要指标；学习者的时间投入是内在动机驱动的投入，能够有效解释学习的实质性投入。[⑤⑥]学习者用在学习内容上的学术学习时间由学习者的学习投入程度来决定，同时也受到学习者动机、资源质量等因素的影响。

　　有关行为投入维度成分的分析中，学习者的学习时间和坚持性等是普遍被接受的行为投入重要成分。学习过程中的坚持性反映行为投入维度的努力程度，是学习者积极主动学习的表现，以学习时长为表现形式的坚持行为，是行为投入的重要表征指标。

　　实验情境下的学习时间是学习者从学习开始到学习结束所花费的时间，可以有效表征学习者的学习参与时间和学术学习时间，学习者的各种学习行为是以学习时间为载体的过程性体现。同时，考虑实验情境下同一实验中，学习者的学习行为具有高度相似性，将学习者学习投入在时间维度上的测量值作为学习者行为表现的重要表征变量，并将脑波仪记录的学习时长数据作为学习者行为投入的参考指标，将学习者的学习时间测量镶嵌在具体的移动学习情境中，可以体现在接近真实的移动学习情境下，学习者能够专注于学习活动

　　①马兰. 掌握学习与合作学习的若干比较[J]. 比较教育研究，1993（02）：6-9.

　　②井维华. 布卢姆掌握学习理论评析[J]. 中国教育学刊，1999（03）：40-42.

　　③曾家延，董泽华. 学生参与时间理论模型研究评论—兼论 PISA 等国际大规模测试对学习时间测量的不足[J].外国教育研究，2017，44（11）：69-81.

　　④Miller B W. Using Reading Times and Eye-Movements to Measure Cognitive Engagement[J]. Educational Psychologist，2015，50（1）：31-42.

　　⑤李爽，李荣芹，喻忱.基于 LMS 数据的远程学习者学习投入评测模型[J].开放教育研究，2018（1）：91-102.

　　⑥盛群力，丁旭，滕梅芳. 参与就是能力——"ICAP 学习方式分类学"研究述要与价值分析[J]. 开放教育研究，2017，23（02）：46-54.

的时间，在一定程度上体现了情境学习理念。

（3）脑波变化的过程分析

学习过程中，学习者的学习状态，认知和情感的投入情况不是相对固定的，而是因学习者的生理和心理特点而发生动态的变化，这种动态变化在一定程度上反映了学习内容和学习材料对学习者学习过程的影响，也反映了学习者对学习内容和学习材料的适应性调整。

学习者的注意力集中程度具有时间变化性。注意稳定性存在三种方式，对刺激进行选择的反应、对单一对象保持较长时间的注意和对同一活动保持长时间的注意（活动注意），其中活动注意是注意稳定的核心，多布雷宁认为活动注意的稳定性与活动条件有关，[①]注意稳定性是注意在时间上的特征，注意稳定性具有一定规律性，注意品质很大程度上决定学习效率。每个人的活动注意总是起伏变化的，但起伏变化过程受到活动本身及学习环境的影响。某一时间段的注意稳定性越高，该时间段内的学习活动效率就越高，反之就低。学习者的注意很难长时间地保持固定不变，通常呈周期性变化，即注意具有起伏性。[②]影响注意稳定的因素包括注意力转移前后活动对象的差异、难易程度的差异、活动的紧张程度和学习者的兴趣与关注程度，以及学习者自身的状况等。

学习者的情感投入状态对认知过程具有调节性。积极心理学研究发现，积极情绪对学习者的注意加工的启动和注意资源分配具有调节作用，情绪对注意的调节使得学习者的知觉、思维等认知加工过程有了根本性变化；积极情绪可以扩展学习者的空间和时间注意范围，增加注意的灵活性。[③]积极情绪的多巴胺理论（dopamine theory）认为多巴胺系统在积极情绪对注意的调节过程中起着至关重要的作用，在积极情绪下某些认知加工能力的改变是积极情绪引起大脑内多巴胺水平的增加造成的，并使学习者具有更大的认知灵活性。[④]Soto 等发现视觉选择性注意和情绪加工区域在前额叶存在一部分重叠，且情绪相关的区域和注意相关区域（顶叶皮层和早期视觉加工区域）在功能上存在强烈的耦合；[⑤]Martin 等推测两者激活区域的重叠可能是积极情绪对选择性注意调节的机制之一。[⑥]上述理论从多个视角证明情绪对学者的认知和学习过程具有重要的调节作用，且这种调节作用是通过改变个体生理机制激活相应脑区的形式实现的。

Ghergulescu[⑦]等认为游戏化学习环境下衡量学习者投入程度的一个重要标准是学习者的任务时间（Time On Task），它反映了学习者完成特定学习任务所需要花费的时间；并根据学习者投入度随时间推移而变化的具体情况，提出了学习者投入程度的自动化监控方

①张灵聪. 注意稳定性研究概述[J]. 心理科学，1995（06）：372－373.

②高杰. 注意起伏规律及其在课堂教学中的运用[J]. 教育评论，2002（05）：113－115.

③蒋军，陈雪飞，陈安涛. 积极情绪对视觉注意的调节及其机制[J]. 心理科学进展，2011，19（05）：701－711.

④Ashby F G，Isen A M，Turken A U. A neuropsychological theory of positive affect and its influence on cognition.[J]. Psychological Review，1999，106（3）：529－50.

⑤Soto D，Funes M J，Guzmángarcía A，et al. Pleasant music overcomes the loss of awareness in patients with visual neglect. [J]. Proceedings of the National Academy of Sciences of the United States of America，2009，106（14）：6011.

⑥Martín Loeches M，Sel A，Casado P，et al. Encouraging Expressions Affect the Brain and Alter Visual Attention[J]. Plos One，2009，4（6）：e5920.

⑦Ghergulescu I，Muntean C H. ToTCompute： A Novel EEG－Based Time OnTask Threshold Computation Mechanism for Engagement Modelling and Monitoring[J]. International Journal of Artificial Intelligence in Education，2016，26（3）：821－854.

法，通过搜集学习者游戏化学习时的行为信息和脑波过程数据，自动地计算出学习者在不同学习阶段的学习状态变化情况，为优化游戏化学习资源提供参考。Sun 等在研究移动学习环境下遥控器选择投票和智能手机选择投票两种方法对学习者投入度的影响时，通过对不同时间段内学习者脑波动态图的专注度（attention）和放松度（meditation）变化情况的分析，发现手机选择投票方法可以显著降低学习者的焦虑水平，提高学习者的注意力水平和投入程度，提高学习绩效。

依据注意力起伏的特性和积极情感对认知的调节作用变化情况，结合学习投入数据统计结果，对学习者在学习过程中的专注度（attention）和放松度（meditaiton）脑波变化过程图进行分析解读，以动态化、过程化的视角了解学习者学习投入的脑波变化情况，在一定程度上增加学习投入数据结果的可信度与说服力。

3.基于眼动追踪的眼动行为测量

学习投入反映学习者在学习过程中心理资源和心理努力的投入情况，可以用定性和定量方法进行测量，眼动追踪是一种从微观层面测量学习投入的"在线"测量方式。[1]眼动行为可以反映学习材料对学习者注意力的唤起情况；同时还可以反映学习者对不同类型认知资源的分配情况。学习投入度低的学习者倾向于使用较少的心理资源进行浅层次的学习，如仅进行回忆或记忆，较少使用反思等元认知策略；对所学的内容可能被仅仅是理解和记忆，但不一定能整合并引起原有概念和认知图式的重构。学习投入高的学习者则会将大量的心理资源用来进行深层次的认知加工，采用精细化认知策略、反思策略，以及元认知策略进行学习过程的监控和调整，以加深对学习内容的理解，并与原有的认知图式相适应。学习者在学习过程中的这些认知策略会在一定程度上体现在视觉注意分配情况和眼动行为的变化情况。

人类视觉系统的视觉注意使人们可以在复杂的场景中选择少数的兴趣区域作为注意焦点，摒弃大部分无用信息，对重要的信息进行进一步处理。注意是人类视觉加工的基础，视觉注意是感觉、记忆、想象、思维和情绪等心理过程所具有的一种意识状态。在视觉注意早期阶段，学习者工作记忆中的已有知识表征能够促使学习者获取更多的注意，具有自动倾向和引导效应，在随后学习中注意受到认知策略的调节。[2]学习过程中的注意具有指向性和集中性，具有选择、保持、调节和监督等功能。[3]学习投入最基础、最低的层次是注意，是深层次投入的基础；在此基础上，学习者会对不同的学习材料分配不同数量和类型的认知资源。在移动学习过程中，学习者的注意是对移动学习资源画面呈现信息的指向和集中，指向性反映了学习者对移动学习资源中学习对象或内容信息的选择与过滤，集中性反映了学习者对移动学习资源中学习对象和学习内容的注意深度与持久性，以及对其他干扰因素的抑制与排他性。如果设计的材料无法引起学习者的视觉注意，这些学习材料的设计则可

①Miller B W. Using Reading Times and Eye－Movements to Measure Cognitive Engagement[J]. Educational Psychologist，2015，50（1）：31－42.

②张豹，黄赛，祁禄. 工作记忆表征引导视觉注意选择的眼动研究[J]. 心理学报，2013，45（02）：139－148.

③潘运.视觉注意条件下数字加工能力发展的实验研究[D].天津：天津师范大学，2009：32－34.

能是无效的。

眼动追踪方法可以测量学习者的持续性学习投入状况，主要测量学习投入的认知成分[①]。眼动追踪可以测量学习投入基于 4 个假说或模型[②]：（1）加斯特和卡彭特的"眼－脑加工模型"认为学习者在大脑中对所学内容进行加工，那么眼睛就注视正在加工的内容，眼睛注视某一内容的时间，代表了大脑加工该内容的时间；如果眼睛没有注视某一内容，那么大脑就没有对其进行加工。[③]该模型认为眼睛在目标上停留的时间反映了学习者认知努力的质量和数量。[④]（2）"喜欢的越多，看的越多；看的越多，喜欢的越多"假说；[⑤]（3）视网膜中央凹可以用来测量注意力的假说。[⑥]（4）瞳孔大小尺寸反映学习学习者的认知努力和情绪唤醒情况假说。[⑦]这种微观测量方法可为学习投入问题提供强大的洞察力视角。

眼动追踪方法中，眼动指标主要包括总注视次数、总注视时间、平均注视点持续时间、瞳孔直径大小等指标。其中总注视时间是被试在一个或一组兴趣区内所有注视点持续时间的总和，反映学习者对学习材料的加工程度；总注视次数是被试在一个或一组兴趣区内所有注视点个数，反映了学习材料的难度，被试的注意程度，对材料的熟悉程度，以及学习策略；[⑧]注视点平均持续时间指被试的视线停留在各注视点上的平均时间，反映学习者对学习材料的加工程度和认知负荷。[⑨]瞳孔直径反映被试认知加工强度和认知负荷大小，瞳孔大小不受意识影响，可以很好反映被试的脑力负荷；瞳孔大小与任务难度成反比，难度越大，被试需要投入的注意力越多，越容易视觉疲劳而引起瞳孔变小。[⑩]在一定程度上，其他因素相同时，瞳孔越大表明学习内容越具有吸引力，学习越积极。

根据已有研究，以及眼动指标的功能，认为眼动指标中的注视时间、注视次数可以反映学习者对学习内容和学习材料的感知和认知投入情况；兴趣区注视次数与时间反映学习者的学习兴趣和注意力分配和认知投入情况；瞳孔大小反映了学习者学习过程中的认知投入和情感投入状态。

①Azevedo R. Defining and Measuring Engagement and Learning in Science： Conceptual，Theoretical，Methodological，and Analytical Issues[J]. Educational Psychologist，2015，50（1）：84－94.

②Azevedo R. Defining and Measuring Engagement and Learning in Science：Conceptual，Theoretical，Methodological，and Analytical Issues[J]. Educational Psychologist，2015，50（1）：84－94.

③白学军，阴国恩. 有关眼动的几个理论模型[J]. 心理学动态，1996（03）：30－35+60.

④Just M A，Carpenter P A. A theory of reading: from eye fixations to comprehension [J]. Psychological Review，1980，87（4）：329.

⑤Maughan L，Gutnikov S，Stevens R. Like more，look more. Look more，like more: The evidence from eye－tracking[J]. Journal of Brand Management，2007，14（4）：335－342.

⑥Duchowski A T. Eye Tracking Methodology： Theory and Practice[M].New York，NY：Spring－Verlag，2007：29－39.

⑦Chiew K S， Braver T S. Positive Affect Versus Reward：Emotional and Motivational Influences on Cognitive Control[J]. Frontiers in Psychology，2011，2(279)：279.

⑧王雪.多媒体学习研究中眼动跟踪实验法的应用[J]. 实验室研究与探索，2015，34（03）：190－193+201.

⑨王雪，王志军，付婷婷，等. 多媒体课件中文本内容线索设计规则的眼动实验研究[J]. 中国电化教育，2015(5)：99－104.

⑩闫国利，熊建萍，臧传丽，等. 阅读研究中的主要眼动指标评述[J]. 心理科学进展，2013，21（4）：589－605.

（三）具体测量工具与指标

1.学习动机问卷

学习动机的测量问卷采用 9 点李克特量表测量，1 为完全不符合，9 为完全符合，如表 5－2 所示。

表 5－2 学习动机问卷

序号	项目	分量
1	我认为，在这次学习活动中我表现很好	能力
2	完成这次学习任务中，我完全没感到紧张	压力
3	这次学习中，我能进行自主的选择与调节	选择
4	我认为这个学习任务对我有好处	价值观
5	我认为这个学习活动很有趣	兴趣
6	在这次学习活动中，我非常努力	努力

2.认知负荷量表

认知负荷的测量也采用 9 点李克特量表进行测量，1 为最低值，9 为最高值，如表 5－3 所示。

表 5－3 认知负荷测量量表

序号	项目	测量指标	表征
1	任务要求进行几项脑力或体力活动（你认为学习任务简单还是要求很高？）	任务要求	内在认知负荷
2	为了通过该学习环境，你需要投入多大努力？	导航要求	外在负荷
3	对你来说，理解学习环境中的概念有多难？	努力	关联负荷

3.学习投入测量工具

在微观层次上测量学习投入，即测量微型学习过程中的学习投入，采用生理测量（脑波和眼动指标）、学习成绩和自我报告三角互证的方式，提高研究数据的生态效度。具体的测量指标体系及其建立依据如表 5－4 所示。

其中，认知投入测量问卷也采用 9 点李克特量表测量，1 为完全不符合，9 为完全符合，如表 5－5 所示。

表 5-4 学习投入指标测量体系

变量类别	测量维度或成分	测量方法（使用仪器）	主要参考依据
情感投入	积极情感量表	情感投入测量（PAS）问卷	沃森（Watson，1988），巴贝特·帕克（Babette Park[1]，2015）
	愉快、唤醒、兴趣	放松度/沉思水平（脑波仪）	赵鑫硕等[2]（2017），克劳利（Crowley[3]，2010），查兰德（Charland[4]，2016）
		兴趣区注视次数、瞳孔大小（眼动仪）	詹泽慧[5]（2013），巴贝特·帕克（Babette Park，2015）
认知投入	认知投入问卷	主观问卷	弗雷德里克斯（Fredricks，2005），孙（Sun，2014）
	专注程度	专注度/注意力水平（脑波仪）	杨现民（2017），查兰德（Charland，2016）
	认知与注意力分配	注视次数、注视时间、瞳孔大小（眼动仪）	米勒（Miller，2015），王雪[6]（2015）
行为投入	坚持性、时间投入	学习时长（脑波仪）	米勒（Miller，2015），朱亮等[7]（2017），曾家延（2017）[8]

表 5-5 认知投入测量问卷

序号	项目
1	此次学习过程中，我主动检查学习中出现的错误
2	我对利用移动设备进行学习感到很适应
3	我会尝试其他学习方法以巩固这次移动学习的结果
4	此次学习过程中，我进行了自我反问以确保自己真正理解
5	此次学习过程中，我想到了借助查阅其他资料的方法增加对内容的理解
6	对于此次学习过程中遇到的不熟悉内容，我总是想办法弄明白
7	对于此次学习过程中不理解的内容，我进行了适当的复习
8	我乐意课下跟其他同学交流刚才学习的内容

①Park B，Plass J L. Emotional design and positive emotions in multimedia learning[J]. Computers & Education，2015，86（C）：30－42.

②赵鑫硕，杨现民，李小杰. 移动课件字幕呈现形式对注意力影响的脑波实验研究[J]. 现代远程教育研究，2017(1)：95－104.

③Crowley K，Sliney A，Pitt I，et al. Evaluating a Brain－Computer Interface to Categorise Human Emotional Response[C]// IEEE，International Conference on Advanced Learning Technologies. IEEE，2010：276－278.

④Charland P，Léger P M，Mercier J，et al. Measuring implicit cognitive and emotional engagement to better understand learners' performance in problem solving – A research note[J]. Zeitschrift Für Psychologie，2016，224（4）：294－296.

⑤詹泽慧. 基于智能 Agent 的远程学习者情感与认知识别模型——眼动追踪与表情识别技术支持下的耦合[J]. 现代远程教育研究，2013(5)：100－105.

⑥王雪. 多媒体学习研究中眼动跟踪实验法的应用[J]. 实验室研究与探索，2015，34(03)：190－193.

⑦朱亮，黄桂成，顾柏平. 基于学习性投入视角的高校学业评价与策略[J]. 中国成人教育，2017(13)：91－95.

⑧曾家延，董泽华. 学生参与时间理论模型研究评论——兼论 PISA 等国际大规模测试对学习时间测量的不足[J]. 外国教育研究，2017(11)：69－81.

情感投入的测量参考普拉斯（Plass）[1]的测量方法，利用中性调节视频使学习者的情绪达到中性状态，学习刺激材料结束后对学习者的情绪进行重测，由于学习内容、学习方式等完全相同，只有画面设计因素是唯一不同因素，因此可以认为不同组之间的重测差异则可认为是由画面设计因素引起的。情感投入测量问卷（PAS），如表 5—6 所示。

表 5—6　情感投入测量问卷

请阅读每一个词语，并根据你此刻感觉与情绪实际情况在相应的答案上打"√"

序号	表征	选项				
		几乎没有	比较少	中等程度	比较多	极其多
1	感兴趣的	1	2	3	4	5
2	兴奋的	1	2	3	4	5
3	热情的	1	2	3	4	5
4	受鼓舞的	1	2	3	4	5
5	意志坚定的	1	2	3	4	5
6	专注的	1	2	3	4	5
7	有活力的	1	2	3	4	5

需要说明的是，由于移动学习资源画面的特殊性，在"画面布局设计实验"和"三维互动界面设计"实验中，无法实现全程实时获取学习者的眼动行为数据。因此，将眼动行为指标作为"学习支架设计实验"和"画面色彩搭配设计实验"两个实验中学习投入数据的参考。

第二节　移动学习资源画面的布局设计实证研究案例

一、布局方式设计理念——画面框架结构与知识内容的最佳匹配

画面整体布局与视觉感官设计对学习者的体验有着显著影响。由于移动设备屏幕相对于 PC 较小，且以竖屏为主，当前主流画面设计中的框架结构以标签式、宫格式、列表式、瀑布流式、抽屉式等，上述布局方式中的标签、宫格式、列表和抽屉式都沿用了传统网页设计的思想，将平面中无法容纳的内容以特定的方式进行隐藏，用户在需要的时候进行调取；而瀑布流式内容呈现方式则是将所有内容以长屏的形式呈现，用户只需要采用触屏的方式持续地上划或下划页面即可，该布局方式以其流畅的使用体验、较强的沉浸感、操作简单、不容易迷航等特点在移动互联网时代受到许多设计者和用户的青睐。对于移动学习资源的画面设计，上述类型的画面结构与内容呈现方式使用都比较广泛。

已有关于移动学习内容呈现时的结构布局与导航设计规则的研究结论不一致，莱弗特

---

①Plass J L，Heidig S，Hayward E O，et al. Emotional design in multimedia learning：Effects of shape and color on affect and learning [J]. Learning & Instruction，2014，29(29)：128—140.

（Levert）认为在进行移动学习资源设计时，由于移动学习资源画面尺寸有限，学习内容应尽量使用小型的文本块，有目的地运用图片，并尽量将页面滚动的范围最小化；[1]田嵩则认为基于长屏页面滚动的瀑布流式布局不仅能使移动学习信息传递更迅速，同时也使学习者获得更好的沉浸体验，有利于提高移动学习效果。[2]在移动设备屏幕画面上，一次呈现一页的学习形式与上下拖动滚动条式的学习方式之间存在学习时间和学习效率之间的差异。以竖屏使用为主的智能手机进行移动学习时，内容呈现的页面布局风格对学习者投入程度和学习效果的影响需要进行实证研究，不同内容呈现方式对学习内容的适应性，学习体验的差异，以及对学习效果的影响相需要进一步探索。

二、移动学习资源画面布局设计对学习投入影响的实验研究

画面布局是移动学习资源信息架构的基础，如何适应移动设备终端的屏幕尺寸、操作方式，以及随时随地可用的便利性等特点是移动学习资源设计必须解决的关键问题。李青[3]认为移动学习资源的信息架构必须做到结构清晰、功能明确，可用性高，同时操作要流畅。移动学习具有较强的个性化与情绪化特点，需要有安全的心理状态和积极的学习环境，学习资源的微型化片段式特点对移动学习知识体系结构和内容规划提出了更多挑战；知识内容之间的内在级联因屏幕较小的限制而降低，容易导致碎片化的学习结果。因此，如何优化移动学习资源的画面布局，在有限的屏幕范围内，为学习者提供的学习内容既符合移动学习特点，又能保证内容体系完整性，是移动学习资源设计必须解决的形式与内容匹配的重要问题。

如何在充分优化知识内容的内在组织性与级联性的同时，考虑学习者学习过程中移动设备的使用习惯、使用方式与学习体验，以合适的知识组块为资源单位，优化移动学习资源画面布局，使学习者产生较强的沉浸体验、较高的投入水平，进而达到理想的学习效果，是主要关注的问题。常见的移动学习资源画面布局方式主要包括标签式、抽屉式、宫格式、列表式、轮播式、瀑布流式等类型，如图5-3所示。

图5-3 常见移动设备画面布局方式

各类型有其自身特点和优缺点：标签式布局的导航位置清晰，频繁跳转不易迷失方向，可直接展现重要内容；但标签占用固定的显示面积，较多时显得笨重。宫格式布局用户容

①Levert G. Designing for Mobile Learning： Clark and Mayer's Principles Applied[J]. Learning Solutions Magazine，2006.
②田嵩. 基于轻应用的移动学习内容呈现模式研究——以"瀑布流"式布局体验为例[J]. 电化教育研究，2016(2)：31-37.
③李青. 移动学习：让学习无处不在[M]. 北京：中央广播电视大学出版社，2014：8-11.

易记住各入口的位置，方便快速查找；但无法在多入口间灵活跳转，不适合多任务操作。列表式导航层次清晰，可展示标题的次级内容；但同级内容不宜过多，重点不突出，排版灵活性差。轮播式布局操作频繁且重要的入口显眼，可以较大限度引导用户操作；但按钮需要有高度的设计美感，否则容易不协调。抽屉式布局隐藏非核心的操作与功能，节省空间，扩展性好；但对入口交互的功能可见性要求高，容易被用户忽略。瀑布式布局用户浏览时可感受到流畅体验与沉浸感；但整体内容缺乏体系感和条理性，容易发生位置迷失的问题，且容易产生疲劳感。

不同的画面布局方式对不同类型的知识内容是否具有不同的适应性，对学习过程中学习者的投入程度、学习体验和学习效果的影响有待进一步实践验证。就学习内容的呈现方式而言，标签式、抽屉式、宫格式、列表式及轮播式等几种方式都是根据布局需要将知识内容按一定标准进行切分成块，分开呈现，需要根据知识本身的逻辑体系和布局需要进行设计；而瀑布流式内容呈现方式则是将学习内容作为一个整体，每屏呈现的内容由学习者根据自己的浏览和阅读进度进行把握。田嵩 [①] 研究发现瀑布流式内容呈现形式使信息传递更迅速，学习者的沉浸感和启发式体验较好。但由于呈现的内容缺乏清晰明确的分块组织，在突出重点内容、建立清晰的逻辑体系方面存在不足。

以标签式布局为代表的知识分块组织和以瀑布流为代表的整体式布局有着各自的优缺点，在移动设备屏幕设计时都有较为广泛的应用。相对于资讯型内容，知识内容是否能够吸引学习者全身心投入，取得理想的学习效果；画面布局形式是否影响到知识内容的呈现方式和学习效果需要进一步探索；对于不同的知识类型，是否存在较为适应的画面布局方式也需要进一步实践验证。因此，本实验对移动学习资源不同的画面布局形式与不同知识类型组合方式带给学习者的学习过程体验、学习投入程度和学习效果差异进行研究，优化移动学习资源画面的感官层设计，提高学习者的投入水平。

（一）实验目的

探讨陈述性知识和程序性知识不同知识类型在标签式布局和瀑布流式布局两种不同类型画面布局方式下，学习者的学习过程、学习投入和学习效果的差异。

（二）实验假设

围绕实验目的，本实验的基本假设有：H1 不同的移动学习资源画面布局对学习者学习投入的影响显著；H2 不同知识类型对学习者的学习投入影响显著；H3 不同的移动学习资源画面布局对学习者学习效果的影响显著；H4 不同知识类型对学习者的学习效果影响显著；H5 画面布局方式和知识类型对学习者的学习投入和学习效果存在交互影响作用；H6 学习投入对学习效果有显著的预测作用。

（三）实验方法

1.实验设计

采用 2（布局方式）×2（知识类型）两因素完全随机实验。自变量：布局方式和知识

---

①田嵩. 基于轻应用的移动学习内容呈现模式研究——以"瀑布流"式布局体验为例[J]. 电化教育研究，2016，37（02）：31—37.

类型，其中布局方式分为标签式和瀑布流式两个水平；知识类型分为陈述性和程序性两个水平。因变量：学习动机、学习投入、认知负荷和学习效果，学习动机指标主要为问卷数据，学习投入指标主要包括脑波指标和问卷数据；认知负荷指标包括内部认知负荷、外部认知负荷和关联认知负荷，以问卷数据为主；学习效果指标主要包括保持测试成绩、迁移测试成绩和总成绩。

2.被试

从 H 大学的本科生中招募 120 名学生作为被试，剔除实验过程中先前知识过高或脑波数据未采集到被试 8 名，共得到有效被试 112 名，其中男生 29 人，女生 83 人，平均年龄 19.5 岁。随机分配到四组，其中标签式布局陈述性知识组 29 人，标签式布局程序性知识组 27 人，瀑布流式布局陈述性知识组 27 人，瀑布流式布局程序性知识组 29 人。每位被试在实验结束时均获得一定报酬。

3.实验材料

（1）学习材料

学习材料采用小程序开发平台"即速应用"进行设计开发，陈述性知识学习材料为"拉马德雷现象"，程序性知识学习材料为"海姆立克急救法"。其中，陈述性知识"拉马德雷现象"共计 2500 个字左右，与学习内容有关的图片 5 张，主要介绍对地震、极寒天气、台风等频发的自然灾害有着较大影响的"太平洋涛动现象"基本原理、对全球气温的影响以及与自然灾害的关系。程序性知识"海姆立克急救法"共计 2600 个字左右，与学习内容有关的图片 7 张，主要介绍"海姆立克急救法"的基本原理，不同情况下施救方法与基本操作流程与注意事项。上述学习材料均由手机端呈现给学习者，学习者根据掌握情况自主控制学习进度。设计开发前让 15 名在校大学生对学习材料就感兴趣程度、难易程度、熟悉程度进行评价，15 名大学生均认为对这两个知识内容感兴趣度较高，两个材料的难易程度相当，对相关知识不熟悉，且比较认可将这类知识以移动端形式呈现的学习形式。

标签式画面布局结构中，采用底部标签的形式，两种类型的知识均采用 5 个标签的形式对知识内容进行分割。瀑布流式画面布局结构中，呈现内容以适应手机竖屏的形式按照知识内容的逻辑顺序由前到后依次呈现。学习材料效果截图如图 5-4 所示。

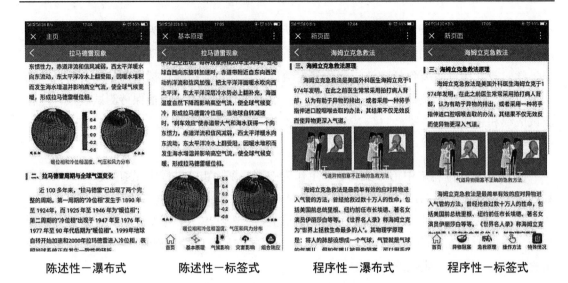

陈述性－瀑布式　　　陈述性－标签式　　　程序性－瀑布式　　　程序性－标签式

图 5－4　学习材料的部分画面截图

（2）测试材料

测试材料包括基本信息、先前知识测试、学习效果测试、问卷部分（包括 PAS 问卷、动机问卷、认知投入问卷和认知负荷问卷）。

①基本信息包括被试的性别、年龄、专业、联系方式等基本信息。

②前测知识试题：陈述性知识和程序性知识的先前知识测试均包括 5 道题，其中前 4 道为选择题，考查被试对学习主题的熟悉程度，属于主观评定试题，每题 2 分；第 5 道题为客观测试题，考查被试对主题知识的掌握情况，共有 7 个知识点，每个知识点 1 分，答对一个计 1 分；5 道前测试题共计 15 分。被试前测成绩若高于 7.5 分，则被视为高知识基础被试，将其剔除。

③中性情绪调节视频，靳霄[1]等对不同视频诱发各类情绪的效果进行研究发现，利用动物或生物等类型的视频片段诱发中性情绪的效果最为理想。扬·帕斯（Jan L.Plass）等[2]在研究中使用主题为海洋生物、时长为 2 分 13 秒的中性视频作为诱发材料，在正式实验前诱发学习者的中性情感作为基线参考值，将学习刺激材料后的情感状态值作为学习材料情感诱发结果。参考扬·帕斯（Jan L.Plass）的研究，选取时长 2 分 12 秒的海洋生物视频片段作为中性情绪调解视频，实验前请 30 名志愿者观看该视频，之后填写 PAS 积极情感量表，该量表采用 5.1 李克特量表形式，理想的中性情感测量值 7 道题分值应为 7×3=21。志愿者观看该情绪调节视频后的量表得分均值为 20.7，a 系数为 0.89，信度系数值较高，且调节后的情绪均值接近理想的中性情感值，可以作为中性情感诱发视频。学习者在观看中性情感诱发视频后可以达到较为理想的中性情感状态，不同实验组被试在实验之后测得的情感投入测量（PAS）积极情感差异则可以认为是由实验设计中自变量的差异引起的。

①靳霄，邓光辉，经旻，林国志. 视频材料诱发情绪的效果评价[J]. 心理学探新，2009，29（06）：83－87.

②Plass J L，Heidig S，Hayward E O，et al. Emotional design in multimedia learning：Effects of shape and color on affect and learning[J]. Learning & Instruction，2014，29（29）：128－140.

④学习效果测试包括保持测试和迁移测试，其中，保持测试主要考查被试的记忆能力，试题答案可以在学习材料中找到；迁移测试主要考查学习者理解和运用所学知识的能力，需要被试理解学习材料并进行整合后能够灵活运用。陈述性知识保持测试题包括 8 个填空题，每个空 1 分，7 个判断题，每个 1 分，保持测试题合计 15 分；陈述性知识迁移测试包括 6 个选择题，每个 1 分，3 个简答题，每个 3 分，共计 9 分，迁移测试题合计 15 分。同样，程序性知识保持测试题包括 7 个填空题，每个 1 分，8 个判断题，每个 1 分，合计 15 分；程序性知识迁移测试包括 6 个选择题，每个 1 分，3 个简答题，每个 3 分，合计 15 分。学习内容和测试题在设计完成后，均经过相关专业领域教师修改和评定，以确保无学科性错误。

⑤问卷部分，情感投入测量（PAS）问卷采用沃森（Watson）积极情感问卷中的与学习情感体验关系较为紧密的 7 个分量，即感兴趣的、兴奋的、热情的、受鼓舞的、意志坚定的、专注的、有活力的。通过学习前后情感投入测量（PAS）值的变化，作为学习者情感投入的测量指标之一；动机问卷采用有 6 个试题的内在动机测试量表；认知投入问卷采用有 8 个试题的认知投入量表；认知负荷采用有 3 个试题的认知负荷量表。均采用 9 级量表的形式进行测试。

测试材料具体内容见附录 3。

4.实验设备

智能手机一部：用于为被试呈现学习材料。智能手机型号为 OPPO R11，处理器为高通骁龙 660，操作系统为 Android 7.1.1，运行内存为 4 GB，存储容量 64 GB，屏幕尺寸为 5.5 英寸，分辨率为 1920×1080（FHD），屏幕为电容式触摸屏、多点式触摸屏。

脑波仪设备一套：用于采集被试学习过程中的脑波数据。型号为视友科技的第五代便携式脑波仪 CUBand，使用 EEG 脑电生物传感器，信号采样频率为 512 Hz，信号精度为 0.25 uV，ADC 精度为 12 bit；配套软件为佰意通脑电生物反馈训练系统专业版；Thinkpad T410 笔记本电脑用于运行佰意通软件，实时记录被试脑波数据。

5.实验流程

实验的具体流程如图 5-5 所示。

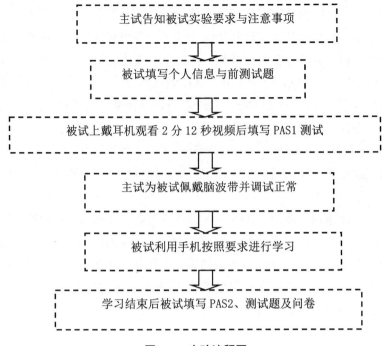

图 5－5 实验流程图

需要说明的是，在学习过程中，被试自主掌握学习进度，可以根据自己掌握情况进行适当回看；并提醒被试注意：一旦学习结束开始做测试题，则不允许再回看手机中的学习内容。每个被试完成整个实验时间大约 30－40 分钟。

（四）数据分析

利用统计产品与服务解决方案（SPSS）22.0 对数据进行管理和分析。

在本次实验中，各测量量表的 α 系数为：情感投入测量（PAS）前测 α 系数为 0.827，情感投入测量（PAS）后测（情感投入主观判断）α 系数为 0.899，动机量表 α 系数为 0.802，认知投入（主观判断）量表 α 系数为 0.881，认知负荷量表 α 系数为 0.733，各测量量表的信度均在可接受范围内。

对学习者的中性情绪调节效果值进行分析，看不同被试组间是否存在显著差异，结果如表 5－7 所示。

表 5－7 被试的 PAS 前测结果（M±SD）

知识类型	陈述性知识		程序性知识	
布局方式	标签式（n=29）	瀑布式（n=27）	标签式（n=27）	瀑布式（n=29）
前测 PAS	19.97±3.68	20.66±3.86	20.85±3.89	20.48±3.43

可以看出，各组被试在观看过中性调节视频后，其积极情绪状态值非常接近，达到中性调节的效果，各组被试在学习内容测试前的情绪情感状态基本一致。

1.学习动机分析

在本实验中，学习动机采用主观问卷评判的方式获得数据。不同组被试的学习动机结果如表5－8所示。

表5－8 各组被试学习动机得分情况（M±SD）

知识类型	布局方式	学习动机
陈述性知识	标签式	37.03±7.99
	瀑布流	34.56±8.28
程序性知识	标签式	41.89±5.65
	瀑布流	39.41±5.97

可以看出，不同布局方式，不论是陈述性知识还是程序性知识，学习者的学习动机均存在差异。对于知识类型，学习者学习程序性知识的动机比学习陈述性知识时高；对于画面布局，采用标签式布局时学习者的学习动机比采用瀑布流布局时高。四组被试的学习动机如图5－6所示。

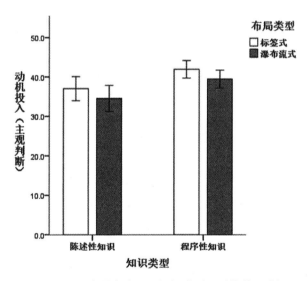

图5－6 不同布局方式不同知识类型组别的学习动机

进一步对不同布局方式和不同知识类型的学习动机情况进行两因素被试间方差分析，了解布局方式和知识类型的主效应和交互效应情况。布局方式（$F_{(1, 108)}$=3.432，p=0.067<0.1）主效应边缘显著，标签式布局（39.38±7.32）>瀑布流式布局（37.07±7.52）；知识类型（$F_{(1, 108)}$=12.192，p=0.000<0.01）主效应极其显著，程序性知识（40.61±5.90）>陈述性知识（35.84±8.15）；二者的交互作用（$F_{(1, 108)}$=0.000，p=0.999>0.05）不显著。表明画面布局方式对学习者的动机有接近显著的影响，知识类型对学习者的动机有极其显著的影响。

2.学习投入分析

（1）学习投入各维度的数据分析

在本实验中，学习投入指标包括脑波仪获取的客观测量数值和问卷测量获取的主观判断数值，客观测量数值包括专注度、放松度和学习时长；主观判断数值包括 PAS 数据、认知投入等问卷数据。其中专注度、认知投入问卷表征认知投入水平、放松度与 PAS 问卷表征情感投入水平，学习时长作为行为投入的参考水平。学习投入情况如表 5-9 所示。

表 5-9　各组被试学习投入得分情况（M±SD）

知识类型	布局方式	认知投入		情感投入		行为投入
		客观测量（专注度）	主观判断（投入问卷）	客观测量（放松度）	主观判断（PAS 问卷）	客观测量（学习时长（S））
陈述性知识	标签式	57.62±10.14	45.97±12.09	62.24±9.43	19.35±5.33	671.76±257.00
	瀑布流	59.74±10.38	43.22±13.31	60.74±9.27	18.37±5.37	501.29±201.42
程序性知识	标签式	56.92±9.62	50.37±11.42	62.26±7.93	23.63±4.63	670.19±181.76
	瀑布流	54.62±12.29	51.31±10.07	62.24±8.25	23.03±5.12	611.55±136.52

可以看出，不同布局方式，无论是陈述性知识还是程序性知识，学习者的认知投入、情感投入和行为投入均存在差异。陈述性知识采用标签式布局时，相对于瀑布流式布局，学习者的认知投入客观测量较低，主观判断值较高；学习者的情感投入客观测量值和主观判断值均为较高；行为投入也较高。程序性知识采用标签式布局时，相对于瀑布流式布局，学习者的认知投入客观测量值较高，主观判断值较低；学习者的情感投入客观测量值和主观判断值均为较高；行为投入值较高。

无论是陈述性知识，还是程序性知识，采用标签式布局时，从客观测量和主观判断两个方面表明学习者的情感投入、行为投入都具有较高的水平；但认知投入的客观测量和主观判断间则存在一定差异。这可能表明，无论是陈述性知识还是程序性知识，在促进学习者的情感投入和行为投入方面，标签式画面布局比瀑布流式布局更有优势；但不同画面布局方式与知识类型对学习者的认知过程和认知投入的影响较为复杂。进一步对不同布局方式和不同知识类型的学习投入情况进行两因素被试间方差分析，了解布局方式和知识类型的主效应和交互作用情况。

认知投入：四组被试的认知投入如图 5-7 所示。

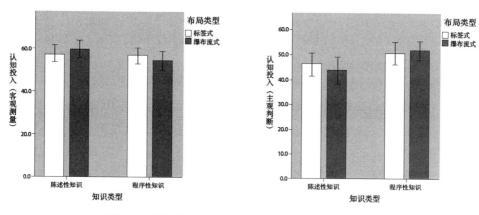

图5－7 不同布局方式不同知识类型组别的认知投入

布局方式和知识类型对认知投入影响的主效应和交互作用情况：（1）客观测量值（专注度）：布局方式（$F(1, 108)=0.002$，$p=0.964>0.05$）主效应不显著，知识类型（$F(1, 108)=2.072$，$p=0.153>0.05$）主效应不显著，二者的交互作用（$F(1,108)=1.200$，$p=0.276>0.05$）不显著。表明画面布局方式和知识类型对学习者认知投入客观测量值均无显著影响。（2）主观判断值（问卷值）：布局方式（$F(1, 108)=0.164$，$p=0.686>0.05$）主效应不显著；知识类型（$F(1, 108)=7.892$，$p=0.006<0.01$）主效应极其显著，程序性知识（50.86 ± 10.66）＞陈述性知识（44.64 ± 12.65）；二者的交互作用（$F(1,108)=0.686$，$p=0.409>0.05$）不显著。表明画面布局方式对认知投入主观判断值无显著影响，知识类型对认知投入主观判断值有极其显著的影响。

情感投入：四组被试的情感投入如图5－8所示。

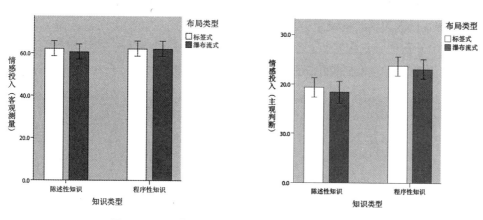

图5－8 不同布局方式不同知识类型组别的情感投入

布局方式和知识类型对情投入影响的主效应和交互作用情况：（1）客观测量值（放松度）：布局方式（$F(1, 108)=0.211$，$p=0.647>0.05$）主效应不显著，知识类型（$F(1, 108)=0.211$，$p=0.647>0.05$）主效应不显著，二者的交互作用（$F(1,108)=0.201$，$p=0.655>0.05$）不显著。表明画面布局和知识类型对学习者情感投入客观测量值均无显著影响。（2）主观判断值（问卷值）：布局方式（$F(1, 108)=0.655$，$p=0.420>0.05$）主效应不显著；知识类型（F（1，108）=21.305，p=0.000<0.01）主效应极其显著，程序性知识（23.32±4.86）>陈述性知识（18.88±5.32）；二者的交互作用（F（1，108）=0.038，p=0.845>0.05）不显著。表明画面布局对学习者情感投入主观判断值无显著影响，知识类型对情感投入主观判断值有极其显著的影响。

行为投入：四组被试的行为投入（学习时长，单位为"秒"）如图 5—9 所示。

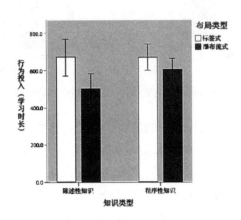

图 5—9 不同布局方式不同知识类型组别的行为投入（学习时长）

布局方式和知识类型对行为投入影响的主效应和交互作用情况：布局方式（F（1，108）=9.248，p=0.003<0.01）主效应极其显著，标签式布局（671.00±221.91）>瀑布流式布局（558.39±178.21）；知识类型（F（1，108）=2.081，p=0.152>0.05）主效应不显著；二者的交互作用（F（1，108）=2.204，p=0.141>0.05）不显著。表明画面布局方式对学习者行为投入有极其显著的影响，知识类型对学习者的行为投入无显著影响。

（2）学习投入的脑波变化分析

在四组中分别选取专注度接近各组均值的被试，对其学习过程中的认知投入（专注度）和情感投入（放松度）脑波的动态变化情况进行对比分析，如图 5—10、5—11 所示。

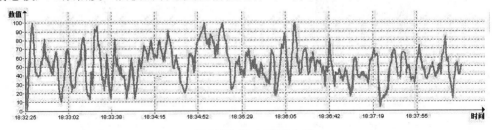

a. 陈述性知识　标签式布局

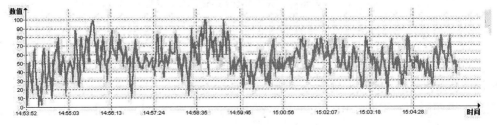

b. 陈述性知识　瀑布流式布局

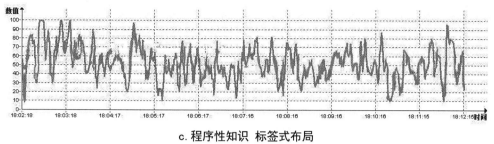

c.程序性知识 标签式布局

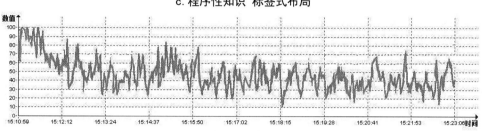

d.程序性知识 瀑布流式布局

图5-10 不同组别典型被试专注度脑波变化图

专注度的变化范围为0-100，基线为40，当被试的学习投入度数值低于40时表示被试的专注度较低，处于40-60之间时表示专注度一般，大于60时表示专注度较高。前期数据结果分析表明各组被试间的专注度差异不显著，但学习者在整个学习过程中的专注度变化则存在一定差异。（1）对于陈述性知识，标签式布局和瀑布流式布局间被试的专注度变化较为一致，整个学习过程中学习者的专注度呈现相对稳定的波动变化，整体上呈现中前期相对较高，中后期相对较低的变化特点，表明对于陈述性知识，布局结构的差异对学习者专注度的影响差异不大。（2）对于程序性知识，标签式布局中学习者的专注度呈现相对稳定的波动变化，学习刚开始和即将结束时专注度较高，学习中期呈现有规律波动趋势，瀑布流式布局则学习开始时专注度较高，整个学习过程中则呈现缓慢下降的趋势；整个学习过程没有出现显著回升的情况。表明对于程序性知识，画面布局方式对学习者专注度的影响存在差异，当采用标签式布局形式时，学习者由于需要根据知识内容切分情况进行有选择的学习，专注程度因学习模块的不同而呈现一定波动，有利于较高专注度的维持；当采用瀑布流式布局时，由于缺乏明确的知识组织分块，随着知识内容的增多和加深，学习者逐渐出现认知倦怠，不利于高专注度的长时间维持。可见，对于程序性知识，采用标签式布局更有利于高专注度的维持。

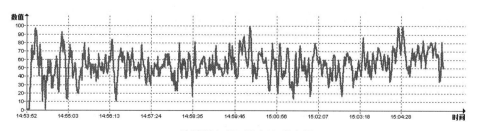

a.陈述性知识 瀑布流式布局

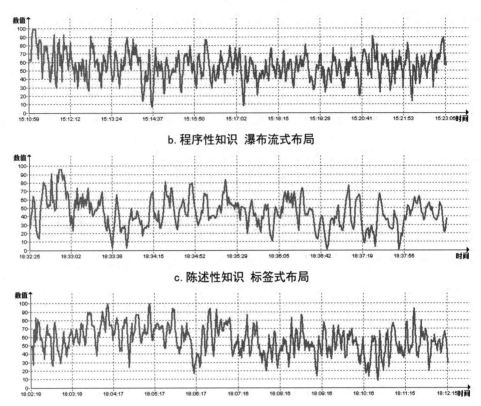

b. 程序性知识　瀑布流式布局

c. 陈述性知识　标签式布局

d. 程序性知识　标签式布局

图 5－11　不同组别代表性被试放松度脑波变化图

　　与专注度相似，放松度的变化为 0－100，基线为 40，当被试的学习放松度数值低于 40 时表示被试的放松度较低，处于 40－60 之间时表示放松度一般，当大于 60 时表示放松度较高。前期数据分析表明各组被试间的放松度均值差异也不显著，但整个学习过程中的变化存在一定差异。由图 5－11 可以看出：（1）对于瀑布流式布局方式，学习陈述性知识和程序性知识的被试整体上表现出较为稳定的放松度，学习过程中放松度以 60 为中线小幅度上下波动，未出现显著的上升或下降趋势。表明瀑布流式布局方式有利于给学习者以较好的沉浸感，其情感变化状况相对较为稳定。（2）对于标签式布局方式，学习者的放松度在不同时段均出现了一定幅度的上升或下降，陈述性知识时，学习者的放松度初期较高，随着时间的推移逐渐降低，并在学习中期有一定幅度的上升，中后期又出现了类似的上升与下降变化；对于程序性知识，学习者中前期保持较高的放松度波动范围，在学习的中后期则呈现相对较低的放松度，并在一定范围内波动。表明布局方式对学习者的放松度有一定的影响，前期学习者放松度较高，随着学习内容的增加和交互次数的增加，学习者的放松度逐渐降低或者出现较大范围的波动，布局方式对学习者的情感体验的影响具有时域性特点。

　　3.学习效果分析

　　在本实验中，学习效果指标包括保持测试成绩、迁移测试成绩和总测试成绩。其中，保持测试为填空题和判断题等客观题型；迁移测试为选择和简答题，客观题型结合主观题型，其中主观题由三位研究人员进行评分，取其平均值。测试成绩如表5-10所示。

表5-10 各组被试测试成绩情况（M±SD）

知识类型	布局方式	保持成绩	迁移成绩	总成绩
陈述性知识	标签式	9.45±2.20	9.26±2.70	18.71±4.38
	瀑布流	9.22±2.60	7.94±2.57	17.17±4.51
程序性知识	标签式	10.78±1.24	10.57±1.76	21.35±2.40
	瀑布流	10.14±1.91	9.62±2.56	19.76±3.82

可以看出，不同布局方式，不论是陈述性知识还是程序性知识，学习者的保持测试成绩、迁移测试成绩和总成绩均存在差异。无论是陈述性知识，还是程序性知识，当画面采用标签式布局时，学习者的保持测试成绩、迁移测试成绩和总成绩均高于采用瀑布流式布局。这可能表明，无论是陈述性知识还是程序性知识，标签式画面布局比瀑布流式布局更有优势。四组被试的保持测试成绩、迁移测试成绩和总成绩如图5-12所示。

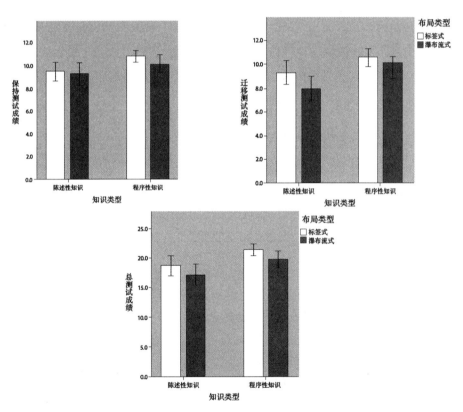

图5-12 不同布局方式不同知识类型组别的学习效果

进一步对不同布局方式和不同知识类型的学习效果进行两因素被试间方差分析，了解布局方式和知识类型的主效应和交互作用情况。（1）保持测试成绩：布局方式（$F_{(1, 108)}$ =1.250，p=0.266>0.05）主效应不显著；知识类型（$F_{(1, 108)}$=8.430，p=0.005<0.01）主

效应极其显著，程序性知识（10.45±1.64）>陈述性知识（9.34±2.38）；二者的交互作用（F（1，108）=0.285，p=0.594>0.05）不显著。表明知识类型对学习者的保持测试成绩有极其显著的影响，画面布局方式对保持测试成绩无显著影响。（2）迁移测试成绩：布局方式（F（1，108）=6.074，p=0.015<0.05）主效应显著，标签式布局（9.89±2.37）>瀑布流式布局（8.81±2.68）；知识类型（F（1，108）=10.573，p=0.002<0.01）主效应极其显著，程序性知识（10.08±2.24）>陈述性知识（8.63±2.70）；二者的交互作用（F（1，108）=0.154，p=0.696>0.05）不显著。表明知识类型对学习者的迁移测试成绩有极其显著的影响，画面布局方式对迁移测试成绩有显著影响。（3）总测试成绩：布局方式（F（1，108）=4.565，p=0.035<0.05）主效应显著，知识类型（F（1，108）=12.751，p=0.001<0.01）主效应极其显著，二者的交互作用（F（1，108）=0.001，p=0.971>0.05）不显著。表明知识类型对学习者总测试成绩有极其显著的影响，画面布局方式对学习者总测试成绩影有显著影响。

4.认知负荷分析

在本实验中，认知负荷指标包括内在认知负荷、外在认知负荷、关联认知负荷，各有一道测试题，采用 9 级量表的形式测量。内在认知负荷主要测量任务要求对学习者产生的负荷，主要依赖材料的内在难度；外在认知负荷主要测量外界资源环境及导航要求使学习者产生的认知负荷，主要依赖信息的设计方式，即材料的组织方式和呈现方式。[①]关联认知负荷主要测量学习者为掌握学习内容所付出的努力负荷。[②]总认知负荷为三类认知负荷的总和。结果如表 5－11 所示。

表 5－11　各组被试认知负荷情况（M±SD）

知识类型	布局方式	内在认知负荷	外在认知负荷	关联认知负荷	总认知负荷
陈述性知识	标签式	5.66±1.80	6.72±1.41	6.31±1.89	18.69±4.16
	瀑布流	5.96±1.65	7.15±1.61	6.26±1.56	19.37±3.85
程序性知识	标签式	5.07±1.69	6.52±1.50	5.07±1.86	16.67±3.96
	瀑布流	5.55±1.50	6.79±1.47	5.28±1.73	17.62±3.90

可以看出，不同布局方式，不论是陈述性知识还是程序性知识，学习者的内在认知负荷、外在认知负荷、关联认知负荷和总认知负荷均存在差异。陈述性知识采用标签式布局时，相对于瀑布流式布局，学习者的内在认知负荷、外在认知负荷和总认知负荷相对较低，仅关联认知负荷接近相等且相对稍高。程序性知识采用标签式布局时，相对于瀑布流式布局，学习者的内在认知负荷、外在认知负荷、关联认知负荷和总认知负荷均相对较低。

无论陈述性知识，还是程序性知识，采用标签式布局时，学习者的认知负荷水平相对于采用瀑布流式布局较低，这可能表明，无论是陈述性知识还是程序性知识，在降低学习者认知负荷方面，标签式画面布局比瀑布流式布局更有优势。分析其原因可能是学习者认

①[美]理查德·E. 梅耶. 多媒体学习[M]. 牛勇，邱香，译. 北京：商务印书馆，2006：63－64.
②林立甲. 基于数字技术的学习科学理论、研究与实践[M]. 上海：华东师范大学出版社，2016：72－73.

知容量有限，当知识分块呈现时，对学习者更有利。四组被试的总认知负荷情况如图 5－13 所示。

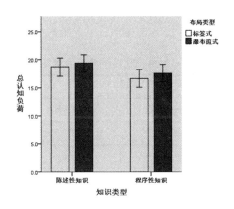

图 5－13 不同布局方式不同知识类型组别的认知负荷

进一步对不同布局方式和不同知识类型的认知负荷情况进行两因素被试间方差分析，了解布局方式和知识类型的主效应和交互作用情况。

（1）外在认知负荷：布局方式（$F(1，108)=1.560$，$p=0.214>0.05$）主效应不显著，知识类型（$F(1，108)=2.490$，$p=0.117>0.05$）主效应不显著，二者的交互作用（$F(1，108)=0.073$，$p=0.778>0.05$）不显著。表明知识类型和画面布局对学习者的外在认知负荷均无显著影响。

（2）内在认知负荷：布局方式（$F(1，108)=1.158$，$p=0.221>0.05$）主效应不显著，知识类型（$F(1，108)=0.978$，$p=0.325>0.05$）主效应不显著，二者的交互作用（$F(1，108)=0.069$，$p=0.793>0.05$）不显著。表明知识类型和画面布局对学习者的内在认知负荷均无显著影响。

（3）关联认知负荷：布局方式（$F(1，108)=0.051$，$p=0.822>0.05$）主效应不显著，知识类型（$F(1，108)=11.037$，$p=0.001<0.01$）主效应极其显著，陈述性知识（6.29±1.72）>程序性知识（5.18±1.78）；二者的交互作用（$F(1，108)=0.143$，$p=0.706>0.05$）不显著。表明知识类型对学习者的关联认知负荷有极其显著的影响，画面布局方式对学习者的关联认知负荷无显著影响。

（4）总认知负荷：布局方式（$F(1，108)=1.185$，$p=0.279>0.05$）主效应不显著；知识类型（$F(1，108)=6.309$，$p=0.013<0.05$）主效应显著，陈述性知识（19.02±3.99）>程序性知识（17.16±3.93）；二者的交互作用（$F(1，108)=0.033$，$p=0.856>0.05$）不显著。表明知识类型对学习者的总认知负荷有显著影响，画面布局方式对学习者的总认知负荷无显著影响。

5.学习动机、学习投入与学习效果关系分析

（1）学习投入、学习动机和学习效果变化趋势的组别分析

为直观了解在不同画面布局方式和不同知识类型条件下学习者的学习动机、学习投入

和学习效果之间的相互关系，进行了进一步的对比分析。由于测量时各因变量单位不同，在进行不同组别差异化比较时因量纲不同难以直观表达，因此将每组被试的各维度得分转换为 Z 分数后得到不同分组学习动机、学习投入和学习成绩的标准化值，如表 5－12 所示，直观地了解不同布局方式和不同知识类型条件下学习动机、学习投入和学习效果的关系。

表 5－12 标准化后的各维度测量值

知识类型	陈述性知识		程序性知识	
布局方式	标签式	瀑布流式	标签式	瀑布流式
认知投入（客观测量）	0.04	0.24	−0.02	−0.24
认知投入（主观判断）	−0.15	−0.38	0.22	0.30
情感投入（客观测量）	0.04	−0.13	0.04	0.04
情感投入（主观判断）	−0.32	−0.49	0.46	0.35
行为投入（客观测量）	0.27	−0.54	0.27	−0.02
学习动机	−0.16	−0.49	0.49	0.16
保持成绩	−0.21	−0.32	0.42	0.12
迁移成绩	−0.04	−0.55	0.47	0.10

首先，将学习投入在不同知识类型和不同布局方式条件下的 Z 分数进行可视化比较，结果如图 5－14 所示。

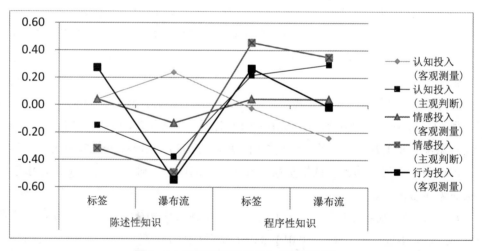

图 5－14 不同组别学习投入变化趋势图

可以看出，四组被试学习投入各维度间存在差异，其中差异最小的为标签式布局的陈述性知识，被试在学习投入各维度上的 Z 分数相对比较集中，表明采用标签式布局呈现程序性知识时对被试学习投入各方面的影响相对比较接近，即学习者的认知投入、情感投入和行为投入变化较为一致。差异最大的为瀑布流式布局呈现陈述性知识，被试学习投入各维度间的差异较大，各维度间距离相对较远，表明在陈述性知识采用瀑布流式布局时，学习者学习投入各维度间的变化存在较大差异。

其次，将学习动机在不同知识类型和不同布局方式条件下的 Z 分数进行可视化比较，结果如图 5－15 所示。

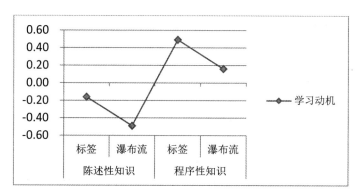

图 5－15 不同组别学习动机变化趋势图

总体来讲，无论是陈述性知识还是程序性知识，标签式布局在激发学习者动机方面更具有优势。标签式布局呈现程序性知识时学习者的学习动机最高，表明这种方式非常有利于激发学习者的动机，提高学习者的学习兴趣和积极性。相对于陈述性知识，程序性知识在激发学习动机方面更具有优势，这可能与本次实验选取的主题有关。

然后，将学习效果在不同知识类型和不同布局方式条件下的 Z 分数进行可视化比较，结果如图 5－16 所示。

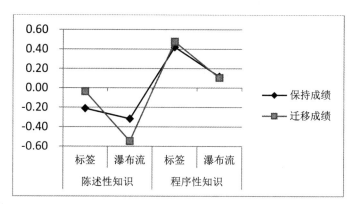

图 5－16 不同组别测试成绩变化趋势图

可以看出，四组被试的保持测试成绩和迁移测试成绩变化趋势大致相同，并且与学习动机的变化趋势一致，即程序性知识标签布局组最高，其次是有程序性知识瀑布流布局组，再次是陈述性知识标签布局组，最差的为陈述性知识瀑布流布局组。

（2）学习投入、学习动机和学习效果变化趋势的可视化比较

为了更为直观地了解学习动机、学习投入整体情况和学习效果整体情况间的相互关系，将学习投入和学习效果各维度变量的标准化 Z 分数进行合并，得到学习动机、学习投入和

学习效果结果的总体情况，将其在四个不同组别上的变化情况可视化呈现，结果如图 5－17 所示。

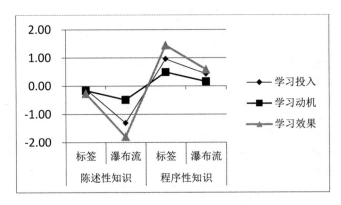

图 5－17 不同组别被试的学习动机、学习投入和学习效果变化趋势

　　可以看出，学习者在不同组别中的学习动机、学习投入和学习效果之间的变化趋势趋于一致，进一步表明学习结果受学习投入和学习动机的正向影响这一结论。表明移动学习中画面布局方式和知识类型影响学习者的学习动机、学习投入和学习效果。学习动机、学习投入和学习效果优劣的顺序为：程序性知识标签式布局＞程序性知识瀑布流式布局＞陈述性知识标签式布局＞陈述性知识.瀑布流式布局。无论是陈述性知识还是程序性知识，相对于瀑布流式布局，标签式布局在激发学习动机、促进学习投入、提高学习效果方面更具有优势。

　　（3）学习投入与学习效果关系的回归分析

　　为明确学习投入对学习效果影响的具体情况，对二者的关系进行了进一步量化分析。学习投入各变量与学习效果（测试总成绩）之间的相关关系如表 5－13 所示。

表 5－13 实验 1 学习投入与学习效果的相关关系

变量	认知投入		情感投入		行为投入
	专注度	问卷值	放松度	问卷值	学习时长
学习效果	0.173	.519**	−0.078	.382**	.433**

**. 相关性在 0.01 水平上显著（双尾）。

　　可以看出，被试的学习效果与认知投入、情感投入和时间层面的行为投入均存在显著的相关性。各变量间复杂的相关关系无法清楚地表示各学习投入变量对测试成绩变量的预测情况，因此进一步运用多元回归分析的方式评估基于移动学习资源不同画面布局条件下学习者的学习投入和学习效果之间的关系，以确定学习投入对学习成绩的影响。采用 Enter 法进行多元回归分析考察学习投入各维度自变量对学习成绩因变量的影响，结果如表 5－14 所示。

表 5-14 学习投入对学习效果影响的多元回归分析

模型		非标准化系数		标准化系数	T	显著性
		B	标准差	Beta		
1	（常数）	6.585	3.514		1.874	.064
	认知投入（专注度）X1	.083	.035	.203	2.359	.021
	认知投入（主观判断）X2	.119	.034	.358	3.505	.001
	情感投入（放松度）X3	−.045	.038	−.097	−1.173	.244
	情感投入（主观判断）X4	.056	.075	.075	.746	.458
	行为投入（学习时长）X5	.007	.002	.331	3.604	.001
R	0.663					
R2	0.401					
Adj−R2	0.366					
F	11.759					
P	0.000					

根据表 5-13 结果可以建立学习投入对学习效果影响的标准化回归方程模型，即：学习效果=$0.203X_1+0.358X_2-0.097X_3+0.075X_4+0.002X_5$。进一步对 5 个变量的回归系数进行检验，其显著性分别为 0.021，0.001，0.244，0.458 和 0.001，在 α=0.05 的显著水平下，认知投入的两个自变量和行为投入自变量均达到了显著水平，情感投入两个自变量未达到显著水平。

同时可以看出，F=11.759，p=0.000<0.01，自变量可解释的因变量变异与误差变异相比在统计上是显著的，表明回归方程有意义，学习投入的五个变量能联合预测学习效果变异的 36.6%。其中有三个变量对学习效果产生了显著影响，认知投入（主观判断）变量的预测力最佳，其次是行为投入（学习时长），再次是认知投入（客观测量）。情感投入的客观测量值和主观判断值虽然对学习效果也有一定的预测力，但这种预测力没有达到显著水平。在本实验中，在不同画面布局设计条件下，被试的学习效果主要受到认知投入和学习时长的影响，情感投入对学习效果也产生一定影响，但影响力相对较弱。

（五）结果讨论

本实验探索了不同画面布局和不同知识类型对学习者学习投入、认知负荷和学习效果的影响情况，有两大发现：无论是陈述性知识，还是程序性知识，在标签式布局条件下，学习者的学习投入更好，认知负荷更低，学习效果更为理想。良好的画面布局结构能够影响学习者的学习投入和认知负荷，进而影响学习效果。学习投入对效果有显著的预测作用，其中认知投入对学习效果具有正向预测作用，行为投入也对学习效果有显著的正向预测作用，情感投入对学习效果的预测作用有限。以下是对上述结果的讨论。

1.画面布局方式和知识类型对学习投入、认知负荷和学习效果的影响

（1）画面布局和知识类型对学习投入和学习动机的影响

本实验中的学习投入由认知投入、情感投入和行为投入（时间投入）。其中认知投入由脑波仪客观测量的专注度和问卷测量的主观判断组成，情感投入由脑波仪客观测量的放松度和问卷测量的主观体验组成，行为投入以脑波仪测量的学习时间为准。①认知投入的客观测量方面，布局方式、知识类型和二者的交互作用均不显著；认知投入的主观判断方面，布局方式主效应不显著，知识类型主效应极其显著，程序性知识认知投入主观判断值显著高于陈述性知识；二者的交互作用不显著。②情感投入的客观测量方面，布局方式、知识类型和二者的交互作用均不显著；情感投入的主观判断方面，布局方式的主效应不显著，知识类型的主效应极其显著，程序性知识情感投入主观判断值显著高于陈述性知识；二者的交互作用不显著。③行为投入方面，布局方式的主效应极其显著，在促进行为投入方面，标签布局显著优于瀑布流式布局，知识类型的主效应不显著；二者的交互作用不显著。学习动机方面，布局方式的主效应边缘显著，标签式布局的学习投入更高，知识类型主效应极其显著，程序性知识显著优于陈述性知识；二者的交互作用不显著。

本实验的假设 H1 为"不同的移动学习资源画面布局对学习者学习投入的影响显著"，本实验结果显示，画面布局方式对学习投入在不同维度上的影响存在差异，画面布局方式显著影响学习者的行为投入，但对学习者的认知投入和情感投入无显著影响，部分验证假设 H1。画面布局的差异主要体现在知识呈现的先后顺序、学习者学习的路径选择和导航的使用等方面，因此不同的画面布局方式对学习者的行为投入有着极其显著的影响，标签式布局可以有效促进学习者的行为投入；同时，由于学习过程路径和使用体验的差异，被试对于整个学习过程中的主动性与积极性等动机因素也随之受到影响，达到了接近显著的水平。画面布局对学习者感知学习内容和获取学习内容方面的影响相对较弱，因此画面布局对认知投入和情感投入没有产生显著的影响。

假设 H2 为"不同知识类型对学习者的学习投入影响显著"，实验结果显示，知识类型对学习投入在不同维度上的影响存在差异，知识类型极其显著地影响认知投入和情感投入的主观判断，程序性知识显著优于陈述性知识；但对认知投入和情感投入维度的客观测量无显著影响；知识类型对行为投入无显著影响，部分验证假设 H2。知识类型尽管显著地影响了学习者感知的认知投入和情感投入，但认知投入和情感投入的客观测量结果却未受到显著影响，而且以客观测量为主的行为投入也未受到知识类型的显著影响，这表明知识类型对学习者的认知投入和情感投入的影响较为复杂，同时也表明学习者对学习投入的主观判断与实际发生情况间存在较大差异。知识类型更多是从学习者对知识的兴趣和喜好程度在主观体验方面影响学习投入的感知，但本实验的结果显示不同类型知识学习过程中的学习投入差异未得到客观测量数据的支持。

（2）画面布局和知识类型对学习效果的影响

本实验中的学习效果由保持测试成绩、迁移测试成绩和总成绩组成。保持测试成绩方面，布局方式主效应不显著，知识类型主效应极其显著，布局方式与知识类型对保持测试

成绩方面的交互作用不显著。迁移测试成绩方面，布局方式主效应显著，知识类型主效应极其显著，布局方式与知识类型在迁移测试方面的交互作用不显著。总成绩方面，布局方式的主效应显著，知识类型的主效应极其显著，二者的交互作用不显著。

本实验的假设 H3 为"不同的移动学习资源画面布局对学习者学习效果的影响显著"。实验结果显示，布局方式极其显著地影响学习者的迁移测试成绩，显著地影响学习者的总成绩，部分验证假设 H3。标签式布局的迁移测试成绩和总成绩均显著优于瀑布流式布局，表明在提高学习者成绩方面，标签式布局比瀑布流式布局对于迁移测试成绩的影响更为显著，并进一步显著影响总测试成绩。标签式布局有利于学习者将新的知识内容体系与原有的认知图式进行加工整合，理解更加深入和透彻，促进学习者进入深度学习层次，进而有利于提高学习者的迁移测试成绩和总成绩。

本实验的假设 H4 为"不同知识类型对学习者的学习效果影响显著"，本实验结果显示，知识类型极其显著地影响学习者的保持测试成绩、迁移测试成绩和总成绩，完全验证假设 H4。被试在程序性知识方面的保持测试成绩、迁移测试成绩和总成绩均显著优于陈述性知识，程序性知识在条理性、模块化、逻辑性、步骤流程化等方面都优于陈述性知识。在小屏幕的移动设备上呈现难度相当的程序性和陈述性知识时，程序性知识更容易被学习者所接受并融入已有知识体系，从而有利于学习者保持测试成绩、迁移测试成绩和总测试成绩的提高。

无论是学习投入还是学习效果，画面布局和知识类型之间的交互作用均不显著，因此本实验的假设 H5 "画面布局方式和知识类型对学习者的学习投入和学习效果存在交互影响作用"未得到验证。

（3）画面布局和知识类型对认知负荷的影响

本实验中的认知负荷由内在认知负荷、外在认知负荷和关联认知负荷共同构成，以认知负荷量表测量数据为依据。无论是外在认知负荷还是内在认知负荷，布局方式和知识类型的主效应均不显著，且二者的主效应也不显著；对于关联认知负荷，布局方式主效应不显著，但知识类型的主效应极其显著，二者的交互作用不显著。总认知负荷方面，布局方式的主效应不显著，知识类型的主效应显著，二者的交互作用不显著。可以看出，布局方式在对认知负荷没有显著影响，即无论采用标签式布局还是瀑布流式布局，学习者的认知负荷大小不存在显著差异，可见本实验中的认知负荷主要由学习内容本身引起的。知识类型对认知负荷的显著影响主要体现在关联认知负荷方面，即主要体现在学习者的主观努力体验方面，进而影响总认知负荷。陈述性知识引起的关联认知负荷极其显著地高于程序性知识，也就是说在难度相当的情况下，学习者感知到陈述性知识的难度和需要付出的努力程度显著高于程序性知识，这与学习效果的测试结果具有较高的一致性，即当学习者的认知负荷较低时，学习效果较好。

2.学习投入对学习效果的预测作用

移动学习环境下，学习者的学习投入和学习成绩是什么关系？尽管有不少研究者提出了在线学习投入成分及其理论模型，但在移动学习环境下，学习投入对学习效果的影响如何还缺乏实证依据的支持。本实验通过控制学习者的先前知识，在不同的移动学习资源画面布局方式和知识类型条件下研究二者之间的关系。

本实验通过多重回归的方法分析了学习投入与学习效果之间的关系。本实验的假设 H6 为"学习投入对学习效果有显著的预测作用"。多元回归分析显示，学习投入五个维度的自变量可以联合预测学习成绩变异的 36.6%，其中认知投入的两个变量和行为投入变量的回归系数达到显著水平，部分验证了 H6。表明在移动学习资源画面布局设计条件下，学习者的认知投入和行为投入对学习效果的影响较大。情感投入对学习效果的影响虽然未达到显著水平，但也具有一定的预测作用。

本实验的研究结果显示，画面布局方式在促进学习投入、减少认知负荷，提高学习效果方面有着积极的作用和复杂的影响。同时也显示，学习投入作为影响学习者学习过程的重要因素，对学习效果有着显著的影响。因此，在进行移动学习资源和移动环境设计时，既要考虑移动学习的要求和特点，也要考虑不同设计所引起的学习投入差异，以及由此带来的学习效果差异。

3.实验结论

画面布局方式接近显著地影响学习者的动机，标签式布局在提高学习动机方面比瀑布流式布局具有优势。知识类型显著地影响动机，程序性知识在促进学习动机方面比陈述性知识更具有优势。

画面布局方式显著影响学习者的行为投入，但对学习者的认知投入和情感投入无显著影响；标签式布局在促进学习投入方面比瀑布流式布局具有优势。

知识类型极其显著地影响认知投入和情感投入的主观判断，但对认知投入和情感投入维度的客观测量，以及对行为投入均无显著影响；程序性知识在促进学习投入方面比陈述性知识具有优势。

画面布局方式显著影响学习者的学习效果；标签式布局在提高学习者的学习效果方面比瀑布流式布局具有优势。

知识类型极其显著地影响学习者的学习效果；程序性知识在提高学习者的学习效果方面比陈述性知识具有优势。

学习投入可以显著影响学习效果，学习投入对学习效果具有较强的正向影响作用。通过学习者学习过程中的学习投入情况可以正向预测其学习效果，即学习过程中越投入，其学习效果越好。

画面布局方式在促进学习投入、减少认知负荷，提高学习效果方面有着积极的作用和复杂的影响，在进行移动学习资源画面设计时应充分考虑画面布局带来的学习动机、学习投入、认知负荷的差异，以提高学习效果。同时也要考虑不同布局方式对不同类型知识的最佳适应性。

三、移动学习资源画面布局设计规则讨论

（一）移动学习资源画面布局设计对学习投入和学习效果的影响

画面布局方式对学习投入在不同维度上的影响存在差异，画面布局方式显著影响学习

者的行为投入，对认知投入和情感投入的影响不显著。画面布局的差异主要体现在知识内容呈现顺序、学习者学习路径选择以及导航的使用等方面，因此不同的画面布局方式对学习者的行为投入有着极其显著的影响。在不同画面布局条件下，由于学习过程、学习路径操作体验的差异，学习者在整个学习过程中的主动性与积极性等动机因素也随之受到影响，学习效果也因此受不同程度的影响。

总体上看，无论是保持测试、迁移测试还是总测试成绩，标签式布局均优于瀑布流式布局，但差异程度有所不同。标签式布局的迁移测试成绩和总成绩均显著优于瀑布流式布局，标签式布局的保持测试成绩优于瀑布流式布局，但这种差异未达到显著水平。表明在提高学习者成绩方面，标签式布局比瀑布流式布局对于迁移测试成绩的影响更为显著，并进一步显著影响总测试成绩。标签式布局以分块的形式将内容呈现，有利于学习者对学习内容的深度理解和把握，有利于学习者将新的知识内容体系与原有的认知图式进行加工整合，促进学习者进入深度学习层次，进而更有利于提高学习者的迁移测试成绩和总成绩。

（二）学习投入与学习效果的关系

学习投入各变量与学习效果间存在显著的相关性，学习投入作为影响学习者学习过程的重要因素，对学习效果有着显著的正向影响。通过学习者学习过程中的学习投入情况可以正向预测其学习效果，即学习过程中越投入，其学习效果越好。本实验中学习投入的五个变量能联合预测学习效果变异的 36.6%，其中认知投入（主观判断）变量的预测力最佳，其次是行为投入（学习时长），再次是认知投入（客观测量），三者均达到了统计学的显著水平。情感投入的客观测量值和主观判断值虽然对学习效果也有一定的预测力，但这种预测力未达到显著水平。

在移动学习资源画面设计中，不同画面布局条件下，学习者的认知投入和行为投入对学习效果的影响较大，情感投入对学习效果的影响虽然未达到显著水平，但也具有一定的预测作用。画面布局方式在促进学习投入、提高学习效果方面有着积极的作用和复杂的影响，在进行移动学习资源画面布局设计时应充分考虑画面布局给学习投入和学习效果带来的差异，同时也要考虑不同布局方式对不同类型知识的最佳适应性。

（三）基于实验结果的移动学习资源画面布局设计规则描述

标签式布局作为一种移动画面设计特有的布局方式，在对学习内容进行切割和组块方面具有较大的优势，有利于知识内容的合理化呈现，并能充分调动学习者与学习内容互动的积极性和认知思考的主动性，有利于提高学习者的学习投入和学习效果。因此，在进行移动学习资源画面设计时，注意保持知识内在逻辑性，应根据知识内容选择合适的划分策略；无论是陈述性知识，还是程序性知识，应优先选择标签式布局设计方式，其次是瀑布流式布局方式；同时考虑不同布局方式对不同知识类型的适应性问题。具体设计规则如下：

规则： 根据学习内容需求和知识类型选择合适的画面布局类型与内容切分方法。

细则 1 注意保持知识内在逻辑的合理性，依据知识内容选择合适的划分策略。

细则 2 考虑不同布局方式对不同知识类型的最佳适应性。

细则 3 应优先选择标签式布局设计方式，其次是瀑布流式布局方式。

第三节 移动学习资源画面的学习支架设计实证研究案例

一、学习支架设计理念——基于过程的帮助与反馈是学习投入的隐性推手

随着移动学习的逐渐深入、认知难度的增加、学习专注度要求的提高，学习者容易出现受挫感，学习动力维持不足。针对这些问题，可以在移动学习资源画面中设计必要的学习支架，使学习支架以"教师"的角色辅助学习者开展深入的学习，增加学习投入度，提高学习效果，本部分的设计主要解决有意义学习中的"组织"和"整合"问题，可以归属为画面设计层次中行为层的设计问题。技术支持下的学习环境如何在引起学习者兴趣之后有效保持，并将兴趣转换为课程学习所要求的有意义的、高质量的学习投入，其中的关键在于设法为学习者提供学习支架。[①]根据维果斯基的最近发展区理论，通过搭建适当的学习支架为学习者学习新知识时提供支撑，引导其不断完成学习任务，顺利通过最近发展区，学习能力水平得到真正提升。

学习支架作为一种重要的教学设计方法和认知加工辅助策略，在促进复杂和深度认知加工方面有着一定的优势。学习支架可以减少问题的复杂性，在学习者学习认知策略之处给予帮助。阿泽维多（Azevedo）认为，相比于静态学习支架和没有学习支架，动态学习支架能促进学习者的主动性，使学习者具备更高的认知投入和情感投入。[②]学习支架尤其适用于高层次认知策略的学习，罗森海因总结了提供认知策略支架的具体做法，如提供适当的应答示范、调整材料的难度、提供反馈和校正、采用自我评估检查表等。[③]已有学习支架的研究大多围绕课堂教学中的学习支架和网络学习中的支架设计与应用开展，对于移动学习资源中学习支架的设计与应用，以及与之相适应的画面设计策略相关研究还比较缺乏。

尝试探索移动学习资源画面中学习支架的设计方法与应用策略，将学习支架的作用通道（视觉、听觉、视听觉）和支架的复杂程度（简明概况、细致描述）作为自变量，考查移动学习资源画面中不同设计形式的支架对学习者学习过程、学习投入和学习效果的影响，从而为移动学习资源画面中学习支架的设计提供策略参考。提高学习者的高阶思维能力，丰富学习支架的应用领域及应用方式。

二、移动学习资源中学习支架设计对学习投入影响的实验研究

大量证据表明，高质量的学习投入很难实现，即使学习者的学习投入在最初得到激发，学习环境的某些特征也可能会影响投入的质量。以技术为支撑的学习支架能提高学习者的参与度、兴趣和投入度，有利于反思能力和批判性思维的培养。移动学习中，随着认知难度的增加，对学习专注度要求的提高，学习者容易出现受挫感，学习动力维持不足。针对

①[美]R. 基思. 索耶. 剑桥学习科学手册[M]. 徐晓东，等译. 教育科学出版社，2010：544－545.

②Azeved，R. Scaffolding self-regulated learning and met cognition－Implications for the design of computer based scaffolds[J]. Instructional Science, 2005(5)：367－379.

③刘作芬，盛群力. "指导教学"研究的三大共享——罗森海因论知识结构、教学步骤与学习支架[J]. 远程教育杂志, 2010(5)：59－64.

这些问题，可以在移动学习资源画面中设计必要的学习支架，使学习支架以"教师"的角色辅助学习者开展深入的学习，增加学习投入度，提高学习效果。

学习支架是根据学生需要为其提供帮助，并在其能力增长时撤去帮助。[①]根据维果斯基的最近发展区理论，通过搭建适当的学习支架为学习者学习新知识时提供支撑，引导其不断完成学习任务，顺利通过最近发展区，提高学习能力。学习支架作为一种重要的教学设计方法和认知加工辅助策略，在促进复杂和深度认知加工方面有着一定的优势。汉纳芬[②]按照用途不同，将学习支架分为程序性支架、概念性支架、元认知支架和策略性支架等几种。程序性支架指帮助学习者如何利用学习环境；概念性支架指告知学习者需要考虑哪些知识；元认知支架指帮助学生学会如何思考接近问题；策略性支架指告知学习有哪些可替代的策略。[③]闫寒冰根据支架表现形式的不同，将学习支架分为范例、问题、建议、向导、图表等。厉毅将远程教育中的学习支架分为目标引导、学习方法、学习技能、重点难点和学习评价支架等 [④]。移动学习自主性较强，对学习者的学习能力和认知策略水平有着较高的要求，必要的学习支架能够给学习者提供策略指导和帮助，有助于提升学习者的自我效能感，提高认知和情感投入。

已有研究大多关注课堂教学和网络教学中的学习支架设计与应用，对移动学习资源的学习支架设计与应用相关研究还比较缺乏。本实验将设计作用于学习者不同感觉通道的学习支架及其描述详细程度的差异对学习动机、学习投入、认知负荷和学习效果的影响情况，以探索移动学习资源画面中学习支架的优化设计策略。

（一）实验目的

探讨学习支架中信息作用通道和信息详细程度对学习者学习投入、认知负荷、学习效果和眼动行为的影响。

（二）实验假设

围绕实验目的，提出的基本假设有：H1 学习支架信息的不同作用通道对学习者学习投入的影响显著；H2 学习支架信息表述的详细程度对学习者的学习投入影响显著；H3 学习支架信息的不同作用通道和支架信息表述的详细程度对学习者的学习投入的影响存在交互作用。H4 学习支架信息的不同作用通道对学习者学习效果的影响显著；H5 支架信息表述的详细程度对学习者的学习效果影响显著；H6 学习支架信息的不同作用通道和支架信息表述的详细程度对学习者学习效果的影响存在交互作用。H7 学习支架信息的不同作用通道对学习者的眼动行为影响显著；H8 学习支架信息表述的详细程度对学习者的眼动行为影响显著；H9 学习支架信息的不同作用通道和支架信息表述的详细程度对学习者眼动行为的影响存在交互作用。

---

①邓静，赵冬生. 再探学习支架[J]. 上海教育科研，2008（9）：65－67.

②Hannafin M J，Land S，Oliver K. Open Learning Environments：Foundations，methods，and models[M]// Instructional－design theories and models（Volume Ⅱ）. 1999.

③李英蓓，迈克尔·J·汉纳芬，冯建超，等. 促进学生投入的生本学习设计框架——论定向、掌握与分享[J]. 开放教育研究，2017，23（4）：12－29.

④厉毅. 远程教育中教学支架的表现形式和具体应用[J]. 河北广播电视大学学报，2010，15（3）：1－4.

（三）实验方法

1.实验设计

采用 2（支架信息详细程度）×3（支架信息作用通道）两因素完全随机实验。自变量：学习支架的信息详细程度和信息作用通道，信息详细程度分为简明概括和详细表述两个水平；信息作用通道分为视觉通道、听觉通道和视听觉通道三个水平。因变量：学习动机、学习投入、认知负荷、学习效果和眼动行为，学习投入指标主要包括脑波指标和问卷数据；认知负荷指标包括内部认知负荷、外部认知负荷和关联认知负荷，以问卷数据为主；学习效果指标主要包括保持测试成绩和迁移测试成绩；眼动行为数据包括总注视时间、总注视次数、注视点平均持续时间和瞳孔大小，通过眼动仪测量获取数据。

2.被试

在 T 大学本科生中招募 110 名学生作为被试，剔除实验过程中先前知识过高、脑波数据未采集到，或者实验过程中眼动数据采样率低于 70% 的被试，共得到有效被试 96 名，其中男生 15 名，女生 81 名，平均年龄 21.0 岁，视力或矫正视力正常，无色盲或色弱。随机分成 6 组，即信息表述详细并作用于视觉通道组、信息表述详细并作用于听觉通道组、信息表述详细并作用于视听觉通道组、信息表述简单并作用于视觉通道组、信息表述简单并作用于听觉通道组、信息表述简单并作用于视听觉通道组，每组 16 人。实验结束后，每位被试均获得一定报酬。

3.实验材料

（1）学习材料

学习材料采用 H5 平台制作，学习材料的内容为"岩石圈的物质循环"，该内容曾被林立甲①等人成功使用过。在此基础上进行了进一步设计与开发，以适应移动设备的特点。学习内容共包括 1700 字左右，与学习内容有关的图像 7 张，语义图示 1 个，表格 1 个。主要介绍岩石形成过程、岩石种类、岩石圈及岩石圈的循环等知识内容，由手机端呈现给学习者，学习者自主控制学习进度。6 组学习材料在学习内容，画面布局等保持相同；不同之处在于，当学习者使用不同类型的学习支架时，支架呈现形式和作用通道有所差异：无论是简明的支架信息还是详细的支架信息，作用于听觉通道时，信息以语音形式呈现给学习者；当作用于视觉通道时，信息以文字形式呈现；当作用于视听觉通道时，信息则以语音和文字两种形式同步呈现。参考汉纳芬对学习支架的分类，在整个学习材料中共设计了 1 个程序性支架，1 个概念性支架，4 个元认知支架和 2 个策略性支架。六个水平的学习材料首页和学习内容示例效果图如图 5-18 所示。

①林立甲. 基于数字技术的学习科学理论、研究与实践[M]. 上海：华东师范大学出版社，2016：70-72.

图 5-18 学习材料首页和学习内容示例截图

不同水平学习支架效果示例如图 5-19 所示，作用通道为视听觉时，学习内容的呈现方式与上述视觉通道一样，同时增加学习支架信息的语音描述信息，语音描述与文字描述内容一致。当学习支架信息的作用通道为听觉时，则不呈现文字信息仅呈现对应水平的语音信息。

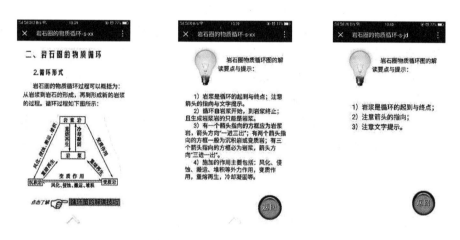

图 5-19 策略性支架的概述与详细表述不同水平

（2）测试材料

测试材料包括基本信息、先前知识测试、学习效果测试、问卷部分（包括 PAS 问卷、动机问卷、认知投入问卷和认知负荷问卷）。

①基本信息包括被试的性别、年龄、专业、联系方式等基本信息。

②前测知识试题：包括 5 道测试题，其中 4 道为选择题，考查被试对学习主题的熟悉程度，属于主观评定试题，每题 2 分，计 8 分；第 5 道题为客观测试题，考查被试对主题知识的掌握情况，共有 4 个知识点，每个知识点 1 分，答对一个计 1 分；5 道前测试题共计 12 分。被试前测成绩若高于 6 分，则被视为高知识基础被试，将其剔除。

③中性情绪调节视频，同实验 1。

④学习效果测试题包括保持测试和迁移测试：保持测试题包括 6 个填空题,每个 2 分,6 个选择题，每个 2 分，保持测试题共计 24 分；迁移测试包括 2 个选择题，6 个根据图示填空题，均为每个 2 分，计 16 分；2 个简答题，每个 4 分，计 8 分，迁移测试题共计 24 分。其中，保持测试主要考查被试的记忆能力，试题答案可以在学习材料中找到；迁移测试主要考查学习者理解和运用所学知识的能力，需要被试理解学习材料后进行整合后能够灵活运用。学习内容和测试题在设计完成后均经过相关专业领域教师修改和评定，以确保无学科性错误。

⑤问卷部分，同实验 1。

测试材料具体内容见附录 4。

4.实验设备

智能手机一部：用于为被试呈现学习材料。智能手机型号为 OPPO R11，处理器为高通骁龙 660，操作系统为 Android 7.1.1，运行内存为 4 GB，存储容量 64 GB，屏幕尺寸为 5.5 英寸，分辨率为 1920×1080（FHD），屏幕为电容式触摸屏、多点式触摸屏。

脑波仪设备一套：用于采集被试学习过程中的脑波数据。型号为视友科技的第五代便携式脑波仪 CUBand，使用 EEG 脑电生物传感器，信号采样频率为 512 Hz，信号精度为 0.25 uV，ADC 精度为 12 bit；配套软件为佰意通脑电生物反馈训练系统专业版；Thinkpad T410 便携式手提电脑用于运行佰意通脑电生物反馈训练系统，实时记录被试的脑波数据。

眼动仪一套：用于采集被试学习过程中的眼动数据。型号为 Tobii X120 型眼动仪，采样频率为 120 Hz，配套软件为 Tobii Studio3.2。运行实验程序的工作站为惠普 Z620，内存 12 G，处理器为 Intel Xeon E5－2063 双核 1.8 GB。

场景摄像机一部，用于获取被试利用手机进行学习的视频，在后期数据分析中将被试实时的眼动数据与拍摄的视频相匹配，获取被试的各项眼动指标。型号为罗技 Pro C920，usb2.0 接口，分辨率 2048×1536。

5.实验流程与注意事项

（1）完整的实验流程如图 5－20 所示。

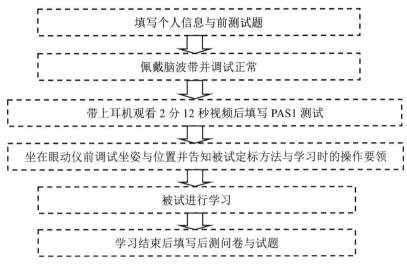

图 5－20 具体实验流程

（2）实验注意事项：

①提醒被试在学习过程中头部不要乱动，尽量保持定标时的位置。

②定标时提示被试按照主试提示的顺序分别专心观看 5 个小红点，尽量减少定标误差。若出现定标不理想的情况，可重复定标或就某个点重复定标。

③提醒被试在操作手机时，注意不要影响到眼动仪对眼睛数据的采集。

④告知被试注意学习过程中的红色小手指示图标的含义。

（四）数据分析

利用统计产品与服务解决方案（SPSS）22.0 对数据进行管理和分析。

在本次实验中，各测量量表的 α 系数为：PAS 前测 α 系数为 0.879，PAS 后测（情感投入主观判断）α 系数为 0.882，动机量表 α 系数为 0.812，认知投入（主观判断）量表 α 系数为 0.861，认知负荷量表 α 系数为 0.830，各测量量表的信度均在可接受范围内。

对学习者的中性情绪调节效果值进行分析，看不同被试组间是否存在显著差异，结果如表 5－15 所示。

表 5－15 被试的 PAS 前测结果（M±SD）

作用通道	视觉		听觉		视听觉	
信息描述程度	简明（n=16）	详细（n=16）	简明（n=16）	详细（n=16）	简明（n=16）	详细（n=16）
前测 PAS	20.93±6.49	20.37±4.94	20.56±5.89	21.06±4.39	21.25±4.54	20.56±4.37

可以看出，各组被试在观看过中性调节视频后，其积极情绪状态值接近，达到中性调节的效果，各组被试在学习内容测试前的情绪情感状态基本一致。

1.学习动机分析

不同组被试的学习动机结果如表 5－16 所示。

表 5－16 被试学习动机得分情况（M±SD）

作用通道	信息详细程度	学习动机
视觉	简明	40.69±6.18
	详细	38.50±8.85
听觉	简明	37.63±5.56
	详细	41.13±6.62
视听觉	简明	36.38±5.84
	详细	37.38±6.65

可以看出，学习支架的不同作用通道和不同信息表述细致程度条件下，学习者的学习动机存在差异。学习支架作用于视觉通道时，信息表述简明时学习者的学习动机高于信息表述详细时；作用于听觉通道和视听觉通道时，信息表述详细时学习者的动机高于信息表述简明时。可能表明简明的视觉信息有利于增加学习者的学习动机，但细致的听觉和视听觉信息有利于增加学习者的学习动机。六组被试的学习动机如图 5－21 所示。

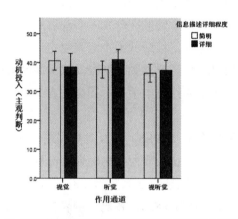

图 5－21 不同作用通道不同信息描述详细程度组别的动机

进一步对不同作用通道和不同信息表述详细程度的学习动机情况进行两因素被试间方差分析，了解作用通道和信息表述情况的主效应和交互作用情况。作用通道（$F_{(2, 90)}$ =1.625，p=0.203>0.05）主效应不显著，信息描述详细程度（$F_{(1, 90)}$=0.317，p=0.575>0.05）主效应不显著，二者的交互作用（$F_{(2, 90)}$=1.447，p=0.241>0.05）不显著。表明作用通道类型和信息描述详细程度对学习者学习动机无显著影响。

2.学习投入分析

（1）学习投入各维度的数据分析

在本实验中，学习投入指标包括脑波仪获取的客观测量数值和问卷测量获取的主观判断数值，客观测量数值包括专注度、放松度和学习时长；主观判断数值包括 PAS 数据、认知投入等问卷数据。其中专注度、认知投入问卷表征认知投入水平，放松度与 PAS 问卷表征情感投入水平，学习时长作为行为投入的参考水平。结果如表 5－17 所示。

表 5-17 被试学习投入得分情况（M±SD）

作用通道	信息详细程度	认知投入		情感投入		行为投入
		客观测量（专注度）	主观判断（投入问卷）	客观测量（放松度）	主观判断（PAS问卷）	客观测量（学习时长（S））
视觉	简明	54.88±12.27	47.94±12.95	59.44±6.71	23.44±6.12	473.88±96.66
	详细	56.94±9.89	48.25±10.06	61.63±7.54	20.75±5.05	498.94±129.43
听觉	简明	46.25±12.67	46.13±9.84	65.63±7.54	21.94±4.88	478.81±103.07
	详细	48.69±12.57	46.81±9.27	63.31±7.16	22.63±4.13	608.88±177.09
视听觉	简明	48.13±14.97	45.38±10.59	66.63±6.57	21.56±4.18	535.56±129.41
	详细	49.81±15.54	39.00±11.66	58.44±8.82	21.44±5.29	661.69±116.60

可以看出，学习支架不同作用通道和不同信息表述详细程度条件下，学习者的认知投入、情感投入和行为投入均存在差异。认知投入方面：作用通道为视觉通道和听觉通道，学习者认知投入的主观测量和客观测量值均与信息的详细程度正相关，即描述越详细，学习者的认知投入客观测量值和主观判断值越高；但当作用通道为视听觉时，信息描述详细程度高的学习者认知投入客观测量值高，但主观判断值则较低。可能说明当信息作用于单一通道时，详细的学习支架信息有利于提高学习者的认知投入程度，但同时作用于视觉和听觉通道时，学习者的认知投入受到一定程度干扰。情感投入方面：作用通道为视觉通道条件下，信息表述详细时，学习者情感投入的客观测量值较高，主观判断值则较低；作用于听觉通道时，情感投入程度与作用于视觉通道相反，在信息表述详细时，学习者的情感投入客观测量值较低，主观判断值较高；作用于视听觉通道时，在信息表述细致时，学习者的情感投入的客观测量值较低，主观判断值也较低。可能说明信息的详细程度和信息作用通道对于情感投入的影响较为复杂。行为投入方面，无论作用于视觉通道、听觉通道还是视听觉通道，在信息描述比较详细时，学习者的行为投入均高于信息描述比较简明时。可能说明学习支架信息表述详细时有利于增加学习者的行为投入。

进一步对不同作用通道和信息表述不同详细程度的学习投入情况进行两因素被试间方差分析，了解作用通道和信息表述情况的主效应和交互作用情况。

认知投入：六组被试的认知投入如图 5-22 所示。

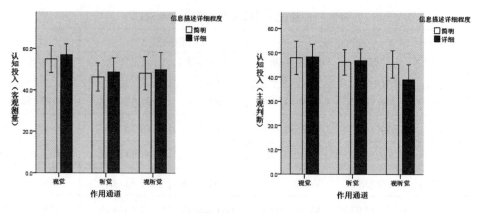

图 5—22　支架信息不同作用通道、不同详细程度组别的认知投入

　　作用通道和信息表述情况对认知投入影响的主效应和交互作用情况：认知投入（客观测量）：作用通道（F（2，90）=3.767，p=0.027<0.05）主效应显著；信息描述详细程度（F（1，90）=0.593，p =0.443>0.05）主效应不显著，二者的交互作用（F（2，90）=0.007，p=0.993>0.05）不显著。表明支架信息的作用通道对认知投入客观测量有显著影响。认知投入（主观判断）：作用通道（F（2，90）=2.554，p=0.083<0.1）边缘显著；信息描述详细程度（F（1，90）=0.660，p=0.419>0.05）主效应不显著；二者的交互作用（F（2，90）=1.083，p=0.343>0.05）不显著。表明信息作用通道对认知投入主观判断影响达到边缘显著水平，信息描述详细程度对认知投入主观判断有没有显著影响。

　　使用 LSD 法对不同作用通道组被试的认知投入（客观测量）和认知投入（主观判断值）进行多重比较发现，认知投入（专注度）：视觉通道组与听觉通道组之间差异极其显著（p=0.012<0.05），视觉通道组专注程度显著高于听觉通道组；视觉通道组和视听觉通道组差异显著（p=0.037<0.05），视觉通道组专注程度显著高于视听觉通道组；听觉通道组与视听觉通道组差异不显著（p=0.649>0.05）。认知投入（主观判断值）：视觉通道组与听觉通道组差异不显著（p=0.549>0.05）；视觉通道组和视听觉通道组差异显著（p=0.031<0.05），视觉通道组显著高于视听觉通道组；听觉通道组和视听觉通道组差异不显著（p=0.116>0.05）。

　　情感投入：六组被试的情感投入如图 5—23 所示。

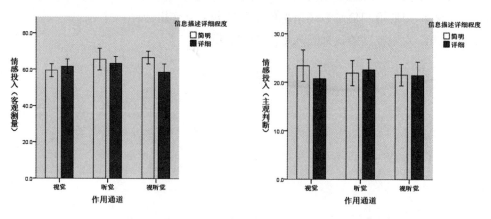

图 5—23　支架信息不同作用通道、不同详细程度组别的情感投入

作用通道和信息表述情况对情感投入影响的主效应和交互作用情况：客观测量值（放松度）：作用通道（$F_{(2, 90)}$=1.860，p=0.162>0.05）主效应不显著，信息描述详细程度（$F_{(1, 90)}$=2.764，p=0.100>0.05）主效应不显著，二者的交互作用（$F_{(2, 90)}$=3.248，p=0.043<0.05）显著。表明作用通道和信息描述的详细程度间的相互作用对学习者情感投入客观测量值有显著影响。

支架信息的作用通道与描述详细程度对学习者情感投入客观测量值的影响存在交互作用，应进一步进行简单效应分析：在信息描述简明时，作用通道（$F_{(2, 91)}$=3.57，p=0.032<0.05）的主效应显著，视听觉通道（66.625±6.57）>听觉通道（65.63±11.22）>视觉通道（59.44±6.71）；在信息描述详细时，作用通道（$F_{(2, 91)}$=1.44，p=0.242）的主效应不显著。

主观判断值（问卷值）：作用通道（$F_{(2, 90)}$=0.214，p=0.808>0.05）主效应不显著，信息描述详细程度（$F_{(1, 90)}$=0.484，p=0.488>0.05）主效应不显著，二者的交互作用（$F_{(2, 90)}$=0.998，p=0.373>0.05）不显著。表明作用通道和信息描述详细程度，以及二者的交互作用对学习者情感投入主观判断值无显著影响。

行为投入：六组被试的行为投入（学习时长，单位为"秒"）如图5－24所示。

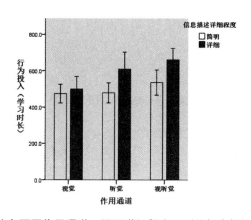

图5－24 支架信息不同作用通道、不同详细程度组别的行为投入（学习时长）

学习支架的作用通道和信息表述情况对行为投入影响的主效应和交互作用情况：作用通道（$F_{(2, 90)}$=6.143，p=0.003<0.01）主效应极其显著，视听觉通道（598.63±137.06）>听觉通道（543.84±157.10）>视觉通道（486.41±113.08）；信息描述的详细程度（$F_{(1, 90)}$=12.860，p=0.001<0.01）主效应极其显著，信息描述详细（589.83±156.16）>信息描述简明（496.08±111.88）；二者的交互作用（$F_{(2, 90)}$=1.728，p=0.184>0.05）不显著。表明作用通道和信息描述的详细程度对学习者的行为投入有极其显著的影响。

使用LSD法对不同作用通道组被试的行为投入进行多重比较发现，视觉通道组与听觉通道组之间差异不显著（p=0.091>0.05）；视觉通道组和视听觉通道组差异极其显著（p=0.001<0.01），视听觉通道组的行为投入极其显著地高于视觉通道组；听觉通道组与视听觉通道组差异不显著（p=0.207>0.05）。

（2）学习投入的脑波分析

在六组被试中分别选取专注度接近各组均值的被试，对其学习过程中的认知投入（专注度）和情感投入（放松度）脑波的动态变化情况进行分析，如图 5-25、5-26 所示。

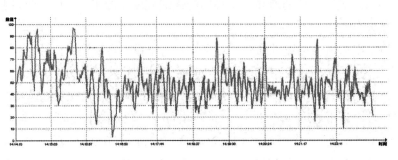

a.支架信息简明-作用于视觉通道

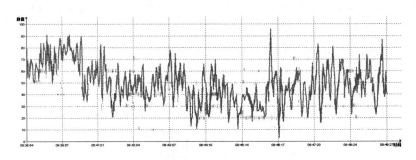

b.支架信息详细-作用于视觉通道

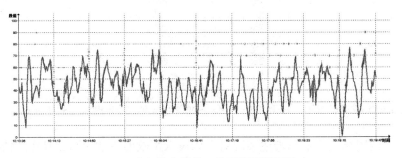

c.支架信息简单-作用于听觉通道

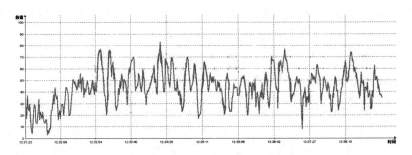

d.支架信息详细-作用于听觉通道

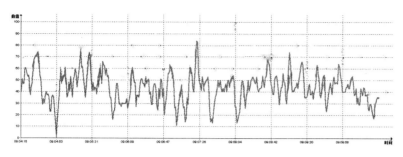

e.支架信息简单－作用于视听觉通道

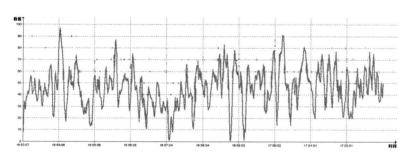

f.支架信息详细－作用于视听觉通道

图 5－25 不同组别代表性被试专注度脑波变化图

由前面的数据分析可知，学习支架信息作用通道对学习者专注度的影响存在显著差异，视觉通道时最高，其次是视听觉通道，最差的为听觉通道，各组被试学习过程中专注度的变化也存在一定差异：（1）当支架信息作用于视觉通道时，无论信息描述得简明还是详细，典型被试学习过程中的专注度的变化趋势均为学习初期较高，随着学习时间的增加呈下降趋势，并逐渐趋于平稳。学习支架信息的视觉刺激有利于引起学习者的注意力和兴趣，随着学习的深入，这种刺激的吸引力逐渐下降至稳定水平，但总体上来讲视觉通道的学习支架有利于学习者高专注度的保持。（2）当支架信息作用于听觉通道时，典型被试的专注度呈现大波纹状的轻微起伏，整体上相对稳定。在学习初期，简单的支架信息激发了较高的学习专注度并有较好的保持，详细的支架信息对专注度的影响则呈现逐渐上升的趋势；在学习的中期，详细和简单信息支架学习者的专注度均有轻微的下降，但随后又逐渐呈现上升趋势，在学习结束时专注度并没有出现显著的下降。说明支架信息作用于听觉通道时对学习者专注度的影响相对比较平和。（3）当支架信息作用于视听觉通道时，典型被试专注度变化呈现高—低—高—低的波浪式变化，学习初期专注度较高，中前期出现下降趋势，到中后期又有所上升，在学习结束时又呈现下降趋势。表明当学习支架信息作用于视听觉通道时，学习者的专注度随着时间的推移不断波动。同时当支架信息较为简单时学习者的波动幅度相对较小，当支架信息较为详细时学习者专注度的波动幅度相对较大，表明当学者通过视、听觉两个通道获取学习支架信息时，学习者需要较多的认知努力，同时当支架信息量过多时又不利于学习者高专注度的长时间保持，在学习过程中专注度呈现较大的变化波动。

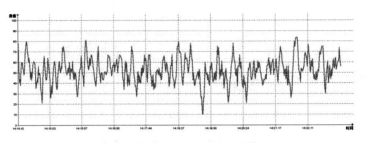

a.支架信息简明－作用于视觉通道

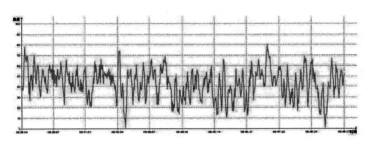

b.支架信息详细－作用于视觉通道

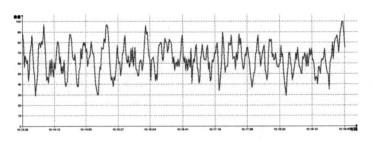

c.支架信息简单－作用于听觉通道

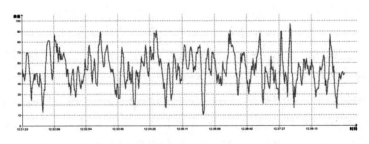

d.支架信息详细－作用于听觉通道

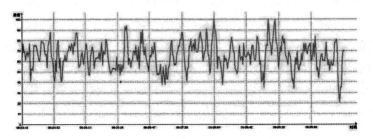

e.支架信息简单－作用于视听觉通道

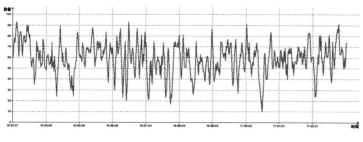

f.支架信息详细－作用于视听觉通道

图 5－26 不同组别代表性被试放松度脑波变化图

不同实验组代表性被试放松度脑波变化如图 5－26 所示。总体上，各组典型被试在学习过程中的放松度相对稳定，变化幅度相对较小，在一定程度上表明学习支架信息的作用通道和信息详细程度对学习过程中放松度的影响比较稳定。（1）当支架信息作用于视觉通道时，简明的支架信息使得学习者在学习过程中无论是学习初期、中期还是后期，学习者的放松度均未出现明显的上升或下降趋势，且出现短时间大幅度上下浮动的次数较少；详细的支架信息对放松度变化幅度的影响相对较大，在学习中期，学习者出现了一定范围的上下浮动，但整体上变化趋势不明显。（2）当作用于听觉通道时，学习者的放松度上下浮动的幅度较大，极大值和极小值的差异明显，表明当支架信息作用于听觉通道时，被试受音频信息音色、语速及具体信息的影响，学习过程中短时间的上下浮动较大，但整体上的变化趋势趋于稳定。（3）当支架信息作用于视听觉通道时，典型被试放松度差异较大，当支架信息简单时，被试的放松度在较高值（值为66）的基线范围内上下浮动，且整个过程无明显的上升趋势或下降趋势；当信息较为详细时，被试的放松度在相对较低值（值为58）的基线范围内上下波动，初期值较高，之后有所下降并保持稳定，同时极大值和极小值的差值较大，表明作用于视听觉通道时，详细的支架信息对学习者的短时放松度变化的影响较大。

3.学习效果分析

在本实验中，学习效果指标包括保持测试成绩、迁移测试成绩和总测试成绩。测试成绩情况如表 5－18 所示。

表 5－18 各组被试测试成绩情况（M±SD）

作用通道	信息详细程度	保持成绩	迁移成绩	总成绩
视觉	简明	16.81±3.76	14.84±2.28	31.66±4.61
	详细	13.44±5.29	13.22±4.65	26.66±8.88
听觉	简明	12.44±6.86	12.38±3.99	24.81±9.59
	详细	18.63±4.29	15.38±3.93	34.00±5.19
视听觉	简明	14.81±5.04	13.06±3.34	27.88±7.22
	详细	15.69±4.76	13.06±3.91	28.75±7.75

可以看出,学习支架在不同作用通道和不同信息详细程度下,学习者的保持测试成绩、迁移测试成绩和总成绩均存在差异。在视觉通道作用下,信息描述越简明,学习者的保持成绩、迁移成绩和总成绩越好;而在听觉通道和视听觉通道的作用下,信息描述越详细,学习者保持成绩、迁移成绩和总成绩越好。这可能当学习支架信息以视觉信息形式呈现时,简明的学习支架信息有利于学习者提高学习效果;而当学习支架信息以听觉信息形式或视听觉形式呈现时,信息越详细越有利于学习者学习效果的提高。六组被试的保持测试成绩、迁移测试成绩和总成绩如图 5-27 所示。

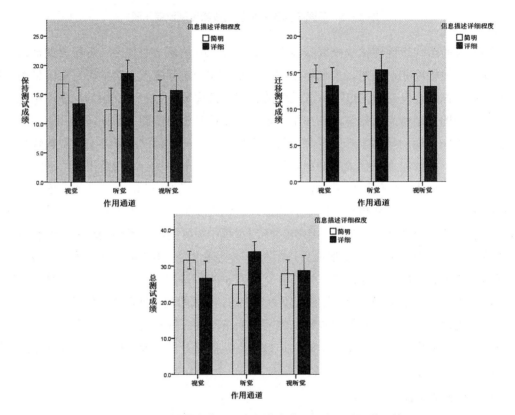

图 5-27 不同作用通道不同信息描述详细程度组别的学习效果

进一步对不同作用通道和不同信息描述详细程度的学习效果进行两因素被试间方差分析,了解作用通道和描述详细程度的主效应和交互作用情况。

(1)保持测试成绩:作用通道($F_{(2,90)}=0.053$,$p=0.948>0.05$)主效应不显著,信息描述详细程度($F_{(1,90)}=1.398$,$p=0.240>0.05$)主效应不显著,二者的交互作用($F_{(2,90)}=7.081$,$p=0.001<0.01$)极其显著。表明作用通道和信息描述详细程度对学习者的保持测试成绩无显著影响,但二者的交互作用显著影响学习者的保持测试成绩。

作用通道和信息描述详细程度对保持测试成绩的影响具有交互作用,应进一步进行简单效应分析:信息描述详细时,作用通道($F=_{(2,91)}=4.16$,$p=0.019<0.05$)的主效应显著,听觉通道(18.63±4.29)>视听觉通道(15.69±4.76)>视觉通道(13.44±5.29)。信息描述简明时,作用通道($F=_{(2,91)}=2.95$,$p=0.058>0.05$)的主效应不显著。

（2）迁移测试成绩：作用通道（$F_{(2, 90)}$=0.614，p=0.544>0.05）主效应不显著，信息描述详细程度（$F_{(1, 90)}$=0.357，p=0.551>0.05）主效应不显著，二者的交互作用（$F_{(2, 90)}$=3.122，p=0.049<0.05）显著。表明作用通道和信息描述详细程度对学习者的迁移测试成绩无显著影响，二者的交互作用对迁移测试成绩有显著影响。

作用通道和信息描述的详细程度对迁移测试成绩的影响有交互作用，应进一步进行简单效应分析：作用于听觉通道时，不同信息描述详细程度（$F_{(1, 92)}$=5.15，p=0.026<0.05）的迁移测试成绩差异显著，信息描述详细的迁移成绩（15.375±3.931）显著高于信息描述简明时的迁移成绩（12.375±3.998）。作用于视觉通道（$F_{(1, 92)}$=1.15，p=0.222>0.05）和视听觉通道（F=$_{(1, 92)}$=0.00，p=1.00>0.05）时，信息描述详细程度主效应不显著。

（3）总测试成绩：作用通道（$F_{(2, 90)}$=0.190，p=0.827>0.05）主效应不显著，信息描述详细程度（$F_{(1, 90)}$=1.238，p=0.269>0.05）主效应不显著，二者的交互作用（$F_{(2, 90)}$=7.365，p=0.001<0.01）极其显著。表明作用通道和信息描述详细程度对学习者总测试成绩有无显著影响，二者的交互作用对学习者总测试成绩影有极其显著的影响。

作用通道和信息描述的详细程度对总测试成绩的影响具有交互作用，应进一步进行简单效应分析：当作用于听觉通道时，信息描述的详细程度（$F_{(1, 92)}$=12.45，p=0.001<0.01）主效应极其显著，信息描述详细时的总测试成绩（34.00±5.19）显著高于信息描述简明时的总成绩（24.81±9.59）。当做用于视觉通道，信息描述的详细程度（$F_{(1, 92)}$=3.69，p=0.058>0.05）主效应不显著，当作用于视听觉通道时，信息描述的详细程度（$F_{(1, 92)}$=0.11，p=0.738>0.05）主效应不显著。

4.认知负荷分析

各组被试认知负荷情况如表5－19所示。

表5－19 各组被试认知负荷情况（M±SD）

作用通道	信息详细程度	内在认知负荷	外在认知负荷	关联认知负荷	总认知负荷
视觉	简明	4.63±1.63	6.06±1.06	5.31±1.82	16.00±2.99
	详细	5.19±1.42	6.50±1.46	5.94±1.29	17.63±2.99
听觉	简明	5.63±1.15	6.53±1.34	4.75±1.53	16.91±2.42
	详细	4.69±1.82	6.00±2.16	6.00±2.28	16.69±1.74
视听觉	简明	5.56±1.75	6.38±1.59	4.75±1.81	16.69±3.18
	详细	4.88±1.54	6.06±1.48	5.88±1.86	16.81±2.43

可以看出，不同作用通道、不同信息描述详细程度，学习者的内在认知负荷、外在认知负荷、关联认知负荷和总认知负荷均存在差异，但整体差异较小。内在认知负荷和外在认知负荷变化情况较为一致，当学习支架信息作用于视觉通道时，信息越详细认知负荷越高；当信息作用于听觉通道或者视听觉通道时，信息越简明则认知负荷越高。关联认知负荷无论是视觉通道、听觉通道还是视听觉通道，当信息描述越详细学习者的认知负荷越高。

外在认知负荷,在作用于视觉通道或视听觉通道时,信息描述越详细学习者认知负荷越高;信息作用于听觉通道时,信息描述简明时认知负荷较高。总体来讲,不同作用通道和不同信息描述详细程度对学习者认知负荷的影响程度较小。六组被试的总认知负荷情况如图5－28 所示。

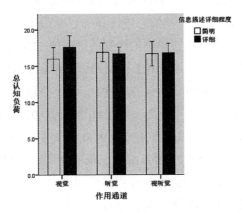

图 5－28　不同作用通道不同信息描述详细程度组别的认知负荷

　　进一步对不同作用通道和不同信息描述详细程度的认知负荷情况进行两因素被试间方差分析,了解作用通道和信息描述详细程度的主效应和交互作用情况。

　　(1)内在认知负荷:作用通道($F_{(2,90)}=0.356$,$p=0.701>0.05$)主效应不显著,信息描述详细程度($F_{(1,90)}=1.226$,$p=0.271>0.05$)主效应不显著,二者的交互作用($F_{(2,90)}=2.103$,$p=0.128>0.05$)不显著。表明信息作用通道和信息描述详细程度均对学习者的内在认知负荷无显著影响。

　　(2)外在认知负荷:信息作用通道($F_{(2,90)}=0.014$,$p=0.986>0.05$)主效应不显著,信息描述详细程度($F_{(1,90)}=0.183$,$p=0.670>0.05$)主效应不显著,二者的交互作用($F_{(2,90)}=0.859$,$p=0.427>0.05$)不显著。表明信息作用通道和信息描述详细程度均对学习者的外在认知负荷无显著影响。

　　(3)关联认知负荷:作用通道($F_{(2,90)}=0.273$,$p=0.761>0.05$)主效应不显著,信息描述详细程度($F_{(1,90)}=7.497$,$p=0.007<0.01$)主效应极其显著,信息描述较为详细时,学习者的关联认知负荷(5.938±1.81)显著高于信息描述较为简明时(4.938±1.71);二者的交互作用($F_{(2,90)}=0.273$,$p=0.761>0.05$)不显著。表明作用通道对学习者的关联认知负荷无显著影响,信息描述的详细程度对学习者的关联认知负荷有极其显著的影响,信息描述越详细关联认知负荷越高。二者的交互作用对学习者关联认知负荷无显著影响。

　　(4)总认知负荷:作用通道($F_{(2,90)}=0.005$,$p=0.995>0.05$)主效应不显著,信息描述详细程度($F_{(1,90)}=0.878$,$p=0.351>0.05$)主效应不显著,二者的交互作用($F_{(2,90)}=1.079$,$p=0.344>0.05$)不显著。表明支架信息作用通道、信息描述详细程度及二者的交互作用对学习者的总认知负荷均无显著影响。

5.眼动行为分析

（1）整体眼动行为分析

本实验中，眼动指标主要包括总注视次数、总注视时间、平均注视点持续时间、瞳孔直径大小等指标。其中总注视时间是被试在一个或一组兴趣区内所有注视点持续时间的总和，反映学习者对学习材料的加工程度；总注视次数是被试在一个或一组兴趣区内所有注视点个数，反映了学习材料的难度，被试的注意程度，对材料的熟悉程度，以及学习策略。[1]注视点平均持续时间指被试的视线停留在各注视点上的平均时间，反映学习者对学习材料的加工程度和认知负荷。[2]瞳孔直径反映被试认知加工强度和认知负荷大小，瞳孔大小不受意识影响，可以很好反映被试的脑力负荷；瞳孔大小与任务难度成反比，难度越大，被试需要投入的注意力越多，越容易视觉疲劳而引起瞳孔变小。[3][4]在一定程度上，其他因素相同时，瞳孔越大表明学习内容越具有吸引力，学习越积极。各组被试的眼动指标数据如下表5－20所示。

表5－20 各组被试眼动行为情况（M±SD）

作用通道	信息详细程度	总注视时间（秒）	注视点个数（个）	注视点平均持续时间（毫秒）	瞳孔直径（毫米）
视觉	简明	301.20±70.26	909.75±196.04	332.5±45.4	3.86±0.65
	详细	269.76±80.33	805.56±205.09	331.9±37.1	3.64±0.54
听觉	简明	322.50±91.19	1049.63±281.68	311.9±61.7	3.92±0.90
	详细	404.17±148.69	1126.06±223.62	355.6±87.9	4.06±0.54
视听觉	简明	338.75±96.49	936.81±252.92	361.2±51.1	3.94±0.64
	详细	324.58±108.20	1040.13±339.85	323.1±76.7	4.06±0.79

可以看出，不同作用通道、不同信息描述详细程度，学习者的总注视时间、注视点个数、注视点平均持续时间和瞳孔大小均存在差异。总注视时间方面，作用于视觉通道和视听觉通道时，支架信息描述较为简明组被试的总注视时间和注视点平均持续时间均大于信息描述详细时；而作用于听觉通道时，则是信息详细时被试的总注视时间和注视点平均持续时间高于信息描述简明时。注视点个数方面，当信息作用听觉通道或视听觉通道时，信息描述详细时的注视点个数大于信息描述简单时；但当信息作用于视觉通道时，信息描述简明时，被试的注视点个数大于信息描述详细时。瞳孔大小方面，作用于听觉和视听觉通道时，信息详细组被试的瞳孔大于信息简明组；作用于视觉通道时，信息简明组瞳孔大于信息详细组。六组被试的总注释视觉、注释点个数和注视点平均持续时间如图5－29所示。

①王雪. 多媒体学习研究中眼动跟踪实验法的应用[J]. 实验室研究与探索，2015，34(03)：190－193+201.

②王雪，王志军，付婷婷，等. 多媒体课件中文本内容线索设计规则的眼动实验研究[J]. 中国电化教育，2015(5)：99－104.

③闫国利，熊建萍，臧传丽，等. 阅读研究中的主要眼动指标评述[J]. 心理科学进展，2013，21(4)：589－605.

④康卫勇，袁修干，柳忠起，董大勇. 瞳孔的变化与脑力负荷关系的试验分析[J]. 航天医学与医学工程，2007(05)：364－366.

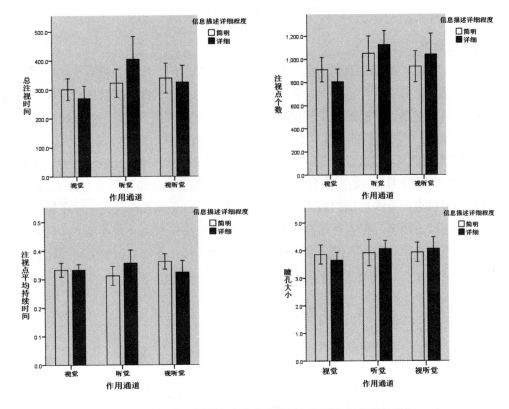

图 5－29 不同作用通道不同信息描述详细程度组别的眼动数据

进一步对不同作用通道和不同信息描述程度的眼动行为数据进行两因素被试间方差分析，了解作用通道和信息描述详细程度的主效应和交互作用情况。

①总注视时间：作用通道（$F(2, 90)=4.684$，$p=0.012<0.05$）主效应显著；信息描述详细程度（$F(1, 90)=0.331$，$p=0.566>0.05$）主效应不显著，二者的交互作用（$F(2, 90)=2.837$，$p=0.064>0.05$）不显著。表明信息作用通道对学习者的总注视时间有显著影响。

使用 LSD 法对不同作用通道组被试的总注视时间进行多重比较发现，视觉通道组和听觉通道组差异显著（$p=0.03<0.05$），听觉通道组总注视时间显著高于视觉通道组；视觉通道组和视听觉通道组差异不显著（$p=0.074>0.05$）；听觉通道组和视听觉通道组差异不显著（$p=0.219>0.05$）。

②注视点个数：信息作用通道（$F(2, 90)=6.537$，$p=0.002<0.01$）主效应极其显著；信息描述详细程度（$F(1, 90)=0.235$，$p=0.629>0.05$）主效应不显著，二者的交互作用（$F(2, 90)=1.570$，$p=0.214>0.05$）不显著。表明信息作用通道对学习者的注视点个数有显著影响。

使用 LSD 法对不同作用通道组被试的总注视点个数进行多重比较发现，视觉通道组和听觉通道组差异极其显著（$p=0.000<0.01$），听觉通道组总注视点个数显著高于视觉通道组；视觉通道组和视听觉通道组差异显著（$p=0.043<0.05$），视听觉通道组注视点个数显著高于视觉通道组；听觉通道组和视听觉通道组差异不显著（$p=0.122>0.05$）。

③注视点平均持续时间：作用通道（$F(2, 90)=0.273$，$p=0.790>0.05$）主效应不显著，信息描述详细程度（$F(1, 90)=0.017$，$p=0.896>0.05$）主效应不显著，二者的交互作用（$F(2, 90)=3.437$，$p=0.036<0.05$）显著。表明作用通道和信息描述详细程度对学习者的注视点的平均持续时间无显著影响，但二者的交互作用有显著影响。

作用通道和信息描述详细程度对注视点平均持续时间的影响具有交互作用，需要进行进一步进行简单效应分析：当学习支架信息作用于听觉通道时，信息描述的详细程度（$F(1, 92)=3.98$，$p=0.049<0.05$）主效应显著，信息描述详细时的注视点平均持续时间（$356.00±62.00$）显著大于描述简明时（$321.00±62.00$）；作用于视觉通道时，信息描述的详细程度（$F(1, 92)=0.00$，$p=0.977>0.05$）的主效应不显著；作用于视听觉通道时，信息描述的详细程度（$F(1, 92)=3.02$，$p=0.085>0.05$）的主效应不显著。

④瞳孔大小：作用通道（$F(2, 90)=1.36$，$p=0.621>0.05$）主效应不显著；信息描述详细程度（$F(1, 90)=0.02$，$p=0.888>0.05$）主效应不显著，二者的交互作用（$F(2, 90)=0.686$，$p=0.506>0.05$）不显著。表明学习支架信息详细程度和作用通道对学习者的瞳孔大小没有显著影响。

（2）学习支架位置设计对眼动行为的影响分析

学习者在进行移动学习时常常会注意重要内容，相对次要的帮助、提示等学习支架信息容易被忽视。因此，进一步探讨了以智能手机终端为代表的移动学习资源画面中，帮助提示类学习支架的位置对学习者注意力和学习行为的影响情况。本实验中学习者使用智能手机进行学习时，采用竖屏的方式。在对被试学习过程中眼动行为轨迹的实时观测发现学习支架的位置显著影响被试的注意力分配和眼动行为，并进一步影响其利用学习支架的策略和方法。选取四个典型位置进行分析，分别是位于屏幕正中间、屏幕右上角、屏幕下方等不同的位置，屏幕下方又分为文字下方和图示下方两种情况，为避免练习效应，对支架图标指示在表意基础上进行了适当的变化设计，如图5-30所示。

a. 画面中间　　　b. 画面右上角　　　c. 画面下方（图示下）　　d. 画面下方（文字下）

图5-30 学习支架的不同位置示例图

将四个不同位置设置为兴趣区，分别统计所有被试在四个不同兴趣中的总注视时间、总注视次数及注视点平均持续时间等眼动行为数据，结果如表 5－21 所示。

表 5－21　学习支架不同位置的眼动数据

位置	总注视时间（s）	总注视次数	注视点平均持续时间（s）
画面右上方	2.58±2.19	7.83±6.28	0.41±0.28
画面中间	5.72±5.24	15.36±13.92	0.39±0.15
画面下方（图示下方）	2.61±2.09	8.46±6.38	0.29±0.13
画面下方（文字下方）	3.21±2.96	11.07±9.54	0.27±0.10

　　可以看出：（1）位于画面中间的学习支架获得的总注视时间和总注视次数最多，画面中间的位置位于被试学习过程中比较醒目的位置，较容易获得学习者的注意，其次是画面下方（文字下方），当被试在学习或浏览画面即将结束时，由于学习内容注意的延续性，学习者更容易注意到位于下方的帮助和提示性支架信息。最不容易被注意到的是画面右上方的位置，其注视次数最少，但平均注视时间最长，表明位于画面右上角的学习支架最容易被学习者忽视，学习者需要花费更多的注意力才能注意并看清楚到右上角的支架信息。位于画面下方的支架信息需要学习者平均注视的时间更短，表明学习者可以轻松地获取到画面下方的帮助和提示等支架信息。

　　进一步对四组数据的总注视时间、总注视次数和注视点平均持续时间进行单因素 Oneway 方差分析，考察不同位置间各项眼动行为指标是否具有显著性差异。结果发现：总注视时间（$F=2.938$，$p=0.003<0.05$）、总注释次数（$F=18.082$，$p=0.000<0.01$）和注视点平均持续时间（$F=11.047$，$p=0.000<0.01$）均达到了显著水平。对各项眼动行为数据进行 LSD 事后多重比较，结果如表 5－22 所示。

表 5－22　四组被试眼动行为数据的事后多重比较

因变量	（I）组别	（J）组别	平均差异（I－J）	标准误	显著性
总注视时间	右上	中间	−3.135*	0.520	0.000
		下方（示意图下）	0.177	0.533	0.740
		下方（文字下方）	−0.626	0.526	0.235
	中间	右上	3.135*	0.520	0.000
		下方（示意图下）	3.312*	0.514	0.000
		下方（文字下方）	2.510*	0.506	0.000
	下方（示意图下）	右上	−0.177	0.533	0.740
		中间	−3.312*	0.514	0.000
		下方（文字下方）	−0.803	0.519	0.123
	下方（文字下方）	右上	0.626	0.526	0.235
		中间	−2.510*	0.506	0.000
		下方（示意图下）	0.803	0.519	0.123

因变量	（I）组别	（J）组别	平均差异（I−J）	标准误	显著性
注视点个数	右上	中间	−7.537*	1.480	0.000
		下方（示意图下）	−0.634	1.515	0.676
		下方（文字下方）	−3.242*	1.495	0.031
	中间	右上	7.537*	1.480	0.000
		下方（示意图下）	6.903*	1.456	0.000
注视点个数	中间	下方（文字下方）	4.295*	1.435	0.003
	下方（示意图下）	右上	0.634	1.515	0.676
		中间	−6.903*	1.456	0.000
		下方（文字下方）	−2.608	1.471	0.077
	下方（文字下方）	右上	3.242*	1.495	0.031
		中间	−4.295*	1.435	0.003
		下方（示意图下）	2.608	1.471	0.077
注视点平均持续时间	右上	中间	0.015	0.058	0.796
		下方（示意图下）	0.117	0.059	0.050
		下方（文字下方）	0.138*	0.058	0.019
	中间	右上	−0.015	0.058	0.796
		下方（示意图下）	0.102	0.057	0.076
		下方（文字下方）	0.123*	0.056	0.029
	下方（示意图下）	右上	−0.117	0.059	0.050
		中间	−0.102	0.057	0.076
		下方（文字下方）	0.022	0.058	0.706
	下方（文字下方）	右上	−0.138*	0.058	0.019
		中间	−0.123*	0.056	0.029
		下方（示意图下）	−0.022	0.058	0.706

可以看出：总注视时间，右上方组与中间组的差异达到极其显著的水平（$p=0.000<0.01$），右上和下方（示意图下方）差异不显著（$p=0.740>0.05$），右上和下方（文字下方）差异不显著（$p=0.235>0.05$）；中间组和下方（示意图下）组差异极其显著（$p=0.00<0.01$），中间组和下方（文字下方）组差异也极其显著（$p=0.000<0.01$）；下方（示意图下方）和下方（问题下方）差异不显著（$p=0.123>0.05$）。总注视个数，右上和中间水平差异极其显著（$p=0.000<0.01$），右上和下方（示意图下方）差异不显著（$p=0.676>0.05$），右上和下方（文字下方）差异显著（$p=0.031<0.05$）；中间和下方（示意图下）差异极其显著（$p=0.000<0.01$），中间和下方（文字下方）差异极其显著（$p=0.003<0.01$）；下方（示意图下）和下方（文字下方）差异不显著（$p=0.07>0.05$）。注视点平均持续时间，右上和中

间差异不显著（$p=0.796>0.05$），右上和下方（示意图下）差异显著（$p=0.05$），右上和下方（文字下方）差异显著（$p=0.019<0.05$）；中间和下方（示意图下）差异不显著（$p=0.076>0.05$），中间和下方（文字下方）差异显著（$p=0.029<0.05$），下方（示意图下）和下方（文字图下）差异不显著（$p=0.706>0.05$）。

进一步对 96 名被试学习过程中对相应位置的注意程度和点击操作情况进行统计，以分析学习者的认知过程和学习支架的使用策略，结果如表 5-23 所示。

表 5-23 画面不同位置学习支架的被注意与被使用情况

操作＼位置	画面中间		画面右上角		画面下方（文字下方）		画面下方（示意图下方）	
	人数	比率	人数	比率	人数	比率	人数	比率
首次注意并点击	81	84.4%	75	78.1%	92	95.8%	87	90.6%
首次未注意后返回点击	3	3.1%	6	6.3%	1	1.0%	1	1.0%
未点击	12	12.5%	15	15.6%	3	3.1%	8	8.4%
合计	96	100%	96	100%	96	100%	96	100%

可以看出，学习支架在移动学习资源画面中的位置影响学习者的关注程度和使用情况。以竖屏形成呈现内容时，学习支架信息位于画面下方时最容易被注意到并加以使用；位于画面右上方时最不容易被注意到；位于画面中央时，由于学习者过于关注学习内容本身，虽然容易被注意到，但在实际操作使用时也容易忽视。在每页开始新的学习内容时，位于右上方的学习支架被学习者首次注意并使用的几率仅有 78.1%，也就是说当学习支架信息被安排在移动学习资源画面的右上方时，可能有 22.9% 的自主学习者没有注意到支架信息的存在，相应地，学习支架也失去了设计价值和实用意义。当位于画面中间时，由于位置较为醒目，眼动数据显示可以显著引起学习者的注意，但由于处于画面中间，受学习者学习行为和思考连续等因素的影响，位于画面中间的学习支架信息虽然能引起学习者的注意，但并未促进学习者的有效使用，其有效的操作和点击率为 84.4%。当学习支架信息位于画面最下方时，由于学习者的注意力由页面的主要内容转向学习支架信息，因此被注意并使用的几率在 90% 以上，对学习者可以起到较好的提示和帮助作用。因此，在进行基于手机竖屏画面学习内容设计时，学习支架在画面中的位置设计应进行精心设计，同时考虑学习者的需求，以恰当的形式呈现给学习者，同时考虑学习支架在画面中的位置及其对学习者注意力的影响，能够使学习者按照学习进程和自身学习需求进行选择和使用。

6.学习投入、学习效果与眼动行为的关系分析

（1）学习投入、学习效果和眼动行为变化趋势的组别分析

为直观了解在学习支架信息不同作用通道和不同详细程度条件下学习者的学习投入、学习效果及眼动行为之间的相互关系，进行了进一步的对比分析。由于测量时各变量单位不同，因此将每组被试的各维度得分转换为 Z 分数后得到不同分组学习投入、学习成绩和眼动数据的标准化值，如表 5-24 所示。

表 5−24 标准化为 Z 分数后的各维度测量值

作用通道	视觉		听觉		视听觉	
信息描述详细程度	简明	详细	简明	详细	简明	详细
认知投入（客观测量）	0.31	0.46	−0.34	−0.16	−0.2	−0.07
认知投入（主观判断）	0.21	0.24	0.05	0.11	−0.02	−0.6
情感投入（客观测量）	−0.36	−0.1	0.37	0.09	0.48	−0.48
情感投入（主观判断）	0.3	−0.24	0	0.14	−0.08	−0.11
行为投入（客观测量）	−0.48	−0.31	−0.45	0.46	−0.05	0.83
学习动机	0.31	−0.02	−0.15	0.37	−0.33	−0.18
保持成绩	0.28	−0.35	−0.53	0.62	−0.09	0.07
迁移成绩	0.31	−0.11	−0.34	0.45	−0.16	−0.16
注视点个数	−0.25	−0.64	0.27	0.55	−0.15	0.23
总注视时间	−0.24	−0.53	−0.04	0.72	0.11	−0.02
注视点持续时间	−0.06	−0.07	−0.38	0.31	0.40	−0.20
瞳孔大小	−0.08	−0.40	0.01	0.22	0.03	0.22

将学习支架不同作用通道和信息描述不同详细程度条件下各组被试学习投入数据的 Z 分数进行可视化分析，结果如图 5−31 所示。

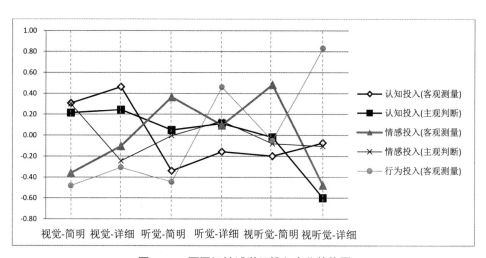

图 5−31 不同组被试学习投入变化趋势图

可以看出，在不同作用通道和不同信息描述详细程度下，被试学习投入各维度间存在一定差异，差异最大的为信息描述详细且作用于视听觉通道组（视听觉−详细），差异最小的为信息描述较为详细且作用于听觉通道组（听觉−详细组），表明信息的作用通道的差异对学习者学习投入有着较大的影响。

将学习支架不同作用通道和信息描述不同详细程度条件下各组被试眼动行为数据的 Z 分数进行可视化分析，结果如图 5−32 所示。

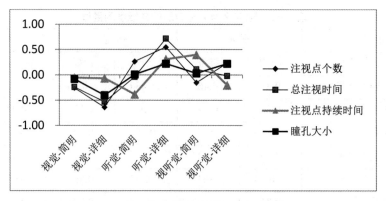

图 5—32 不同组被试眼动行为变化趋势图

可以看出，学习者的总注视点、总注视时间、注视点平均持续时间和瞳孔大小在不同组别中有着较为一致的变化趋势，"听觉—详细"组被试的总注视点、总注视时间、注视点持续时间和瞳孔大小在各组中均处于较高水平。表明在学习过程中，学习支架信息以详细信息作用于听觉通道时（听觉—详细组），有利于提高被试对学习内容的注意程度高，注意力较为集中，学习过程较为专注，促进学习内容的理解和深度加工。当信息以详细信息作用于视觉通道时（视觉—详细组），学习内容和学习支架信息均以视觉信息呈现给学习者，学习者的视觉信息出现超载，其对学习内容的视觉加工时间被学习支架视觉信息所占用，因此其视觉信息加工时间较短，总注视点和总注视时间较短，瞳孔缩小，进而影响学习者对学习内容的持续和深度加工。

将学习支架不同作用通道和信息描述不同详细程度条件下各组被试测试成绩的 Z 分数进行可视化分析，结果如图 5—33 所示。

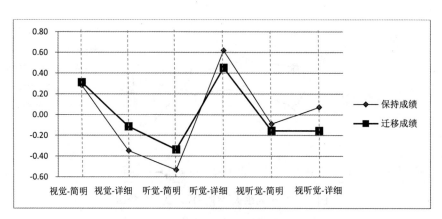

图 5—33 不同组被试学习效果变化趋势图

可以看出，不同组被试的保持测试成绩和迁移测试成绩变化趋势呈现较高的一致性，说明学习支架信息的作用通道和详细程度对学习者以识记为主的保持成绩和以理解运用为主的迁移测试成绩的影响是一致的。当学习支架信息以详细的听觉信息呈现给学习者时学习者（听觉—详细组）的保持成绩和迁移成绩最好，其次是以简明的视觉信息呈现形成（视觉—简明），效果最差的是简明信息作用于听觉通道组（听觉—简明）。当信息同时作用于视、听觉通道时，信息的详细程度对学习效果的影响相对较小。

（2）学习投入、学习效果和眼动行为变化趋势的可视化比较

为更为直观地了解学习投入整体情况、学习效果整体情况和眼动行为情况间的相互关系，将学习投入和学习效果各维度变量的标准化分数进行合并，得到学习投入和学习效果结果，并选取眼动行为中代表认知加工程度的总注视点个数作为典型眼动数据；将学习动机、学习投入、学习效果和眼动行为数据在六个组别上的变化情况可视化呈现，结果如图5—34所示。

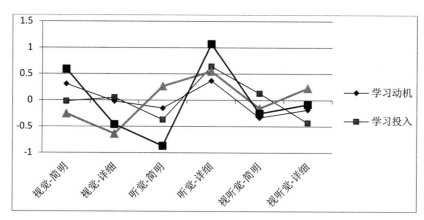

图5—34 不同组别被试的学习投入、学习效果和眼动行为变化趋势

可以看出，学习者在不同设计组别中的学习动机、学习投入、学习效果和眼动行为之间的变化趋势趋于一致，表明移动学习资源中学习支架的不同设计策略影响学习者的学习动机、眼动行为、注意力分配和认知策略等学习过程，影响学习过程中的学习投入，并进一步影响学习效果。同时，眼动行为和学习投入及学习效果较为一致的变化趋势表明学习者的眼动行为反映了学习者的认知加工过程，是学习投入的重要行为指标。

（3）学习投入与学习效果关系的回归分析

上述分析结果显示，学习者的学习投入与学习效果的变化趋势有着较高的一致性。学习投入影响学习者的学习行为、学习体验和最终学习效果。学习投入对学习效果的具体影响程度如何？本实验中的学习投入是否对学习效果有显著的预测作用？学习投入的哪些维度对学习投入有显著预测作用？利用多元回归分析进行了进一步探索。首先分析学习投入各维度与学习效果的相关关系如表5—25所示。

表5—25 学习投入与学习效果的相关关系

变量	变量子维度	认知投入		情感投入		行为投入
		专注度	问卷值	放松度	问卷值	学习时长
学习效果	测试成绩	.298*	.305*	−.165	.297*	.254*

*. 相关性在 0.05水平上显著（双尾）。

可以看出，被试的学习效果与认知投入和情感投入存在显著的相关性。进一步运用多元回归分析的方式评估基于移动学习资源中不同学习支架条件下学习者学习投入和学习效果之间的关系，以确定学习投入对学习效果的影响。采用 Enter 法进行多元回归分析，明确学习投入各维度自变量对学习成绩因变量的具体影响，结果如表 5-26 所示。

表 5-26　学习投入对学习效果影响的多元回归分析

模型		非标准化系数		标准化系数	T	显著性
		B	标准差	Beta		
1	（常数）	10.784	8.275		1.303	.197
	认知投入（专注度）X1	.133	.060	.242	2.227	.029
	认知投入（主观判断）X2	.118	.081	.175	1.452	.151
	情感投入（放松度）X3	−.099	.090	−.119	−1.098	.276
	情感投入（主观判断）X4	.282	.183	.187	1.542	.128
	行为投入（学习时长）X5	.011	.005	.230	2.131	.037
R		0.510				
R^2		0.260				
Adj−R^2		0.202				
F		4.490				
P		0.001				

根据表 5-26 可以建立学习投入对学习效果影响的标准化回归方程模型：学习效果$=0.242X_1+0.175X_2−0.119X_3+0.187X_4+0.230X_5$。进一步对 5 个变量的回归系数进行检验，其显著性分别为 0.029，0.151，0.276，0.128 和 0.037，在 $\alpha=0.05$ 的显著水平下，认知投入（专注度）和行为投入（学习时长）两个变量达到了显著水平。

同时可以看出，$F=4.490$，$p=0.001<0.01$，自变量可解释的因变量变异与误差变异相比在统计上时显著的，表明回归方程有意义，学习投入的五个变量能联合预测成绩变异的20.2%。其中有两个变量对学习效果产生了显著影响，认知投入（专注度）变量的预测力最佳，其次是行为投入（学习时长）。情感投入的客观测量值和主观判断值虽然对学习效果也有一定的预测力，但这种预测力未达到显著水平。在本实验中，在不同学习支架呈现方式条件下，被试的学习效果主要受到认知投入和学习时长的影响，情感投入度学习效果也产生一定影响，但影响力相对较弱。

（五）结果讨论

本实验探索了学习支架信息的详细程度和作用通道对学习者学习投入、认知负荷和学习效果的影响。研究发现，信息的作用通道和详细程度分别在不同维度上影响学习者的学习投入和学习效果，但对认知负荷的影响不显著。学习者的眼动行为与学习投入、学习效果变化趋势一致。

1.支架设计对学习投入、认知负荷和学习效果的影响

（1）学习支架信息描述详细程度和作用通道对学习投入的影响

本实验中的学习投入由认知投入、情感投入和行为投入（时间投入）组成，其中认知投入由脑波仪客观测量的专注度和问卷测量的主观判断组成，情感投入由脑波仪客观测量的放松度和问卷测量的主观体验组成，行为投入以脑波仪测量的学习时间为准。认知投入客观测量方面，作用通道的主效应显著，视觉通道＞视听觉通道＞听觉通道；信息描述详细程度主效应不显著；二者的交互作用不显著。认知投入主观判断方面，作用通道的主效应边缘显著，视觉通道＞视听觉通道＞听觉通道；信息描述详细程度主效应不显著；二者的交互作用不显著。情感投入客观测量值方面，作用通道的主效应不显著，信息详细程度的主效应也不显著，但二者的交互作用显著：当信息描述简明时，作用通道主效应显著，视听觉通道＞听觉通道＞视觉通道；但信息描述详细时，作用通道主效应不显著。情感投入主观判断方面，信息的作用通道、信息描述详细程度及二者的交互作用均不显著。表明学习支架信息的作用通道和详细程度对学习者的主观情感投入无显著影响。行为投入方面，作用通道主效应极其显著，学习者的行为投入，视听觉通道＞听觉通道＞视觉通道，表明当学习支架信息以双通道信息呈现给学习者时，学习者需要花费更多的时间和精力，当信息作用于视觉通道时，学习者需要的行为投入最少。信息描述的详细程度主效应极其显著，信息详细时的行为投入＞信息简明时。表明支架信息描述越详细，学习者的行为投入更多，花费时间更长。

本实验的假设 H1 为"学习支架信息的不同作用通道对学习者学习投入的影响显著"，实验结果显示，不同的学习支架信息作用通道对学习投入在不同维度上的影响存在差异，作用通道显著地影响认知投入的客观测量，接近显著地影响认知投入的主观判断；作用通道对学习者的情感投入影响不显著；作用通道极其显著地影响学习者的行为投入，部分验证假设 H1。双通道理论假设学习者对视觉表征和听觉表征的材料拥有单独的信息加工通道，尽管视觉加工和听觉加工有着各自的通道，但学习者能够给任务分配足够的认知资源时，以一种通道呈现的信息也能在另一条通道获得表征。[①]当学习支架信息以不同的感觉通道呈现时，学习者根据自身认知加工资源的情况进行有效的跨通道整合，以更好地促进信息的理解和吸收。本实验结果进一步显示，信息作用于学习者的不同通道对于学习者的认知过程有着较大影响，当学习支架信息呈现于不同的视听觉通道时，对学习者的认知投入产生了较大的影响，同时在此基础上显著影响了学习者的行为投入，但对学习者的情感投入影响则差异不大。因此，在设计移动学习资源的学习支架时，应充分考虑学习支架信息的作用通道带给学习者在认知投入和行为投入方面的影响，以优化资源设计，促进学习投入。

本实验的假设 H2 为"支架信息表述的详细程度对学习者的学习投入影响显著"，本实验结果显示，支架信息表述的详细程度对不同学习投入维度的影响也存在差异，对于认知投入的客观测量和主观判断，信息详细程度的主效应均不显著，表明信息的详细程度差异对认知投入的影响不显著。对于情感投入的客观测量和主观判断方面，信息详细程度的

①[美]理查德·E. 梅耶. 多媒体学习[M]. 牛勇，邱香译. 北京：商务印书馆，2006：59－62.

主效应均不显著，表明信息的详细程度差异对情感投入的影响不显著。对于行为投入，详细程度的主效应极其显著，信息描述越详细越能促进学习者的行为投入。部分验证了假设H2。学习支架信息描述的详细程度主要通过影响学习者学习时间的长短来影响学习者的行为投入，进而影响学习结果，当学习支架的信息描述较为详细时有利于促进学习者的行为投入。

本实验的假设 H3 为"学习支架信息的不同作用通道和支架信息表述的详细程度对学习者的学习投入的影响存在交互作用"，本实验结果显示，认知投入方面：无论是客观测量还是主观判断，学习支架信息的作用通道和描述详细程度的交互作用均不显著。情感投入方面：学习支架信息作用通道和描述详细程度对情感投入客观测量值的影响存在交互作用，在信息描述简明时，情感投入客观测量值为视听觉通道＞听觉通道＞视觉通道。当信息描述详细时，情感投入的客观测量值无显著差异。学习支架信息的作用通道和信息描述详细程度对情感投入主观判断值的影响不存在显著的交互作用。对于行为投入，学习支架信息的作用通道和信息描述详细程度对行为投入的影响不存在显著的交互作用。结果表明，支架信息作用通道和信息描述详细程度的交互作用影响主要体现在情感投入的客观测量值方面，部分验证 H3。当学习支架信息较为简明且作用于视听觉双通道时，有利于促进学习者的情感投入，但对学习投入的其他维度来讲，二者的交互作用不显著。

（2）学习支架信息描述详细程度和作用通道对学习效果的影响

本实验的假设 H4 为"学习支架信息的不同作用通道对学习者学习效果的影响显著。"本实验结果显示，作用通道对保持测试成绩、迁移测试成绩和总成绩的主效应并不显著，未能验证假设 H4。学习支架信息作用于视觉通道还是听觉通道对学习者的学习效果无显著影响。

本实验的假设 H5 为"支架信息表述的详细程度对学习者的学习效果影响显著"，本实验结果显示，信息描述的详细程度对保持测试成绩、迁移测试成绩和总成绩的主效应不显著，未能验证假设 H5。学习支架信息描述的详细程度对学习者的学习效果无显著影响。

本实验的假设 H6 为"学习支架信息的不同作用通道和支架信息表述的详细程度对学习者学习效果的影响存在交互作用"，实验结果显示：对于保持测试成绩，支架信息作用通道和信息描述详细程度对保持测试成绩的影响有极其显著的交互作用，当信息描述较为详细时，作用通道的主效应显著，学习者得保持测试成绩作用于听觉通道＞视听觉通道＞视觉通道。对于迁移测试成绩和总测试成绩，二者的交互作用显著，作用于听觉通道时，信息描述的详细程度主效应显著，信息描述详细组学习者的迁移测试成绩和总测试成绩显著高于信息描述简明组，完全验证假设 H6。学习支架信息的作用通道与信息描述的详细程度的交互作用对学习者的学习效果有着较为复杂的影响。

（3）学习支架信息描述详细程度和作用通道对认知负荷的影响

实验结果显示，无论是内在认知负荷、外在认知负荷、关联认知负荷还是总认知负荷，支架信息作用通道的主效应均不显著，信息描述详细程度的主效应均不显著，二者的交互作用也均不显著。信息作用通道方面，无论是作用于视觉通道、听觉通道还是视听觉通道，学习者的认知负荷均没有显著差异，表明学习支架信息作用于学习者的视觉还是听觉对学习者认知负荷的影响程度相似；信息描述的详细程度方面，无论是简明还是详细，学习者的认知负荷均没有显著差异，表明学习支架信息的详细程度对学习者认知负荷的影响程度也相似。学习者在六组不同水平上感知的认知负荷大小均无显著差异，相对稳定的认知负荷表明本实验中学习者的认知负荷主要由学习内容引起，受学习支架信息作用通道和描述的详细程度差异的影响较小。在认知负荷相近的情况下，学习支架信息作用通道和信息描述详细程度设计要素的选择则主要考虑学习者的学习投入差异和学习效果差异。

（4）学习支架信息描述详细程度和作用通道对眼动行为的影响

本实验的假设 H7 为"学习支架信息的不同作用通道对学习者眼动行为的影响显著"，实验结果显示：信息作用通道方面，对于总注视时间和总注视点个数，学习支架信息的作用通道主效应显著，均为听觉通道＞视听觉通道＞视觉通道。对于注视点平均持续时间，作用通道的主效应不显著，部分验证 H7。可能说明，学习支架信息的作用通道对学习者的眼动行为有着显著的影响，尤其是影响学习者的注意力分配、信息加工程度和认知策略。在学习支架信息作用于听觉通道时，在信息加工的双通道作用下，学习者具有较好的学习策略和较深的认知加工过程，因而认知投入程度较高，学习效果较为理想。

本实验的假设 H8 为"学习支架信息表述的详细程度对学习者的眼动行为影响显著"，实验结果显示：对于总注视时间、总注视点个数、平均注视点持续时间和瞳孔大小，学习支架信息描述的详细程度主效应均不显著，未能验证 H8。可能说明，学习支架信息描述的详细程度对于主要学习内容的认知加工过程没有显著影响。

本实验的假设 H9 为"学习支架信息的不同作用通道和支架信息表述的详细程度对学习者眼动行为的影响存在交互作用"，实验结果显示：对于总注视视觉、注视点个数和瞳孔大小，支架信息作用通道和信息描述详细程度的交互作用均不显著；对于平均注视点持续时间，信息作用通道和信息描述详细程度的交互作用显著，当信息作用于听觉通道时，信息描述详细程度的主效应显著，即在信息作用于听觉通道时，信息描述越详细，学习者的注视点持续时间越长，部分验证 H9。表明当学习支架信息作用于听觉通道时候，有利于学习者对主要学习内容的视觉信息加工，学习者将较多的视觉认知分配给主要的学习内容；学习支架信息描述越详细，越有利于学习者对主要学习内容的理解与分析，信息加工程度高，相应地，学习效果也较好。

同时研究也发现，学习支架在画面中的位置影响学习者的眼动行为和注意力分配情况，当支架位于画面右上方时最容易被学习者忽略，当位于画面的中间时，容易被学习者注意到，但点击和使用频率较低；当位于画面下方时，容易被学习者注意到，且被学习者点击和使用的频率较高。因此，在设计移动学习资源画面中的帮助提示类学习支架时，在优化画面内容的设计与布局时，应充分考虑学习者的视觉注意分配特点，以更好地为学习者提供恰到好处的学习提示和帮助。

2.学习投入对学习效果的预测作用

本实验通过控制学习者的先前知识，在不同的学习支架呈现形式条件下，通过多重回归分析的方法分析了学习投入与学习效果之间的关系。结果显示，学习投入5个维度的自变量可以联合预测学习成绩变异的20.2%，其中认知投入（专注度）和行为投入（学习时长）变量的回归系数达到显著水平。表明在移动学习不同的支架呈现形式条件下，学习者的认知投入和行为投入对学习效果的影响较大。情感投入对学习效果的影响虽然未达到显著水平，但也具有一定的预测作用。

本实验的研究结果显示，移动学习资源画面中学习支架的呈现方式设计在促进学习投入、减少认知负荷，提高学习效果方面有着积极的作用。同时也显示，学习投入作为影响学习者学习过程的重要因素，对学习效果有着显著的影响作用。因此，在进行移动学习资源和学习支架设计时，既要考虑移动学习的特点与需求，同时考虑学习支架设计对学习过程和学习投入的影响，在选择学习内容和进行教学设计的同时，考虑学习支架的表征形式和作用通道，优化移动学习资源设计，提高学习者的学习投入和学习效果。

3.实验结论

移动学习资源画面设计时，学习支架的作用通道和信息详细程度对学习者的学习动机无显著影响，且交互作用不显著。学习者的学习动机主要受到学习内容和其他资源设计因素的影响，学习支架的设计形式对学习动机的影响有限。

学习支架的作用通道显著地影响学习者的认知投入和行为投入，但对情感投入影响不显著。学习支架信息作用于不同的感觉通道时，对学习者的认知加工和学习行为产生直接影响。当学习支架信息以不同的感觉通道呈现给学习者时，学习者根据自己根据自身认知加工资源的情况进行有效的跨通道整合，以更好地促进信息的理解和吸收。信息的不同作用通道对于学习者的认知过程有着较大影响，但对学习者学习过程中的情感投入影响不显著，情感投入主要受学习者对内容的感兴趣程度及学习动机等主观体验的影响。

学习支架信息描述详细程度对认知投入和情感投入无显著影响，但显著影响学习者的行为投入，当学习支架的信息描述较为详细时有利于促进学习者的行为投入。

学习支架的作用通道和信息详细程度间的交互作用对学习者的认知投入和行为投入均无显著影响；但对学习者的情感投入的客观测量值的影响存在交互作用，在信息描述简明时，情感投入客观测量值为视听觉通道＞听觉通道＞视觉通道。当学习支架信息较为简明时，且作用于视、听觉双通道时，有利于促进学习者的情感投入，但对学习投入的其他维度来讲，二者的交互作用不显著。

学习支架的作用通道和信息描述详细程度均对学习者的学习效果无显著影响。但研究发现学习支架的作用通道和信息详细程度对学习效果的影响存在显著的交互作用。对于保持测试成绩，当信息描述较为详细时，作用通道的主效应显著，学习者的保持测试成绩优劣依次为：听觉通道＞视听觉通道＞视觉通道。对于迁移测试成绩和总测试成绩，作用于听觉通道时，信息描述的详细程度主效应显著，信息描述详细组学习者的迁移成绩和总成绩优于信息描述简明组。学习支架信息的作用通道与信息描述的详细程度的交互作用对学习者的学习效果的影响较为复杂。

学习支架的作用通道和信息详细程度对学习者的认知负荷无显著影响，且交互作用不显著。学习者的认知负荷主要受到学习内容和其他资源设计因素的影响，学习支架的设计形式对认知负荷的影响有限。

学习支架信息的作用通道对于学习者总注视时间和总注视点个数的主效应均显著，学习者的总注视时间和总注视个数均为：听觉通道＞视听觉通道＞视觉通道。学习支架信息的作用通道对注视点平均持续时间和瞳孔大小无显著影响。学习支架信息的作用通道影响学习者的注意力分配、信息加工程度等认知策略。

学习支架信息表述的详细程度对于总注视时间、总注视点个数、平均注视点持续时间和瞳孔大小均无显著影响。学习支架信息描述的详细程度对于学习者的眼动行为影响程度有限。

学习支架信息的不同作用通道和支架信息表述的详细程度对学习者眼动行为影响的交互作用显著。在信息作用于听觉通道时，信息描述越详细，学习者的注视点持续时间越长，表明当学习支架信息作用于听觉通道时候，学习者将较多的视觉认知分配给了主要的学习内容。

学习支架在画面中的位置影响学习者的眼动行为和注意力分配，当支架提示位于画面右上方时最容易被学习者忽略，当位于画面的中间时，容易被学习者注意到，但点击和使用频率较低；当位于画面下方时，容易被学习者注意到，且被学习者点击和使用的频率较高。在优化画面内容的设计与布局时，应充分考虑学习者的视觉注意分配特点，以更好地为学习者提供恰到好处的学习提示和帮助。

学习投入可以显著影响学习效果，学习投入对学习效果具有较强的正向影响作用，即学习过程中越投入，其学习效果越好。学习者的眼动行为与学习投入及学习效果的变化具有较高的一致性；学习结果受学习投入和学习动机的正向影响，眼动行为的变化进一步支持了这一研究结论。

学习支架呈现形式设计在促进学习投入、减少认知负荷，提高学习效果方面有着积极的作用和复杂的影响，在进行移动学习资源画面设计时应充分考虑学习支架设计带来的学习投入、认知负荷的差异，以提高学习效果。

在本实验中，以脑波测试为主的学习投入客观测量，以问卷为主的学习投入，眼动仪客观测量的眼动行为，以及测试成绩间的变化具有着较高的一致性，具有三角互证研究方法的特性，相互印证，从多个维度说明移动学习资源中学习支架的设计影响学习者的学习过程和学习行为，并进一步影响学习结果。

三、移动学习资源画面支架设计规则讨论

（一）学习支架设计对学习投入和学习效果的影响

实验结果表明，学习支架呈现形式对学习投入不同维度上的影响存在差异。当学习支架信息作用于学习者不同的感觉通道时，学习者根据自身认知加工资源的情况进行有效的跨通道整合，以更好地促进信息的理解和吸收。从总体上看，学习支架以详细的信息作用于听觉通道时，学习者的学习动机、学习投入、学习效果及注视点个数均为最好，其次是以简明的信息作用于视觉通道，效果最不理想的是以简明的信息作用于听觉通道，和以详细的信息作用于视觉通道。当作用于视听觉通道时，信息的详细和简明描述没有显著的优

势或劣势。

当学习支架信息作用于不同的视、听觉通道时，对学习者的认知投入产生了较大的影响，同时在此基础上显著影响了学习者的行为投入，但对学习者的情感和动机方面的影响差异不大。支架信息的详细程度差异对认知投入和情感投入的影响不显著，但对行为投入有显著影响，信息描述越详细越能促进学习者的行为投入。支架信息的作用通道和信息描述详细程度的交互作用的影响主要体现在情感投入的客观测量值方面，当学习支架信息较为简明时，且作用于视、听觉双通道时，有利于促进学习者的情感投入。学习支架的作用通道和信息描述详细程度均对学习者的学习效果无显著影响，但交互作用复杂。同时也发现学习支架在画面中的位置影响学习者的眼动行为和注意力分配，在优化画面内容的设计与布局时，应充分考虑学习者的视觉注意分配特点，以更好地为学习者提供恰到好处的学习提示和帮助。

（二）学习投入与学习效果的关系

本实验同样表明：通过学习者学习过程中的学习投入情况可以正向预测其学习效果，即学习过程中越投入，其学习效果越好。在移动学习资源画面设计中，不同学习支架呈现形式条件下，学习者的认知投入和行为投入对学习效果的影响较大，情感投入对学习效果的影响虽然未达到显著水平，但也具有一定的预测作用，这与研究一的结论一致。学习支架设计在促进学习投入、提高学习效果方面有着积极的作用和复杂的影响。

（三）基于实验结果的移动学习资源画面支架设计规则描述

根据研究结果可知，当采用音频形式呈现学习支架信息时，信息的描述程度应尽量详细，学习者可以通过听觉通道获取更多的信息，有利于学习投入和学习效果的提高。当采用文本形式呈现学习支架信息时，信息的描述程度应尽量简明，让学习者较好地把握支架信息要点，以减少学习过程中学习支架信息与主题内容信息量过大，引起信息超载，降低学习效果。当信息作用于视听觉通道时，信息描述的详细程度差异没有显著的优势，可根据需要进行选择。这与不同感官反馈的叠加可以加强用户感知、提升控制感有关，作用于视觉通道的反馈和作用于听觉通道的反馈相结合，这种情况下学习者对支架信息的把握更清晰，因此其信息描述程度差异并未产生显著影响。

同时，在设计学习支架时，要考虑支架位置对学习者注意力和学习行为的影响。在不影响画面主题内容布局安排的前提下，学习支架在画面中呈现位置的优劣顺序为：画面下方、画面中间、画面右上方。其他位置的设计效果有待进一步的实验验证。具体设计规则如下：

规则： 学习支架设计应依据支架信息作用通道类型对支架信息进行恰当设计。

细则 1 当支架信息以音频形式呈现时，信息描述尽可能详细。

细则 2 当支架信息以文本形式呈现时，信息描述尽可能简明。

细则 3 当支架信息以文本+音频呈现时，信息描述可根据需要进行选择。

细则 4 学习支架位置对注意力和操作行为有影响，建议位置的优劣顺序为：画面下方、画面中间、画面右上方。

第四节 移动学习资源画面的沉浸体验设计实证研究案例

一、沉浸体验设计理念——情境的具身性是学习深层投入的环境基础

具身认知理论认为主体的身体和心理均参与主体的认知过程。主体的心理与身体，以及环境构成了认知不可或缺的要素，构成了主体的认知生态系统。[①]具身认知理论强调身体参与性、情境性、生成性和动力性等。学习者通过与学习环境之间通过双向建构、自我生成和自我循环的方式进行互动，获得具身的学习经验。[②]皮亚杰认为感觉运动系统是认知发展的重要部分，是认知发展的驱动力。移动设备终端直接输入输出式的触觉型交互使得用户的思维和行为之间的认知距离缩短，用户的手动输入行为与输入意图相一致，交互效果优于鼠标键盘控制式的交互。

沉浸是一种积极、愉悦、并具有挑战性的持续心理状态，是个体一心一意专注于所做事情的一种心理状态，具有较强沉浸体验的个体，其心理投入水平较高，并具有目标清晰、兴趣浓厚、勇于挑战、全神贯注等特征。[③]沉浸理论强调学习者的兴趣与学习动机，是一种体现学习者行为和动机关系的理论。在高沉浸感的移动学习环境下，学习者依据自身的内驱力学习，较强沉浸感的学习环境能够为学习者提供丰富的感知经验，学习效果更好。

新技术的发展使学习者对学习资源直接操作控制的层次不断提升。沉浸理论同样适用于移动学习条件下的沉浸式虚拟交互环境，学习者与设备的交互具有符合日常物质世界交互的自然性、多感官协调特性、简洁性的特点，更有利于学习的开展。身体作为感受移动设备的主体，不仅从感官上感受移动设备，也从动觉上感受移动设备的功能。[④]使用移动设备进行学习时，功能上的反馈提示也会对学习者的交互手感产生较大影响，身体知觉系统对移动设备的操作行为会影响学习者操作时的认知和情绪。有研究显示当学习者使用了触屏设备后，其空间信息记忆力提升了19%，触屏交互为学习者提供了直接的动觉线索。[⑤]利用画面设计为学习者营造高沉浸感的学习环境，使学习者处于兴奋与专注状态，过滤掉其他与学习内容无关的感知，将精力高度集中于学习对象上，积极主动地投入。

二、移动学习资源三维互动界面设计对学习投入影响的实验研究

在移动学习资源画面中设计调动学习者身心参与的深度交互形式，可以提高学习者在学习过程中的沉浸感。人与移动设备传统的交互方式以二维平面互动为主，随着 VR、AR

①郑旭东，王美倩．"感知—行动"循环中的互利共生：具身认知视角下学习环境构建的生态学[J]．中国电化教育，2016(9)：74—79.

②王美倩，郑旭东．基于具身认知的学习环境及其进化机制：动力系统理论的视角[J]．电化教育研究，2016(6)：54—60.

③苗元江，李明景，朱晓红．"心盛"研究述评——基于积极心理学的心理健康模型[J].上海教育科研，2013，(01)：26—29.

④李青峰．基于具身认知的手持移动终端交互设计研究[D]．江南大学，2016：27—36.

⑤[美]J·Michael Spector，M·David Merrill，Jan Elen 等．教育传播与技术研究手册（第四版）[M]．任友群，焦建利，刘美凤等译，华东师范大学出版社，2015：872—875.

技术受到关注，基于移动终端的人机交互突破二维平面，基于三维界面的人机交互方式成为许多设计师和开发者关注的重点。三维界面可以通过三维场景使得信息展示更加直观，更加接近真实环境，构建具有三维空间特征的自然人机交互方式。三维虚拟物体通过移动终端呈现，以手势操作为基础，模拟真实世界的人和物的交互方式和交互行为，使用户可以全方位地体验，增加沉浸感，对事物的理解更深刻，更容易掌握。移动学习越来越重视基于触摸屏的使用体验，对移动设备的互动元素设计提出更高要求。内容丰富、形式多样的三维界面和自然的手势交互不仅增强学习者的代入感和沉浸感，更能激发学习者的学习动机和积极的学习行为。移动终端基于三维界面的沉浸式互动设计有利于营造学习者身心参与的具身式学习环境，使学习者深度融入学习环境，激发积极情感，促进学习投入，培养学习者的高级认知能力和批判思维水平，促进学习者高阶认知目标的达成。基于移动设备终端的三维界面交互设计需要充分考虑屏幕尺寸的限制，只有设置了适合移动设备屏幕呈现的学习内容，才能很好地满足学习者的自然交互需求，增强沉浸感和学习投入。

尽管当前 VR 和 AR 在学习中的应用受到资源开发者、研究人员和一线教师的关注，但目前有关移动设备三维界面交互设计对学习投入和学习效果影响方面的实证研究相对贫乏。基于三维界面的移动学习资源能给学习者带来学习过程和学习体验哪些方面的改进，在设计和应用过程中存在哪些问题，容易给学习者带来什么样的困惑，目前尚无法清晰地回答。在移动学习中应用较为广泛的移动终端包括智能手机和平板电脑。当前主流的手机屏幕大小为 5－5.5 英寸，主流的平板大小为 9.7 英寸，不同的屏幕尺寸在进行三维界面展示时不仅带来较大的呈现方式差异，同时也会带来较大的使用体验差异。在进行基于移动端的三维界面设计时，如何更好适应不同尺寸移动设备，为学习者创造良好的使用体验和使用效果，产生良好的用户满意度，是移动端三维界面设计需要考虑的重要问题。

通过实验研究的方法，同时借助于生物反馈系统脑波仪实时记录不同三维界面互动条件和不同移动设备终端条件下，学习者的学习过程、学习动机、学习投入和认知负荷的差异，进而探索不同三维界面互动设计对学习结果的影响。

（一）实验目的

探讨在平板和手机两种移动设备终端，学习者使用三维界面和传统二维界面互动操作方式条件下，学习者的学习动机、学习投入、认知负荷和学习效果的差异。

（二）实验假设

围绕实验目的，本实验的基本假设有：H1 有无三维界面互动的不同条件下学习者的学习投入存在显著差异；H2 使用平板电脑和智能手机条件下学习者的学习投入存在显著差异；H3 界面呈现方式和移动设备终端类型对学习者学习投入的影响存在显著的交互作用。H4 有无三维界面互动的不同条件下学习者的学习效果存在显著差异；H5 使用平板电脑和智能手机条件下学习者的学习效果存在显著差异。H6 界面呈现方式和移动设备终端类型对学习者学习效果的影响存在交互影响作用。

（三）实验方法

1.实验设计

采用 2（有无三维互动界面）×2（移动设备类型）两因素完全随机实验。自变量：有无三维互动界面和移动设备类型，其中有无互动界面分为有和无两个水平；移动设备类型分为平板电脑和智能手机两个水平。因变量：学习动机、学习投入、认知负荷和学习效果。

2.被试

从 H 大学的本科生中招募 110 名学生作为被试，剔除实验过程中先前知识过高或脑波数据未采集到被试共计 6 名，共得到有效被试 104 名，其中男生 30 人，女生 74 人，平均年龄 19.4 岁。随机分配到有三维互动界面的 iPad 组、有三维互动界面的智能手机组、无三维互动界面的 iPad 组、无三维互动界面的智能手机组，每组 26 人。每位被试在实验结束时均获得一定报酬。

3.实验材料

（1）学习材料

学习材料采用 H5 平台制作，其中的三维展示内容通过 3Dmax 建模、贴图、渲染后经由基于 WEB 的 3D 展示平台 3D 秀搭载，并嵌入到 H5 页面中进行调用。3D 秀强大的平台展示功能和快速的加载速度使得基于移动终端的三维展示界面仅需要 2－4 秒即可加载完成，并具有自如的互动操作功能，如 360 度旋转、缩放、平移、模型分解、剖切等功能，并能根据需要为不同的模型部位进行标注和解释。学习材料的内容为"心脏结构与血液循环"，该内容曾经被王雪 [1]、林立甲 [2] 等人成功使用过。在原来的基础上进行了进一步的设计与开发，以适应移动设备的特点。学习内容共包括共计 1500 字左右，与学习内容有关的图片 8 张，表格 1 个，主要介绍心脏的位置与组成、血管和血液循环等知识内容，由手机端或平板电脑呈现给学习者，学习者根据掌握情况自主控制学习进度。四组学习材料在内容选择与组织，以及画面布局上保持相同，不同之处在于，无三维互动的两组学习材料全部采用文字+图片的二维平面方式展示，学习材料在平板电脑端和手机端可以进行自适应；有三维互动的两组学习材料在文字＋图片的二维平面展示基础上，在心脏、动脉和静脉三处增加了三维模型的互动展示，学习者可在三维界面上进行全方位的观察、操作和互动，学习材料在平板电脑和手机端同样可以自适应。四组学习材料的样例效果如图 5－35 所示。

---

①王雪，王志军，付婷婷. 交互方式对数字化学习效果影响的实验研究[J]. 电化教育研究，2017，38（07）：98－103.
②林立甲. 基于数字技术的学习科学理论、研究与实践[M]. 上海：华东师范大学出版社，2016：87－88.

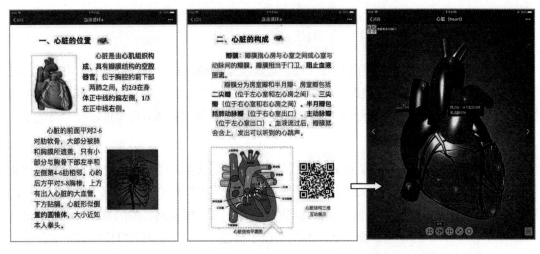

图 5-35a iPad 版有三维互动的学习内容画面样例

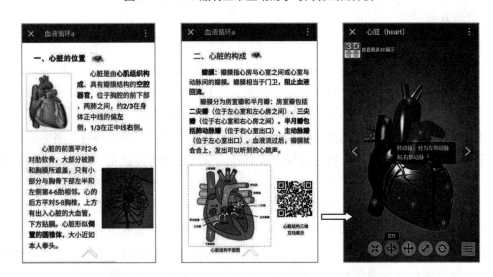

图 5-35b 智能手机版有三维互动的学习内容画面样例

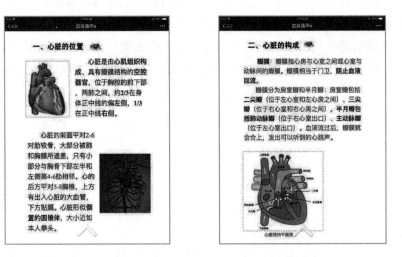

图 5-35c iPad 版无三维互动的学习内容画面样例

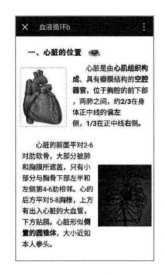 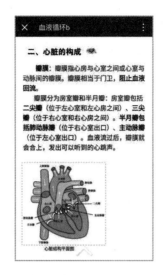

图5-35d 智能手机版无三维互动的学习内容画面样例

图5-35 不同组设计材料样例截图

其中iPad和智能手机有三维互动的学习材料中，心脏构成部分的二维码识别后可以进入心脏的三维模型互动操作场景；iPad和智能手机无三维互动的学习材料中没有可以进入三维模型互动操作场景的二维码，学习者仅进行基于二维平面的学习。除此之外，四组材料在其他方面完全一致。

（2）测试材料

测试材料包括基本信息、先前知识测试、学习效果测试、问卷部分（包括 PAS 问卷、动机问卷、认知投入问卷和认知负荷问卷）。

①基本信息包括被试的性别、年龄、专业、联系方式等基本信息。

②前测知识试题：包括 5 道测试题，其中 4 道为选择题，考查被试对学习主题的熟悉程度，属于主观评定试题，每题 2 分；第 5 道题为客观测试题，考查被试对主题知识的掌握情况，共有 7 个知识点，每个知识点 1 分，答对一个计 1 分；5 道前测试题共计 15 分。被试前测成绩若高于 7.5 分，则被视为高知识基础被试，将其剔除。

③中性情绪调节视频，同实验 1。

④学习效果测试题包括保持测试和迁移测试：保持测试题包括 10 个位置识别和 5 个填空题，每个空 2 分，共计 30 分；迁移测试包括 15 个选择题，每个 2 分，共计 30 分。其中，保持测试主要考察被试的记忆能力，试题答案可以在学习材料中找到；迁移测试主要考察学习者理解和运用所学知识的能力，需要被试理解学习材料后进行整合后能够灵活运用。学习内容和测试题在设计完成后均经过相关专业领域教师修改和评定，以确保无学科性错误。

⑤问卷部分，同实验 1。

测试材料具体内容见附录 5。

4.实验设备

平板电脑一部：用于为被试呈现学习材料。型号为 iPad air2，处理器为苹果 A8X，操作系统为 iOS 8，系统内存 2 GB，存储容量 64 GB，屏幕尺寸为 9.7 英寸，屏幕分辨率为 2048×1536，屏幕为电容式触摸屏、多点式触摸屏。

智能手机一部：用于为被试呈现学习材料。型号为 OPPO R11，处理器为高通骁龙 660，操作系统为 Android 7.1.1，运行内存为 4 GB，存储容量 64 GB，屏幕尺寸为 5.5 英寸，分辨率为 1920×1080（FHD），屏幕为电容式触摸屏、多点式触摸屏。

脑波仪设备一套：用于采集被试学习过程中的脑波数据。型号为视友科技的第五代便携式脑波仪 CUBand，使用 EEG 脑电生物传感器，信号采样频率为 512 Hz，信号精度为 0.25 uV，ADC 精度为 12 bit；配套软件为佰意通脑电生物反馈训练系统专业版；Thinkpad T410 便携式手提电脑用于运行佰意通脑电生物反馈训练系统，实时记录被试的脑波数据。

5.实验流程与注意事项

实验的具体流程如图 5－36 所示。

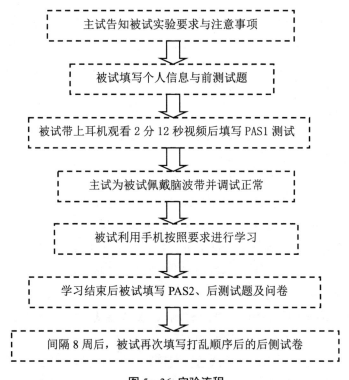

图 5－36 实验流程

需要说明的是，在学习过程中，被试自主掌握学习进度，可以根据自己掌握情况进行适当回看。并提醒被试注意：一旦学习结束开始做测试题，则不允许再回看手机中的学习内容。每个被试完成整个实验时间大约 40－45 分钟。

（四）数据分析

利用统计产品与服务解决方案（SPSS）22.0 对数据进行管理和分析。

在本次实验中，各测量量表的 α 系数为：PAS 前测 α 系数为 0.831，PAS 后测（情感投入主观判断）α 系数为 0.874，动机量表 α 系数为 0.746，认知投入（主观判断）量表 α 系数为 0.875，认知负荷量表 α 系数为 0.730，各测量量表的信度均在可接受范围内。

对学习者的中性情绪调节效果值进行分析，看不同被试组间是否存在显著差异，结果如表 5－27 所示。

表 5－27 被试的 PAS 前测结果（M±SD）

交互类型	有三维互动		无三维互动	
设备类型	平板（n=26）	手机（n=26）	平板（n=26）	手机（n=26）
前测 PAS	20.24±5.25	20.96±5.54	20.50±3.36	20.12±4.38

可以看出，各组被试在观看过中性调节视频后，其积极情绪状态值非常接近，达到中性调节的效果，各组被试在学习内容测试前的情绪情感状态一致。

1.学习动机分析

不同组被试的学习动机结果如表 5－28 所示。

表 5－28 被试学习动机得分情况（M±SD）

有无三维互动	设备类型	学习动机
有	平板	38.85±6.45
	手机	38.62±6.72
无	平板	35.69±7.38
	手机	36.15±7.11

可以看出，有无三维互动，不同设备类型条件下，学习者的学习动机间存在差异。有三维互动时被试的学习动机高于无三维互动时。因设备类型的差异而产生的学习动机差异则相对较小。无论是平板电脑，还是智能手机，在有三维互动操作条件下，被试的学习动机均高于无三维互动操作的条件，这可能表明三维互动操作有利于激发学习者的兴趣，提高学习动机。四组被试的学习动机如图 5－37 所示。

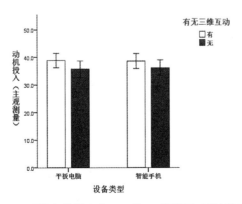

图 5－37 不同设备类型和有无三维互动不同组别的学习动机

    进一步对有无三维互动操作和不同设备类型的学习动机情况进行两因素被试间方差分析，了解有无三维互动和设备类型的主效应和交互作用情况。设备类型（$F_{(1, 100)}=0.007$，$p=0.932>0.05$）主效应不显著，有无三维互动（$F_{(1, 100)}=4.277$，$p=0.041<0.05$）主效应显著，有三维互动（38.73±6.52）时被试的学习动机显著大于无三维互动（35.92±7.18）；二者的交互作用（$F_{(1, 100)}=0.065$，$p=0.799>0.05$）不显著。表明设备类型对学习者对学习动机无显著影响，有无三维互动对学习者的学习动机有显著影响，有三维互动时学习者的学习动机更强。

    2.学习投入分析

    （1）学习投入各维度的数据分析

    在本实验中，学习投入指标包括脑波仪获取的客观测量数值和问卷测量获取的主观判断数值，客观测量数值包括专注度、放松度和学习时长；主观判断数值包括 PAS 数据、认知投入等问卷数据。其中专注度、认知投入问卷表征认知投入水平，放松度与 PAS 问卷表征情感投入水平，学习时长作为行为投入的参考水平。结果如表5－29 所示。

表5－29 各组被试学习投入得分情况（M±SD）

有无三维互动	设备类型	认知投入		情感投入		行为投入
		客观测量（专注度）	主观判断（投入问卷）	客观测量（放松度）	主观判断（PAS 问卷）	客观测量（学习时长（S））
有	平板	52.54±9.24	49.65±9.93	62.15±8.06	21.08±5.56	1108.19±415.54
	手机	52.00±11.44	48.77±9.80	62.92±7.63	21.00±4.60	918.85±270.80
无	平板	56.08±9.97	42.89±13.45	60.06±9.58	20.65±6.96	492.04±163.01
	手机	53.15±11.73	44.73±13.00	63.35±7.94	19.42±4.83	569.19±290.82

    可以看出，有无三维互动和不同设备类型条件下，学习者的认知投入、情感投入和行为投入均存在差异。认知投入方面，有三维互动时，学习者的认知投入的客观测量值低于没有三维互动时的值，但认知投入主观判断值则高于没有三维互动时的值。情感投入方面：有三维互动时，学习者的情感投入客观测量值较为接近；在无三维互动时，使用手机学习的被试的情感投入客观测量值大于使用平板的被试，情感投入的主观判断值则相反。客观测量的行为投入，在有三维互动的条件下均高于无三维互动的学习条件。因设备类型的差异而产生的学习投入各维度上的差异则相对较小。

    无论是平板电脑，还是智能手机，在有三维互动操作条件下，被试的行为投入均高于无三维互动操作的条件，这可能表明三维互动操作有利于提高学习者的参与积极性，从而有利于学习行为的增加。认知投入方面，被试的主观判断值与客观测量值不一致，有三维互动的学习投入主观判断值高于无三维互动的学习条件，客观测量值则低于无三维互动的条件，这可能表明三维互动对学习者的认知投入影响较为复杂，当加入三维互动因素时，由于操作行为的增加，学习者需要适应相对更为复杂的学习环境，反应在客观测量值上则为学习者的专注度有所降低；但新奇的互动方式使得学习者感知的认知投入则相对较高。情感投入的客观测量和主观判断间也存在一定的差异，有三维互动操作有利于提高学习者对情感投入的主观判断；但客观测量值则出现了设备类型间的差异，在有三维互动的条件下，平板电脑和智能手机条件下学习者的情感投入客观测量值差异不大，而在无三维互动条件下，使用手机的情况下学习者的情感投入的客观测量值高于使用平板电脑的情况，这可能说明，三维互动操作和设备类型对学习者情感投入的影响较为复杂，在有三维互动时，大屏幕的平板电脑优势较为明显，但在无三维互动时，学习者对手机的使用方式更为熟悉，因此其情感投入高于使用平板电脑。

总体上来讲，在促进学习投入方面，有三维互动操作的优势大于无三维互动操作，但认知投入和情感投入各维度值受到有无三维互动操作和设备类型的影响情况较为复杂。进一步对有无三维互动操作和不同设备类型的学习投入情况进行两因素被试间方差分析，了解有无三维互动和设备类型的主效应和交互作用情况。

认知投入：四组被试的认知投入如图5-38所示。

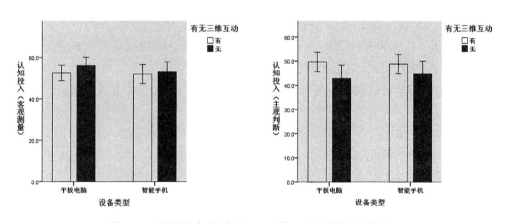

图5-38 不同设备类型和有无三维互动组别的认知投入

有无三维互动和设备类型对认知投入影响的主效应和交互作用情况：客观测量值（专注度）：设备类型（$F_{(1,100)}=0.687$, $p=0.409>0.05$）主效应不显著，有无三维互动（$F_{(1,100)}=1.263$, $p=0.264>0.05$）主效应不显著，二者的交互作用（$F_{(1,100)}=0.326$, $p=0.569>0.05$）不显著。表明设备类型和有无三维互动对学习者认知投入客观测量值均无显著影响。主观判断值（问卷值）：设备类型（$F_{(1,100)}=0.044$, $p=0.834>0.05$）主效应不显著，有无三维互动（$F_{(1,100)}=5.575$, $p=0.020<0.05$）主效应显著，有三维互动（49.21 ± 9.78）显著大于无三维互动（43.81 ± 13.13）；二者的交互作用（$F_{(1,100)}=0.356$, $p=0.552>0.05$）不显著。表明设备类型对认知投入主观判断值无显著影响，有无三维互动对认知投入主观判断值有显著影响。

情感投入：四组被试的情感投入如图5-39所示。

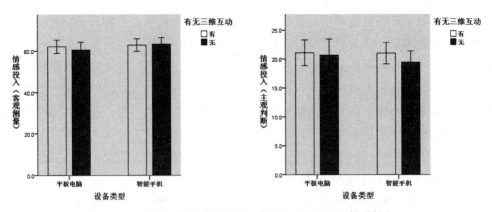

图5-39 不同设备类型和有无三维互动不同组别的情感投入

有无三维互动和设备类型对情感投入影响的主效应和交互作用情况：（1）客观测量值（放松度）：设备类型（$F(1, 100)=1.223$，$p=0.272>0.05$）主效应不显著，有无三维互动（$F(1, 100)=0.142$，$p=0.707>0.05$）主效应不显著，二者的交互作用（$F(1, 100)=0.403$，$p=0.527>0.05$）不显著。表明设备类型和有无三维互动对学习者情感投入客观测量值均无显著影响。（2）主观判断值（问卷值）：设备类型（$F(1, 100)=0.359$，$p=0.550>0.05$）主效应不显著，有无三维互动（$F(1, 100)=0.840$，$p=0.362>0.05$）主效应不显著，二者的交互作用（$F(1, 100)=0.280$，$p=0.598>0.05$）不显著。表明设备类型和有无三维互动对学习投入主观判断值均无显著影响。

行为投入：四组被试的行为投入（学习时长，单位为"秒"）如图5-40所示。

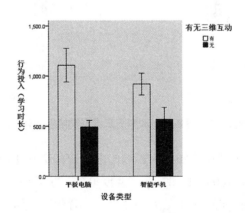

图5-40 不同设备类型和有无三维互动不同组别的行为投入

有无三维互动和设备类型对行为投入影响的主效应和交互作用情况：设备类型（$F(1, 100)=0.900$，$p=0.345>0.05$）主效应不显著，有无三维互动（$F(1, 100)=68.045$，$p=0.000<0.01$）主效应极其显著，有三维互动（1014.02 ± 360.05）显著大于无三维互动（530.62 ± 236.65）；二者的交互作用（$F(1, 100)=5.132$，$p=0.026<0.05$）显著。表明设备类型对行为投入无显著影响，有无三维互动对学习者的行为投入有极其显著的影响，设备类型和有无三维互动对学习者行为投入的影响存在交互作用。

设备类型和有无三维互动对行为投入的影响有交互作用,应进一步进行简单效应分析:在有三维互动条件下,使用平板电脑和智能手机被试的行为投入差异边缘显著($F_{(1, 101)}$=3.10,p=0.081<0.1),使用平板电脑的行为投入(1108.19±415.54)接近显著地大于使用智能手机(919.85±270.80);在无三维互动条件下,使用平板电脑和智能手机被试的行为投入无显著差异($F_{(1, 101)}$=0.52,p=0.472>0.05)。

(2)学习投入的脑波分析

在四组被试中分别选取专注度接近各组均值的被试,对其学习过程中的认知投入(专注度)和情感投入(放松度)的动态变化情况进行对比分析,如图5-41、5-42所示。

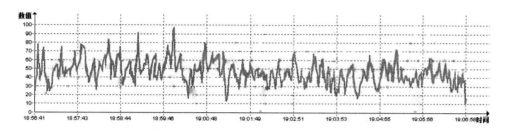

a.平板电脑—有三维互动

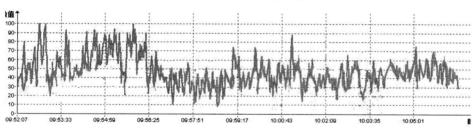

b.智能手机—有三维互动

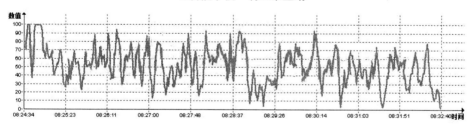

c.平板电脑—无三维互动

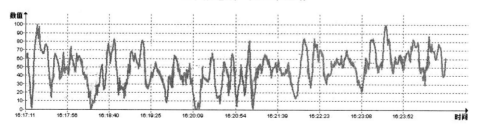

d.智能手机—无三维互动

图5-41 不同组别代表性被试专注度脑波变化图

由图 5-41 的专注度脑波变化图可以看出，有无三维互动对学习者学习过程中专注度的变化影响存在一定差异。对于有三维互动设计，使用平板电脑和智能手机的学习者的专注度在学习过程中存在相似的变化趋势。在学习过程的中前期，学习者的专注度较高，之后呈现逐渐下降的趋势，到中后期，智能手机组呈现轻微的上升但幅度不大，平板电脑组则未出现上升情况。表明三维互动操作方式对于吸引学习者注意力，在学习初期保持较高的专注度有着较高的优势。但由于三维互动增加了学习者的认知努力，延长了学习时间，当三维互动学习内容的刺激消失后，与有三维互动的内容相比，无三维互动时学习者的专注度出现了显著的下降。因此在进行三维互动学习内容设计时，除了考虑激发学习者的高专注度外，也要充分考虑如何使学习者长时间维持较高的专注度。对于无三维互动的设计，使用平板电脑时，学习者初始的专注度较高，随后出现一定程度的下降，但在学习的中期又出现一定幅度的回升，之后逐渐呈现稳定的波动趋势；使用智能手机时，学习后则整个过程中的专注度变化幅度较为均衡，早期较高，中期出现小幅度下降，但后期又逐渐上升，整体上无三维互动条件下学习者的专注度变化幅度较为平稳。说明三维互动设计对于学习者的专注程度有较大的影响，有三维互动设计时，三维互动内容会引起学习者较高的专注度，但随着三维互动的结束，学习者的专注度反而出现下降，整个学习过程中呈现较大幅度的变化；无三维互动时学习者专注度的变化则相对比较平稳。因此，设计三维互动时除了考虑三维互动给学习者带来的高认知投入的同时，还要考虑当这种刺激消失时，如何使学习者的专注度平稳过渡。

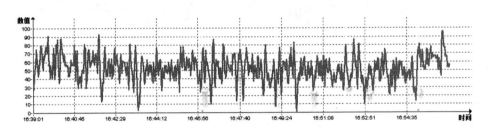

a.平板电脑—有三维互动

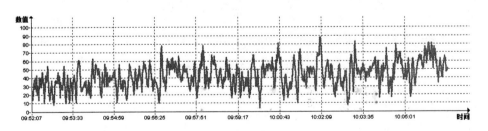

b.智能手机—有三维互动

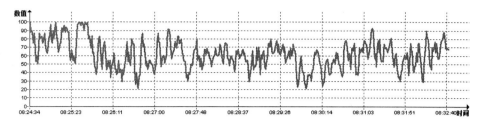

c.平板电脑—无三维互动

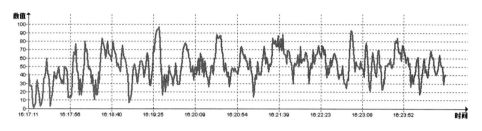

d.智能手机—无三维互动

图5-42 不同组别代表性被试放松度脑波变化图

图5-42典型被试放松度脑波变化图显示,有无三维互动对学习者学习过程中放松度的变化影响存在一定差异。对于平板电脑,无论是有三维互动还是无三维互动,学习者的放松度变化呈现相似的趋势,即学习开始期间放松度较高,随着学习的深入,放松度呈下降趋势,之后逐渐上升,到学习过程的中后期又达到较高水平。表明平板电脑对学习者情感的影响呈现两端高,中间低的特点。对于智能手机,无论有无三维交互,学习者的放松度呈现学习开始阶段较低,随着学习时间的推移逐渐提高并达到相对稳定状态,整体上智能手机对学习者放松度的影响呈现较为稳定的特点,这可能与学习者平时使用智能手机较为频繁,熟悉程度高有关。表明设备类型对学习者学习过程中放松度的影响有一定差异,而三维互动对学习者学习过程中放松度的影响没有显著差异。

3.学习效果分析

在本实验中,学习效果指标包括保持测试成绩、迁移测试成绩和总测试成绩。其中,保持测试为填空题和判断题等客观题型,迁移测试为选择题,也为客观题型。测试成绩情况如表5-30所示。

表5-30 各组被试测试成绩情况（M±SD）

有无三维互动	设备类型	保持成绩	迁移成绩	总成绩
有	平板电脑	21.77±5.13	18.54±3.82	40.31±7.83
	智能手机	21.27±6.08	15.62±3.92	36.89±8.33
无	平板电脑	16.23±6.23	14.85±4.13	31.08±8.55
	智能手机	18.58±5.40	16.23±3.85	34.81±8.39

　　可以看出，有无三维互动，不论是平板电脑还是智能手机，学习者的保持测试成绩、迁移测试成绩和总成绩均存在差异。无论是平板电脑，还是智能手机，当有三维互动时，学习者的保持测试成绩和总成绩均高于无三维互动。这可能表明，无论是平板电脑还是智能手机，三维互动操作具有利于提高学习者的学习效果。四组被试的保持测试成绩、迁移测试成绩和总成绩如图 5－43 所示。

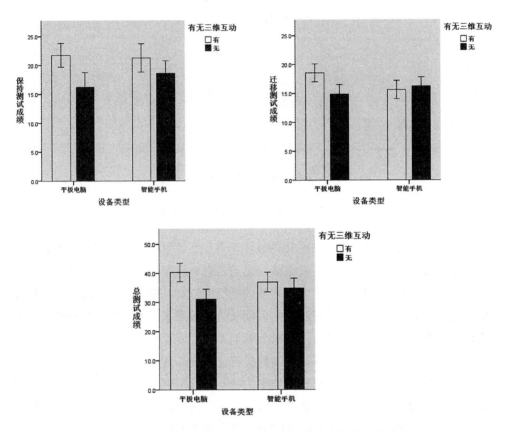

图 5－43 不同设备类型有无三维互动不同组别的学习效果

　　进一步对不同设备类型和有无三维互动条件下学习者的学习效果进行两因素被试间方差分析，了解设备类型和有无三维互动的主效应和交互作用情况。

　　（1）保持测试成绩：设备类型（F（1，100）=0.675，p=0.413>0.05）主效应不显著；有无三维互动（F（1，100）=13.414，p=0.000<0.01）主效应极其显著，有三维互动（21.52±5.57）显著大于无三维互动（17.40±5.89）；二者的交互作用（F（1，100）=1.064，p=0.208>0.05）不显著。表明设备类型对学习者的保持测试成绩无显著影响，有无三维互动对保持测试成绩有极其显著的影响。

　　（2）迁移测试成绩：设备类型（F（1，100）=0.996，p=0.321>0.05）主效应不显著，有无三维互动（F（1，100）=3.984，p=0.049<0.05）主效应显著，有三维互动（17.08±4.11）显著大于无三维互动（15.54±4.01）；二者的交互作用（F（1，100）=7.809，p=0.006<0.01）极其显著。表明设备类型对学习者的迁移测试成绩无显著影响，有无三维互动对迁移测试

成绩有显著影响，设备类型和有无三维互动对迁移测试成绩有极其显著的交互作用。

设备类型和有无三维互动对迁移测试成绩的影响存在交互作用，应进一步进行简单效应分析：在有三维互动的条件下，设备类型的主效应极其显著（$F(1,101)=6.98, p=0.010$），平板电脑组被试成绩（$18.54±3.82$）显著大于智能手机组被试成绩（$15.62±3.92$）；在无三维互动条件下，设备类型的主效应不显著（$F(1,101)=1.57, p=0.213>0.05$）。

（3）总测试成绩：设备类型（$F(1,100)=0.009, p=0.925>0.05$）主效应不显著，有无三维互动（$F(1,100)=12.126, p=0.001<0.01$）主效应极其显著，有三维互动组总成绩（$38.60±8.19$）极其显著地高于无三维互动组（$32.94±8.59$）；二者的交互作用（$F(1,100)=4.853, p=0.030<0.05$）显著。表明设备类型对学习者总测试成绩无显著影响，有无三维互动对总测试成绩有着极其显著的影响，设备类型和有无三维互动对总测试成绩有显著的交互作用。

设备类型和有无三维互动对学习者的总测试成绩的影响有交互作用，应进一步进行简单效应分析，在使用平板电脑时，有无三维互动的主效应极其显著（$F(1,101)=16.32, p=0.000<0.01$），有三维互动组的总成绩（$40.31±7.83$）极其显著高于无三维互动组（$31.08±8.55$）。使用智能手机的被试，有无三维互动的主效应则不显著（$F(1,101)=0.83, p=0.366>0.05$）

4.认知负荷分析

在本实验中，认知负荷指标包括内在认知负荷、外在认知负荷、关联认知负荷，各有一道测试题，采用 9 级量表的形式测量。总认知负荷为三类认知负荷的总和。认知负荷情况如表 5－31 所示。

表 5－31 各组被试认知负荷情况（M±SD）

有无三维互动	设备类型	内在认知负荷	外在认知负荷	关联认知负荷	总认知负荷
有	平板电脑	6.15±1.52	7.46±1.24	6.15±1.80	19.77±3.73
	智能手机	5.69±1.76	7.65±1.16	6.04±1.61	19.39±3.56
无	平板电脑	6.46±1.24	7.39±1.24	6.54±1.92	20.39±3.66
	智能手机	6.04±1.28	6.92±1.60	5.96±1.75	18.92±3.92

可以看出，不论是平板电脑还是智能手机，学习者的内在认知负荷、外在认知负荷、关联认知负荷和总认知负荷均存在差异，但差异总体较小。内在认知负荷、关联认知负荷和总认知负荷：无论是有三维互动还是无三维互动，使用平板电脑时的内在认知负荷都高于使用智能手机。外在认知负荷方面：无论是有三维互动还是无三维互动，使用平板电脑的外在认知负荷均低于使用智能手机。

不同组合条件下的认知负荷情况较为多样，可能是设备类型和有无三维互动对学习者的认知负荷有较为复杂的影响。四组被试的总认知负荷情况如图 5－44 所示。

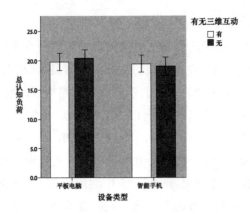

图 5-44 不同设备类型和有无三维互动不同组别的认知负荷

　　进一步对不同设备类型和有无三维互动条件下的认知负荷情况进行两因素被试间方差分析，了解设备类型和有无三维互动的主效应和交互作用情况。（1）内在认知负荷：设备类型（$F(1,100)=2.373$，$p=0.127>0.05$）主效应不显著，有无三维互动（$F(1,100)=1.296$，$p=0.258>0.05$）主效应不显著，二者的交互作用（$F(1,100)=0.004$，$p=0.947>0.05$）不显著。表明设备类型和有无三维互动对学习者的内在认知负荷均无显著影响。（2）外在认知负荷：设备类型（$F(1,100)=0.270$，$p=0.604>0.05$）主效应不显著，有无三维互动（$F(1,100)=2.342$，$p=0.122>0.05$）主效应不显著，二者的交互作用（$F(1,100)=1.594$，$p=0.210>0.05$）不显著。表明设备类型和有无三维互动对学习者的外在认知负荷均无显著影响。（3）关联认知负荷：设备类型（$F(1,100)=0.987$，$p=0.323>0.05$）主效应不显著，有无三维互动（$F(1,100)=0.195$，$p=0.660>0.05$）主效应不显著，二者的交互作用（$F(1,100)=0.438$，$p=0.5089>0.05$）不显著。表明设备类型和有无三维互动对学习者的关联认知负荷均无显著影响。（4）总认知负荷：设备类型（$F(1,100)=1.602$，$p=0.209>0.05$）主效应不显著，有无三维互动（$F(1,100)=0.011$，$p=0.916>0.05$）主效应不显著，二者的交互作用（$F(1,100)=0.545$，$p=0.462>0.05$）不显著。表明设备类型和有无三维互动对学习者的总认知负荷均无显著影响。

　　5.学习动机、学习投入与学习效果关系分析

　　（1）学习投入、学习动机和学习效果变化趋势的组别分析

　　为了直观地了解不同设备类型和有无三维互动条件下，学习动机、学习投入和学习效果之间的相互关系，进行了进一步分析。将每组被试的各维度得分转换为 Z 分数后得到不同分组学习投入、认知负荷和学习成绩的标准化值，如表 5-32 所示。

表 5-32 标准化后的各维度测量值

设备类型	平板电脑		手机	
有无三维互动	有三维互动	无三维互动	有三维互动	无三维互动
认知投入（客观测量）	−0.09	0.25	−0.14	−0.03
认知投入（主观判断）	0.27	−0.31	0.19	−0.15
情感投入（客观测量）	−0.01	−0.21	0.08	0.13

设备类型	平板电脑		手机	
有无三维互动	有三维互动	无三维互动	有三维互动	无三维互动
情感投入（主观判断）	0.10	0.02	0.08	−0.20
行为投入（客观测量）	0.86	−0.72	0.38	−0.52
学习动机	0.22	−0.23	0.18	−0.17
保持成绩	0.38	−0.53	0.30	−0.15
迁移成绩	0.54	−0.36	−0.17	−0.02

将不同设备类型和有无三维互动条件下各组被试学习投入数据的 Z 分数进行可视化分析，结果如图 5−45 所示。

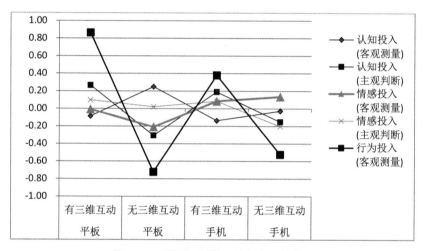

图 5−45 不同组别学习投入变化趋势图

可以看出，四组被试在学习投入各维度间存在差异，其中差异最小的为有三维互动的手机组，被试在学习投入各维度上的 Z 分数相对比较集中，表明基于手机的三维互动对被试学习投入各方面的影响相对比较接近，即学习者的认知投入、情感投入和行为投入变化较为一致。差异最大的为无三维的平板互动，被试学习投入各维度间的差异较大，分散于 0 轴两侧，且各维度间距离相对较远，表明在无三维互动的平板电脑条件下，学习者学习投入各维度间的变化存在较大差异。

将不同设备类型和有无三维互动条件下各组被试学习动机数据的 Z 分数进行可视化分析，结果如图 5−46 所示。

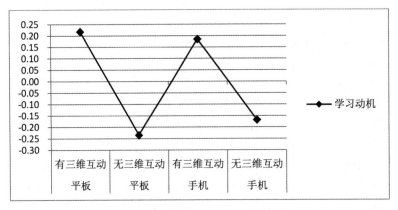

图 5-46 不同组别学习动机变化趋势图

可以看出，三维界面交互环境非常有利于激发学习者的动机，提高学习兴趣和积极性。相对于手机三维界面，较大屏幕的平板电脑三维交互界面在激发学习动机方面更具有优势；但在无三维界面交互的情况下，平板电脑对动机激发的优势则降低，相对于被试更为熟悉的智能手机，平板电脑对学习者动机激发的优势反而更弱，表明大屏幕的三维界面交互更有利于学习者动机的激发。

将不同设备类型和有无三维互动条件下各组被试学习效果数据的 Z 分数进行可视化分析，结果如图 5-47 所示。

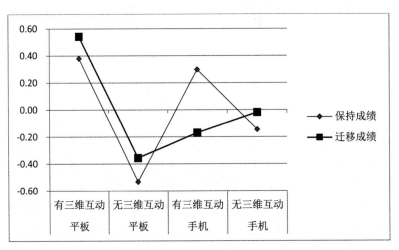

图 5-47 不同组别测试成绩变化趋势图

可以看出，四组被试的保持测试成绩和迁移测试成绩变化趋势大致相同，但稍有差异。对于保持测试成绩，四组被试的保持测试成绩变化趋势与学习动机，以及学习投入中的行为投入、认知投入（主观判断）的变化趋势完全一致，即有三维互动的平板组最高，其次是有三维互动的手机组，再次是无三维互动的手机组，最差的为无三维互动的平板组，在一定程度上表明保持测试受学习动机、行为投入和认知投入的影响较大。对于迁移测试，有三维互动的平板组最好，其次是无三维互动的手机组，再次是有三维互动的手机组，最差的同样是无三维互动平板组。三维互动对于提高被试迁移测试方面没有显著优势。

（2）学习投入、学习动机和学习效果变化趋势的可视化比较

为了更为直观地了解学习投入整体情况、学习动机和学习效果整体情况间的相互关系，将学习投入和学习效果各维度变量的标准化分数进行合并，得到学习投入和学习效果结果，与学习动机的标准化分数一起，将其在四个不同组别上的变化情况可视化呈现，结果如图5－48所示。

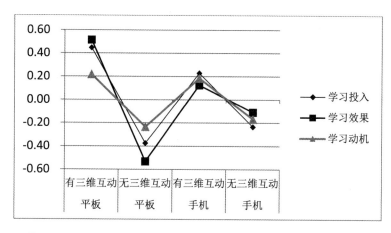

图5－48 不同组别被试的学习动机、学习投入和学习效果变化趋势

可以看出，学习者在不同组别中的学习动机、学习投入和学习效果之间的变化趋势趋于一致，进一步表明学习结果受学习投入和学习动机的正向影响这一结论。同时各组被试学习动机、学习投入和学习效果的标准化 Z 分数之间的差异表明，学习投入、学习效果和学习动机受有无三维互动的影响最大，同时设备类型的差异又加剧了不同被试间的差异。对于智能手机，不论是有三维互动还是无三维互动，学习者的学习投入、学习动机和学习效果之间的变化差异较小，被试的学习动机、学习投入和学习效果间有较高的一致性；对于平板电脑，学习者的学习投入、学习动机和学习效果间的变化差异则相对较大，表明当学习者使用智能手机进行学习时，学习投入、学习效果和学习动机的相关度较高，当使用平板电脑时，学习者的学习投入、学习效果和学习动机存在较大差异性，相关度较低。移动学习资源有无三维互动以及设备类型作为两类调节变量，影响学习者的学习动机和学习投入程度、学习投入程度，进一步正向影响学习效果。

（3）学习投入与学习效果关系的回归分析

上述分析结果显示，学习者的学习投入、学习动机与学习效果的变化趋势有着较高的一致性。学习过程中，学习投入对学习者的学习行为、学习体验和最终学习效果的影响程度如何？学习投入是否对学习效果有显著的预测作用？学习投入的哪些维度对学习投入有显著预测作用？利用多元回归分析进行了进一步探索。首先将学习投入各维度变量与学习效果进行相关分析，结果如表5－33所示。

表 5－33　学习投入与学习效果的相关关系

变量	变量子维度	认知投入		情感投入		行为投入
		专注度	问卷值	放松度	问卷值	学习时长
学习效果	测试成绩	.303**	.567**	−.034	.376**	.362**

**. 相关性在 0.01 水平上显著（双尾）。

可以看出，被试的学习效果与认知投入、情感投入和行为投入均存在显著的相关性。进一步运用多元回归分析的方式评估基于移动学习资源的不同交互方式条件下学习者学习投入、学习动机和学习效果之间的关系，以确定学习投入和学习动机对学习成绩的影响。采用 Enter 法进行多元回归分析，探索学习投入各维度自变量对学习成绩因变量的影响，结果如表 5－34 所示。

表 5－34　学习投入对学习效果影响的多元回归分析

模型		非标准化系数		标准化系数	T	显著性
		B	标准差	Beta		
1	（常数）	−1.28	8.75		−0.146	0.884
	认知投入（专注度）X1	0.176	0.079	0.21	2.221	0.030
	认知投入（主观判断）X2	0.347	0.094	0.435	3.674	0.000
	情感投入（放松度）X3	0.076	0.094	0.076	0.808	0.422
	情感投入（主观判断）X4	0.148	0.204	0.082	0.723	0.472
	行为投入（学习时长）X5	0.004	0.002	0.195	2.014	0.048
R		0.640				
R2		0.410				
Adj－R2		0.368				
F		9.718				
P		0.000				

根据表 5－33 可以建立学习投入对学习效果影响的标准化回归方程模型：学习效果=0.21X1+0.435X2+0.076X3+0.082X4+0.195X5。进一步对 5 个变量的回归系数进行检验，其显著性分别为 0.030，0.000，0.422，0.472 和 0.048，在 $\alpha=0.05$ 的显著水平下，认知投入（专注度）、认知投入（主观判断）和学习时长三个变量达到了显著水平。

同时可以看出，$F=9.718$，$p=0.000$，自变量可解释的因变量变异与误差变异相比在统计上时显著的，表明回归方程有意义，学习投入的五个变量能联合预测测试成绩变异的36.8%。其中有三个变量对学习效果产生了显著影响，认知投入（主观判断）变量的预测力最佳，其次是认知投入（专注度）变量，再次是行为投入（学习时长）。情感投入变量虽然对学习效果也有一定的预测力，但这种预测力未达到显著水平。在本实验中，在不同画面交互方式下，被试的学习效果主要受到认知投入和学习时长的影响，情感投入度学习效果也产生一定影响，但影响力相对较弱。

6.学习效果保持的追踪分析

实验结果表明三维互动界面有利于提高学习者的学习动机、学习投入和学习效果。这种作用是暂时性的还是持久性的？利用三维互动界面所获得的学习效果优势是否会随着时间的延长而减弱或消失？上述问题的回答需要进行进一步的追踪测试。在实验结束8周后，对原被试进行了学习效果的再测试，测试材料仍为实验时使用的保持测试和迁移测试，仅将试题呈现顺序打乱。考察经过8周时长的间隔后，不同组学习者学习效果的保持情况。追踪测试被试5%－10%的缺失率是可接受的范围，当缺失率高于60%时数据完全失去利用价值。①本次实验有效被试为104个，四组每组26人，间隔8周后由于被试的退出等客观原因，参加后续追踪测试的被试共有95人，被试缺失率为8.7%，在可接受的范围内。其中有三维互动平板组26人，有三维互动智能手机组25人，无三维互动平板组23人，无三维互动智能手机组21人，采用均值补差法，用均值代替缺失值，对缺失被试进行处理。②各组被试保持测试成绩、迁移测试成绩和总成绩结果如表5－35所示。

表5－35 各组被试追踪测试结果

有无三维互动	设备类型	保持成绩	迁移成绩	总成绩
有	平板	17.54±6.93	11.31±4.19	28.84±10.26
	手机	16.52±6.21	11.20±3.96	27.72±8.61
无	平板	14.17±4.90	11.13±4.70	25.30±7.47
	手机	13.95±5.67	12.29±4.87	26.00±8.56

可以看出，经过8周的遗忘之后，各组被试的学习效果存在差异。保持成绩方面，有三维互动的平板电脑组最好，其次是有三维互动的智能手机组，再次是无三维互动的平板，最差的为无三维互动的手机组；三维互动对于识记类知识的保持测试成绩的持续性影响明显。迁移测试方面，无三维的手机测试组被试成绩最好，其次是有三维互动的平板电脑组，再次是有三维互动的手机组，最差的为无三维互动的平板电脑组，三维互动对迁移测试成绩的持续影响不明显。总成绩为，有三维互动的平板电脑组最好，其次是有三维互动的智能手机组，再次是无三维互动的手机组，最差的为无三维互动的平板电脑组，这一结果与8周前的总学习效果测试结果完全一致。

对有无三维互动操作和不同设备类型的学习效果测试情况进行两因素被试间方差分析，了解有无三维互动和设备类型的主效应和交互作用情况。设备类型（$F_{(1, 91)}=0.355$，$p=0.552>0.05$）主效应不显著，有无三维交互（$F_{(1, 91)}=6.195$，$p=0.015<0.05$）主效应

①风笑天. 追踪研究：方法论意义及其实施[J]. 华中师范大学学报(人文社会科学版)，2006(06)：43－47.
②叶素静，唐文清，张敏强，等. 追踪研究中缺失数据处理方法及应用现状分析[J]. 心理科学进展，2014，22(12)：1985－1994.

显著，有三维互动（17.04±6.545）时被试的学习效果显著好于无三维互动（13.95±5.22）；二者的交互作用（F（1，91）=0.051，p=0.822>0.05）不显著。表明设备类型对学习者效果保持无显著影响，有无三维互动对学习者的学习效果保持有显著影响。有三维互动时学习者的学习效果更容易长时间保持。

进一步对各组被试前后两次测试效果的变化情况进行对比分析，如图 5－49 所示。

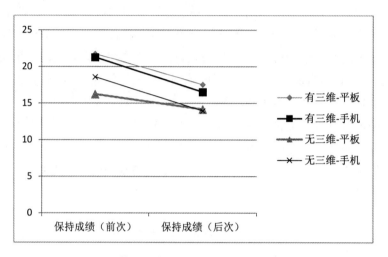

a. 前后两次保持测试成绩变化情况

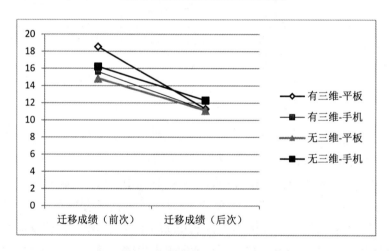

b.前后两次迁移测试成绩变化情况

图 5－49　各组被试前后两次测试效果的变化情况

可以看出，经过 8 周的遗忘后，各组被试的保持成绩和迁移成绩均有不同程度的下降。对于保持成绩，遗忘率最低的为无三维互动的平板电脑组，其余三组被试的成绩下降比率比较接近。表明，对于注重考查被试识记效果的保持测试成绩，三维互动设计和设备类型差异使得被试学习效果的差异在经过一段时间的遗忘后仍然保持较为明显的差异，三维互动对于学习效果的提高优势依然显著。对于迁移成绩，有三维互动的平板电脑组和智能手机组的遗忘率高于无三维互动组,遗忘率最高的为三维互动平板电脑组。经过8周的遗忘,三维互动对学习者迁移测试效果的提高作用逐渐降低,8周后无三维互动手机组被试迁移测试成绩最高,其他三组被试迁移测试成绩非常接近。表明,对于以理解和运用为主的迁移测试,三维互动对提高迁移学习效果的优势在经过一段时间的遗忘后基本消失。

追踪测试的结果表明,三维互动设计有利于提高和巩固以识记为主的保持性测试成绩,但在促进学习知识的深度理解和迁移运用方面没有明显优势,还有待进一步优化和改良实验设计。

(五)结果讨论

本实验探索了有无三维互动和不同设备类型对学习者学习动机、学习投入、认知负荷和学习效果的影响。研究发现无论是平板电脑还是智能手机,在有三维互动条件下,学习者的学习动机更高、学习更投入,学习效果更好,但认知负荷没有显著差异。

1.设备类型和有无三维互动对学习动机、学习投入、认知负荷和学习效果的影响

(1)设备类型和有无三维互动对学习动机的影响

本实验中的动机投入以问卷测量的主观判断为准。实验结果显示设备类型对学习动机影响的主效应不显著,有无三维互动对学习动机的主效应显著,二者的交互作用不显著。有三维互动条件下,无论是智能手机还是平板电脑,学习者的学习动机都高于无三维互动的学习条件。更符合自然交互操作特点的三维界面交互更有利于激发学习者的兴趣,提高学习动机;但移动设备屏幕大小并未成为影响学习者动机的主要因素。

(2)设备类型和有无三维界面互动对学习投入的影响

本实验中的学习投入由认知投入、情感投入和行为投入(时间投入)组成。本实验的假设 H1 为"有无三维界面互动的不同条件下学习者的学习投入存在显著差异",实验结果显示,有无三维互动对学习投入在不同维度上的影响存在差异,有无三维互动极其显著地影响学习者的行为投入;对学习者的认知投入的主观判断有显著影响,但对认知投入的客观测量无显著影响;对情感投入无显著影响,部分验证假设 H1。三维互动操作有利于学习者通过三维立体的视角观察学习对象,能显著增加学习者的学习时间和行为投入。深入的互动操作有利于激发学习者的兴趣,提高动机投入和认知投入的主观感知判断。但由于三维互动操作需要学习者更多的学习努力,学习时长更长,在学习过程中也更容易出现困倦,因此在促进情感投入方面三维互动并没有显著的优势。

假设 H2 为"使用平板电脑和智能手机条件下学习者的学习投入存在显著差异",实验结果显示,设备类型对学习投入的影响总体上较小,仅在行为投入维度与有无三维互动有交互作用,在其他维度对学习投入无显著影响,部分验证假设 H2。设备屏幕的大小影响学习者的视觉体验和操作感受,尽管平板电脑在呈现内容和三维互动方面更具优势,但由于大学生对于智能手机的使用更加频繁,也更适应于智能手机的互动方式,因此平板电脑的屏幕尺寸优势与智能手机的使用频率优势使得二者在对学习投入的影响方面没有显著差异。

假设 H3 为"界面呈现方式和移动设备终端类型对学习者学习投入的影响存在显著的

交互作用"，实验结果显示，界面呈现方式和移动设备终端类型对学习者认知投入、情感投入影响的交互作用不显著，对学习者的行为投入影响的交互作用显著，在有三维互动条件下，使用平板电脑的行为投入接近显著地大于使用智能手机的情况，在无三维互动条件下，二者没有显著差异，部分验证 H3。相对于有三维互动的智能手机，有三维互动的平板电脑更容易吸引学习者，激发其较高的学习兴趣和动机，进而产生更多的行为投入。

（3）设备类型和有无三维互动对学习效果的影响

本实验中的学习效果由保持测试成绩、迁移测试成绩和总成绩组成。本实验的假设 H4 为"有无三维界面互动的不同条件下学习者的学习效果存在显著差异"，本实验结果显示，有无三维互动极其显著地影响学习者的保持测试成绩，显著地影响学习者的迁移成绩，极其显著地影响学习者的总成绩，有三维互动时上述结果均优于无三维互动时，完全验证假设 H4。三维互动操作界面在一定程度上增加了信息内容的画面表现形式，同时增加了学习过程中的沉浸感和学习者自主学习的多样性。三维互动操作有利于直观全面多方位地展示学习对象信息，有利于学习者保持成绩的提高；同时，由于三维互动操作界面可以让学习者深入地了解学习对象本身，并在学习和操作过程中充分调动学习者的自我认知和反思动力，有利于学习者达到深度学习，因此，有利于提高学习者的迁移成绩和总成绩。

本实验的假设 H5 为"使用平板电脑和智能手机条件下学习者的学习效果存在显著差异"，本实验结果显示，不同设备类型对学习者的保持测试成绩、迁移测试成绩和总成绩影响的主效应均不显著，没有验证假设 H5。平板电脑和智能手机的操作方式相似，均为触屏操作，对于大学生群体来讲，触屏操作方式非常熟悉，也较容易适应，因此平板电脑和智能手机在促进学习效果方面没有体现某种设备的特定优势。

本实验的假设 H6 为"界面呈现方式和移动设备终端类型对学习者的学习效果影响存在显著的交互作用"，本实验结果显示，设备类型和有无三维互动对学习者的行为投入、迁移测试成绩和总成绩有交互作用，但对学习者的认知投入、情感投入、动机投入和保持测试成绩无交互作用，部分验证假设 H6。有三维互动操作的情况下，当使用平板电脑时学习者的行为投入、迁移测试成绩和总成绩均显著优于智能手机。

同时，本实验在 8 周后的追踪测试结果表明，以移动终端为载体的三维界面互动设计有利于提高学习者的保持性测试成绩，但在促进学习者知识的深度理解和迁移运用方面没有显示出明显优势。

（4）设备类型和有无三维互动对认知负荷的影响

本实验中的认知负荷由内在认知负荷、外在认知负荷和关联认知负荷共同构成，以认知负荷量表测量数据为依据。无论是内在认知负荷、外在认知负荷、关联认知负荷还是总认知负荷，设备类型的主效应均不显著，有无三维互动的主效应均不显著，二者的交互作用也均不显著。学习者在四组不同水平上感知的认知负荷大小均无显著差异，相对稳定的认知负荷表明本实验中学习者的认知负荷主要由学习内容本身引起，受设备类型和有无三维互动等外在设计因素的影响较小。在认知负荷相近的情况下，设备类型和有无三维互动设计要素的选择则主要考虑学习者的学习投入差异和学习效果差异。

2.学习投入对学习效果的预测作用

进一步控制学习者的先前知识，通过多重回归分析的方法，分析了学习投入与学习效果之间的关系。结果显示，学习投入5个维度的自变量可以联合预测学习成绩变异的36.8%，其中认知投入（专注度）、认知投入（客观判断）和行为投入（学习时长）变量的回归系数达到显著水平。表明在移动学习不同界面交互方式条件下，学习者的认知投入和行为投入对学习效果的影响较大。情感投入对学习效果的影响虽然未达到显著水平，但也具有一定的预测作用。

本实验的研究结果显示，移动学习资源画面中交互方式和设备类型的差异在促进学习投入、减少认知负荷，提高学习效果方面有着积极的作用。同时也显示，学习投入作为影响学习者学习过程的重要因素，对学习效果有着显著的影响作用，三维互动的有无和设备类型的差异影响并调节不同组被试的学习投入。学习投入正向影响学习效果，即学习投入水平越高，学习效果越好。

3.实验结论

有无三维互动对学习者的学习动机有显著影响。在有三维互动操作条件下，学习者的学习动机均高于无三维互动操作的情况，三维互动有利于学习动机的激发。设备类型对学习动机的影响力有限。

有无三维互动影响学习者的行为投入和认知投入（主观判断），但情感投入和认知投入（客观测量）无显著影响。有三维互动有利于提高学习者的行为投入和认知投入，但在促进学习者情感投入方面并无显著影响。

设备类型对学习投入各变量的影响较小，未能达到显著水平。

有无三维互动显著影响学习者的学习效果，无论是保持测试成绩、迁移测试成绩，还是总成绩，有三维互动时的学习效果均优于无三维互动时的学习效果。

设备类型差异对学习者的学习效果影响不大，无论是保持测试成绩、迁移测试成绩，还是总成绩，使用平板电脑和使用智能手机没有显著差异。

设备类型和有无三维互动对学习者的认知负荷无显著影响，且交互作用不显著。学习者的认知负荷主要受到学习内容和其他资源设计因素的影响，设备类型和有无三维互动对认知负荷的影响有限。

学习投入可以显著影响学习效果，学习投入对学习效果具有较强的正向影响作用，即学习过程中越投入，其学习效果越好。

设备类型和有无三维互动在促进学习投入、减少认知负荷，提高学习效果方面有着积极的作用和复杂的影响，在进行移动学习资源画面设计时应充分考虑设备类型差异和交互方式差异带来的学习投入、认知负荷的差异，以提高学习效果。

三、移动学习资源画面沉浸体验设计规则讨论

（一）三维互动界面设计对学习投入和学习效果的影响

在学习投入方面，有三维互动的平板电脑组学习投入度最高，其次是有三维互动的智能手机组，再次是无三维互动的智能手机组，最差的为无三维互动的平板电脑组。学习成

绩方面有着与学习投入相一致的变化趋势。三维互动操作界面在一定程度上增加了信息内容的画面表现形式，同时增加了学习过程中的沉浸感和学习者自主学习的多样性。三维互动操作有利于直观全面多方位地展示学习对象信息，并在学习和操作过程中充分调动学习者的自我认知和反思动力，有利于达到深度学习的层次。

三维互动操作画面有利于学习者通过三维立体的视角观察学习对象，能显著增加学习者的学习时间和行为投入。三维互动操作需要学习者更多的学习努力，学习时长更长，在学习过程中也更容易出现困倦，因此在促进情感投入方面三维互动并没有显著的优势。设备屏幕的大小影响学习者的视觉体验和操作感受，尽管平板电脑在呈现内容和三维互动方面更具优势，但由于大学生对于智能手机的使用更具频繁，也更适应于智能手机的互动方式，平板电脑的屏幕优势与智能手机的使用频率优势使得二者在对学习投入的影响方面没有显著的差异。相对于有三维互动的智能手机，有三维互动的平板电脑更容易吸引学习者，激发其较高的学习兴趣和动机，进而产生更多的行为投入。

无论是保持测试成绩、迁移测试成绩，还是总成绩，有三维互动时的学习效果均优于无三维互动时的学习效果。设备类型差异对学习者的学习效果影响不大，平板电脑和智能手机的操作方式相似，均为触屏操作，对于大学生群体来讲，触屏操作方式非常熟悉，也较容易适应，因此平板电脑和智能手机在促进学习效果方面没有体现某一种设备的优势。经过 8 周间隔的追踪测试结果显示，三维互动设计有利于提高保持测试成绩的长久效果，但对于提高迁移测试成绩方面则未体现显著优势。

（二）学习投入与学习效果的关系

学习投入 5 个维度的自变量可以联合预测学习效果变异的 36.8%，其中认知投入（专注度）、认知投入（客观判断）和行为投入（学习时长）预测能力达到显著水平。不同界面交互方式条件下，学习者的认知投入和行为投入对学习效果的影响较大。情感投入对学习效果的影响虽然未达到显著水平，但也具有一定的预测作用。

学习投入作为影响学习者学习过程的重要因素，对学习效果有着显著的正向影响，三维互动的有无和设备类型的差异影响并调节不同组被试的学习投入。学习投入正向影响学习效果，即学习投入水平越高，学习效果越好。

（三）基于实验结果的移动学习资源画面沉浸感设计规则描述

根据研究结果可知，促进学习投入和提高学习效果的设计方案策略的优劣顺序为：有三维互动平板电脑>有三维互动智能手机>无三维互动智能手机>无三维互动平板电脑。从考虑促进学习投入，提高学习效果角度，资源设计时优先考虑使用三维互动方式，同时最好使用屏幕较大的移动设备，可以使学习者的互动操作更加方便、自如和精确。具体设计规则如下：

规则：三维互动界面设计应根据设备类型和内容需求进行恰当选择。

细则 1 三维互动界面设计有利于增加移动学习的吸引力和沉浸感。

细则 2 三维互动界面对移动设备屏幕尺寸有最佳适应性，平板效果优于智能手机。

细则 3 无三维互动时，智能手机和平板电脑的学习优势无显著区别。

第五节 移动学习资源画面的色彩设计实证研究案例

一、画面色彩设计理念——合适的色彩搭配是情感投入的动力引擎

情感在学习中的基础性作用越来越受到研究者的关注，情感设计成为多媒体学习材料设计的重要研究内容之一。对多媒体进行情感设计可以激发学习者的积极情感，促进学习者的理解。画面的情感设计通过色彩、造型、美感等视觉设计要素影响学习者的情感体验，进一步影响学习者学习过程中的情感投入与认知效果。Moreno 的多媒体学习认知－情感理论模型"CATLM"认为多媒体学习材料的视觉设计有两个重要功能，一个是认知功能，即多媒体学习材料的视觉设计可以为学习者的认知过程提供支持，另一个是情感功能，即视觉设计还影响学习者的学习态度和学习动机。[1]Um 等认为多媒体学习材料的视觉设计能够引起积极的情感，进而促进学习者知识的理解与迁移。[2]积极的情感体验有利于学习者的回忆，能为学习者存储在长时记忆中信息的提取提供有效线索。Pekrun 的"学业情绪控制——价值理论"认为学业情绪通过影响学习者的动机、策略、认知资源分配等中介作用影响学习者的学习效果。通过学习材料或学习环境设计诱发学习者的积极情绪，激发学习动机，并对学习材料进行深度加工，促进学习。Efklides 等研究发现学习者学习过程中的元认知经历，如感知难度和感知自信程度与学习过程中产生的积极情感和消极情感有关。积极的情感可以使学习者在学习过程中投入更多的心理努力来完成学习任务。[3]学习者在投入和沉浸的学习状态中遇到困难和障碍时容易产生挫败感，若不能及时恢复到之前的投入与沉浸状态，学习者容易产生学习倦怠而减少学习投入。[4]

移动学习资源通过视觉表现、呈现形式、知识内容和学习者参与等形式、内容和行为多方面影响学习者的情感体验。色彩作为对学习者情感影响最为直接的视觉要素，其设计的成功与否对于学习者的情感投入和认知投入都有着重要影响。色彩拥有较强的情感表达能力，是移动学习资源画面的重要组成元素，色彩对于营造与内容匹配的气氛与激发学习者的情感方面有着重要作用。色彩不仅影响学习者对资源画面的直接视觉体验，也在一定程度上影响学习内容表现方式、资源画面的功能划分以及整个资源画面的风格，从而通过内隐的方式在一定程度上影响学习者的学习体验、学习投入水平和学习效果。色彩设计在移动学习资源画面设计中具有极大的能动性，多媒体画面语言要素需要借助于色彩来传递信息、表达情感，是认知理性与情绪感性的有机结合。多媒体学习资源主题色调的设计可

①Moreno R. Optimising learning from animations by minimising cognitive load: cognitive and affective consequences of signalling and segmentation methods[J]. Applied Cognitive Psychology，2010，21(6)：765－781.

②Um E，Plass J L，Hayward E O，et al. Emotional design in multimedia learning[J]. Journal of Educational Psychology，2012，104(2)：485.

③Efklides A，Petkaki C. Effects of mood on students' met cognitive experiences[J]. Learning and Instruction，2005，15(5)：415－431.

④D'Mello S，Graesser A. Dynamics of affective states during complex learning[J]. Learning and Instruction，2012，22(2)：145－157.

以对学习者起到诱发情感、产生情感联系的作用；主题内容中的提示色主要起到对学习者进行认知引导与线索提示，优化学习者的注意力分配、提高视觉搜索效率。多媒体画面的文本颜色与背景颜色的搭配对学习者学习过程中的注意力分配、注意集中程度等有着显著影响。①符合学习者情感和认知特点的画面色彩是学习者积极情感投入的动力引擎，当色彩诱发了学习者的积极情绪后，促进学习者进行更加深入的学习和更加精细的加工，从而促进深度学习的发生。

以往研究侧重于通过外部策略诱发学习者的积极情绪，如给予适当奖励或给予积极的刺激材料等，但这种通过外部策略形式诱发的积极情绪不能保证在学习过程中的持续性。近来有研究者通过学习环境或学习材料本身的设计来激发学习者的积极情绪，该方式是内部积极情绪设计策略，在没有增加额外学习内容的情况下，诱发的积极情绪能够在整个学习过程中得以持续。内部积极情绪在整个学习过程中对学习者产生的影响更加自然，具有较强的生态效度。已有研究侧重从颜色和形状两种元素的角度研究对多媒体学习的影响。②Plass 等发现暖色本身不能激发积极的情绪，仅考查暖色并不能构成积极情绪产生的充分条件。③对多媒体学习材料的色彩设计可以诱发学习者的积极情绪，增强学习动机和学习投入，并能在一定程度上降低学习者感知学习材料的难度。④但上述研究主要对有色彩组和无色彩组的差异比较，但不同色彩之间，及色彩搭配对学习者情绪、学习投入和学习效果的影响如何缺少深入的研究。在此基础上，进一步探索不同色彩搭配对学习的影响，将画面主题色调，即背景色设计和重点内容提示色作为画面设计中的自变量，考查"主题色调"和"重点内容提示色"对学习投入和学习效果的影响，为移动学习资源画面在色彩搭配方面提供策略参考。

二、移动学习资源画面色彩搭配对学习投入影响的实验研究

Moreno 认为多媒体学习材料的视觉设计具有认知和情感两个重要功能，多媒体学习材料的视觉设计可以为学习者的认知过程提供支持（认知功能），同时也影响学习者的学习态度和学习动机（情感功能）。多媒体学习材料的情感功能设计通过色彩、造型等视觉设计要素影响学习者的情感体验，进一步影响学习过程中的情感投入与认知效果。在画面设计中，色彩影响学习内容的表现方式、功能划分以及资源的画面风格，进而影响学习者的视觉体验；色彩通过内隐的方式影响学习者，在移动学习资源画面设计中具有极大的能动性。游泽清先生指出，多媒体画面中进行色彩设计时应注意一方面要满足教学内容的需求，同时应按照色彩特点及其搭配进行用色。⑤Plass 等发现多媒体学习材料的色彩和形状对学习者个体的积极情感和认知过程产生影响；积极的情感设计能够引起学习者积极的情感体验和更好的理解，以及更好的迁移成绩，且学习者对学习材料有更高的学习动机和满意度。

①衷克定，康文霞. 多媒体中文本色——背景色搭配对注意集中度的影响[J]. 电化教育研究，2010(6)：88－95.

②Um E，Plass J L，Hayward E O，et al. Emotional design in multimedia learning[J]. Journal of Educational Psychology，2012.

③Plass J L，Heidig S，Hayward E O，et al. Emotional design in multimedia learning：Effects of shape and color on affect and learning [J]. Learning & Instruction，2014，29(29)：128－140.

④龚少英，上官晨雨，翟奎虎，等. 情绪设计对多媒体学习的影响[J]. 心理学报，2017，49(6)：771－782.

⑤游泽清. 多媒体画面艺术设计[M]. 北京：清华大学出版社，2009：238－240.

①有关多媒体学习的研究主要关注认知因素,特别是通过设计学习环境优化认知负荷等方面。但对于多媒体学习材料中各类元素的吸引力设计可以引发学习者积极情感,激发学习者内在动机方面重视不够,对多媒体学习材料的情感功能研究不足。

移动学习资源画面中色彩设计是情感设计最为直接的表征要素。画面中色彩的设计主要包括背景色设计、主题内容颜色设计以及背景色与主题内容颜色的搭配等问题。设计合理的背景颜色与文字搭配可以对学习者的情感产生积极的影响,容易缓解因移动设备屏幕过小而带来的视觉疲劳,并在一定程度上影响学习者的学习效率和学习效果。Metha R 等研究发现冷色调的蓝色背景可以激活动机并提高创造性任务方面的表现,暖色调的红色背景激活的则是回避动机,能够提高细节任务的表现。②不同冷暖的背景和主题颜色搭配对学习效果的影响机理并不明晰。游泽清先生认为在进行配色时,背景色和主题色彩的搭配需要由内容而定,烘托主题时采用顺色(弱对比),突出话题是强调反差(强对比)。③这一设计规则是否完全适应于移动学习资源画面,对学习者的学习过程、学习投入和眼动行为产生哪些影响需要通过实验研究的方式进行深入的探索。

首先对目前相对比较成熟,应用较为广泛的教育类 APP 主题背景色、标题用色以及正文重点内容提示色进行归类统计和分析,结果发现:(1)主题背景色或整体色调中,暖色调、冷色调及中性色调均有广泛使用,其中,暖色调的背景以橙色、米黄为主;冷色调以蓝色为主;以及中性色彩的白色或灰色。(2)正文中的提示色以蓝色、绿色、红色、橙色、紫色等冷暖倾向明显,鲜艳醒目的颜色使用居多,辅之以加粗、下划线等提示方式引起学习者注意。(3)标题色的选择存在与背景色形成协调统一或鲜明对比两种配色情况,暖色调以橙黄色、橘色的暖色调为主;冷色调以蓝、绿色为主,中性用色则以黑色、灰色、白色等为主。

进一步通过网络在线调研的形式对 98 名在读大学生进行移动学习时对学习资源的色彩喜好倾向进行调研,结果发现:(1)对于画面的背景色,被调研的大学生对移动学习资源背景色彩的喜好程度不同,喜欢冷色调偏多,其次是暖色调,最后是中性色调;选择背景色颜色以视觉舒适、个人偏好、促进专注等为主要原因。(2)对于提示色的选择,总体上喜欢以红色为主的暖色和喜欢以蓝色为主的冷色为主;选择提示色以醒目、强调、舒适、协调等为主要原因。

调研发现当前移动学习资源画面中背景色和内容提示色的使用较为多元化;学习者的喜好情况也较为个性化。不同的色调搭配带给学习者不同的视觉感受和情感体验,这种视觉感受和情感体验如何对学习者的移动学习过程产生影响,以及产生什么样的影响,如何优化色彩搭配促进积极影响的发挥,需要进一步的实践验证。

---

①Plass J L,Heidig S,Hayward E O,et al. Emotional design in multimedia learning:Effects of shape and color on affect and learning [J]. Learning & Instruction,2014,29(29):128-140.

②Mehta R,Zhu RJ. Blue or Red? Exploring the Effect of Color on Cognitive Task Performances[J]. Science (New York,N. Y.),2009,323(5918):1226-9.

③游泽清. 多媒体画面艺术设计[M]. 北京:清华大学出版社,2009:239.

（一）实验目的

探索移动学习资源画面中色彩搭配对学习的影响；探索在画面背景色和重点内容提示色不同的组合搭配条件下，学习者的学习动机、学习投入、认知负荷、眼动行为和学习效果的差异。

（二）实验假设

围绕实验目的，本实验的基本假设有：H1 不同背景颜色对学习者的学习投入有显著影响；H2 不同重点内容提示色对学习者的学习投入有显著影响；H3 不同背景颜色和重点内容提示色对学习投入的影响存在交互作用。H4 不同背景颜色对学习者的学习效果有显著影响；H5 不同重点内容提示色对学习者的学习效果有显著影响；H6 不同背景颜色和重点内容提示色对学习效果的影响存在交互作用。H7 不同背景颜色对学习者的眼动行为有显著影响；H8 不同重点内容提示色对学习者的眼动行为有显著影响；H9 不同背景颜色和重点内容提示色对学习者眼动行为的影响存在交互作用。

（三）实验方法

1.实验设计

采用 2（背景颜色）×2（重点内容提示颜色）两因素完全随机实验。自变量：背景颜色和重点内容提示颜色，其中背景颜色分为暖色和冷色两个水平；重点内容提示颜色也为暖色和冷色两个水平。因变量：学习动机、学习投入、认知负荷和学习效果。

2.被试

在 T 大学本科生中招募 90 名学生作为被试，剔除实验过程中先前知识过高、脑波数据未采集到，或者实验过程中眼动数据采样率低于 70% 的被试 11 名，共得到有效被试 79 名，其中男生 14 名，女生 65 名，平均年龄 20.9 岁，视力或矫正视力正常，无色盲或色弱。随机分成 4 组，即暖色背景与暖色重点内容提示色搭配组，简称"暖—暖"组；暖色背景与冷色重点内容提示色搭配组，简称"暖—冷"组；冷色背景与暖色重点内容提示色组，简称"冷—暖"组；冷色背景和冷色重点内容提示色组，简称"冷—冷"组。其中，"暖—暖"组 20 人，"暖—冷"组 20 人，"冷—暖"组 19 人，"冷—冷"组 20 人。实验结束后，每位被试均获得一定报酬。

3.实验材料

（1）学习材料

学习材料采用 H5 平台制作，学习材料的内容为"人体免疫系统"，该内容曾被 Park[①]等人成功使用过。在此基础上进行了进一步的设计与开发，以适应移动设备的特点。学习内容共 1600 字左右，包括与学习内容有关的图像 6 张，语义图示 2 个，短视频 3 个，由手机端呈现给学习者，学习者根据掌握情况自主控制学习进度。主要介绍人体免疫系统的相关概念、免疫系统组成、免疫系统的工作原理等知识内容。4 组学习材料在内容选择与处

---

①Park B，Knörzer L，Plass J L，et al. Emotional design and positive emotions in multimedia learning： An eyetracking study on the use of anthropomorphisms[J]. Computers & Education，2015，86（C）：30—42.

理，画面的整体布局保持完全相同，"暖－暖"组的背景颜色选择在移动学习资源设计中应用广泛的橙黄色暖色背景，为产生一定的透视感，暖色背景的 RGB 值由（250，200，95）到（250，230，210）上下线性渐变生成，重点内容提示色为红色（255，0，0）。"暖－冷"组的背景色同"暖－暖"组背景色，提示色为使用较为广泛的蓝色（0，0，255）。"冷－暖"组的背景色为 RGB 值由（135，210，235）到（215，235，245）上下线性渐变生成，提示色为红色（255，0，0）。"冷－冷"组的背景色同"冷－暖"组，提示色为蓝色（0，0，255）。四个水平的学习材料的色彩搭配示例效果图如图 5－50 所示。

"暖－暖"搭配　　　　"暖－冷"搭配　　　　"冷－暖"搭配　　　　"冷－冷"

图 5－50 学习材料效果示例

（2）测试材料

测试材料包括基本信息、先前知识测试、学习效果测试、问卷部分（包括 PAS 问卷、动机问卷、认知投入问卷和认知负荷问卷）。

①基本信息包括被试的性别、年龄、专业、联系方式等基本信息。

②前测知识试题：包括 5 道测试题，其中 4 道为选择题，考查被试对学习主题的熟悉程度，属于主观评定试题，每题 2 分，计 8 分；第 5 道题为客观测试题，考查被试对主题知识的掌握情况，共有 4 个知识点，每个知识点 1 分，答对一个计 1 分；5 道前测试题共计 12 分。被试前测成绩若高于 6 分，则被视为高知识基础被试，将其剔除。

③中性情绪调节视频，同实验 1。

④学习效果测试题包括保持测试和迁移测试：保持测试题包括 8 个选择题，每个 2 分，3 个判断题，每个 2 分，保持测试题共计 22 分；迁移测试包括 5 个选择题，每个 2 分，计 10 分；2 个简答题，每个 6 分，计 12 分，迁移测试题共计 22 分。其中，保持测试主要考查被试的记忆能力，试题答案可以在学习材料中找到；迁移测试主要考察学习者理解和运用所学知识的能力，需要被试理解学习材料后进行整合后能够灵活运用。学习内容和测试题在设计完成后均经过相关专业领域教师修改和评定，以确保无学科性错误。

⑤问卷部分，同实验1。

测试材料具体内容见附录6。

4.实验设备

智能手机一部：用于为被试呈现学习材料。智能手机型号为 OPPO R11，处理器为高通骁龙 660，操作系统为 Android 7.1.1，运行内存为 4 GB，存储容量 64 GB，屏幕尺寸为 5.5 英寸，分辨率为 1920×1080（FHD），屏幕为电容式触摸屏、多点式触摸屏。

脑波仪设备一套：用于采集被试学习过程中的脑波数据。型号为视友科技的第五代便携式脑波仪（CUBand），使用脑电生物传感器（EEG），信号采样频率为 512 Hz，信号精度为 0.25 uV，ADC 精度为 12 bit；配套软件为佰意通脑电生物反馈训练系统专业版；Thinkpad T410 便携式手提电脑用于运行佰意通脑电生物反馈训练系统，实时记录被试的脑波数据。

眼动仪一套：用于采集被试学习过程中的眼动数据。型号为 Tobii X120 型眼动仪，采样频率为 120 Hz，配套软件为 Tobii Studio3.2。运行实验程序的工作站为惠普 Z620，内存 12 G，处理器为 Intel Xeon E5－2063 双核 1.8 GB。

场景摄像机一部，用于获取被试利用手机进行学习的视频，在后期数据分析中将被试实时的眼动数据与拍摄的视频相匹配，获取被试的各项眼动指标。型号为罗技 Pro C920，usb2.0 接口，分辨率 2048×1536。

5.实验流程与注意事项

（1）完整的实验流程如图 5－51 所示。

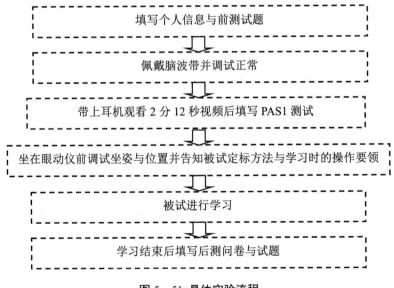

填写个人信息与前测试题

佩戴脑波带并调试正常

带上耳机观看 2 分 12 秒视频后填写 PAS1 测试

坐在眼动仪前调试坐姿与位置并告知被试定标方法与学习时的操作要领

被试进行学习

学习结束后填写后测问卷与试题

图 5－51　具体实验流程

（2）实验注意事项：

①提醒被试在学习过程中头部不要乱动，进来保持定标时的位置。

②定标时提示被试按照主试提示的顺序分别专心观看 5 个小红点，尽量减少定标误差；若出现定标不理想的情况，可重复定标或就某个点重复定标。

③提醒被试在操作手机时，注意不要影响到眼动仪对眼睛数据的采集。

（四）数据分析

利用统计产品与服务解决方案（SPSS）22.0 对数据进行管理和分析。

在本次实验中，各测量量表的 α 系数为：PAS 前测 α 系数为 0.851，PAS 后测（情感投入主观判断）α 系数为 0.876，动机量表 α 系数为 0.778，认知投入（主观判断）量表 α 系数为 0.860，认知负荷量表 α 系数为 0.782，各测量量表的信度均在可接受范围内。

对学习者的中性情绪调节效果值进行分析，看不同被试组间是否存在显著差异，结果如表 5－36 所示。

表 5－36 **各组被试 PAS 前测结果**（M±SD）

背景色	暖色		冷色	
内容提示色	暖色（n=20）	冷色（n=20）	暖色（n=19）	冷色（n=20）
前测 PAS	20.90±4.52	20.10±5.02	20.37±4.62	21.35±4.48

可以看出，各组被试在观看过中性调节视频后，其积极情绪状态值非常接近，达到中性调节的效果，各组被试在学习内容测试前的情绪情感状态基本一致。

1.学习动机分析

各组被试的学习动机结果如表 5－37 所示。

表 5－37 **各组被试学习动机得分情况**（M±SD）

背景颜色	重点内容提示颜色	学习动机
暖色	暖色	35.30±6.71
	冷色	36.90±7.62
冷色	暖色	38.21±6.42
	冷色	38.35±5.33

可以看出，不同的背景颜色和不同的重点内容提示颜色，学习者的学习动机存在差异。无论背景色是暖色的还是冷色调，当重点内容提示色为冷色调时，学习者的学习动机高于提示色为暖色调时。即当提示色为冷色调时有利于增加学习者学习动机，但各组之间的差异较小。各组被试的学习动机如图 5－52 所示。

进一步对不同背景颜色和不同重点内容提示色的学习动机情况进行两因素被试间方差分析，了解背景颜色和重点内容提示色的主效应和交互作用情况。背景颜色（$F_{(1, 75)}$ =2.172，$p=0.145>0.05$）主效应不显著，重点内容提示色（$F_{(1, 75)}=0.346$，$p=0.558>0.05$）主效应不显著，二者的交互作用（$F_{(1, 75)}=0.244$，$p=0.623>0.05$）不显著。表明背景颜色和重点内容提示色对学习者的学习动机无显著影响。

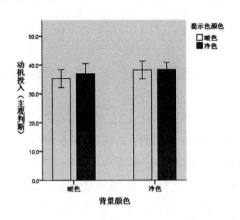

图5-52 不同背景颜色不同重点内容提示色组别的动机

2.学习投入分析

在本实验中，学习投入指标包括脑波仪获取的客观测量数值和问卷测量获取的主观判断数值，客观测量数值包括专注度、放松度和学习时长；主观判断数值包括PAS数据、认知投入等问卷数据。其中专注度、认知投入问卷表征认知投入水平，放松度与PAS问卷表征情感投入水平，学习时长作为行为投入的参考水平。结果如表5-38所示。

表5-38 各组被试学习投入得分情况（M±SD）

背景颜色	重点内容提示颜色	认知投入		情感投入		行为投入
		客观测量（专注度）	主观判断（投入问卷）	客观测量（放松度）	主观判断（PAS问卷）	客观测量（学习时长（S））
暖色	暖色	40.20±14.77	40.15±12.23	60.50±11.71	18.50±4.40	456.70±105.64
	冷色	53.55±12.64	42.90±12.71	59.10±6.95	20.15±4.67	557.55±127.34
冷色	暖色	48.26±16.87	41.68±13.68	60.42±7.04	21.53±6.00	482.26±121.40
	冷色	45.35±12.82	44.05±8.51	59.80±8.46	19.05±4.27	551.85±148.76

可以看出，不同的背景颜色和不同的重点内容提示颜色，学习者的认知投入、情感投入和行为投入均存在差异。认知投入方面：在暖色背景条件下，无论是客观测量还是主观判断值，提示色为冷色组的被试认知投入均高于提示色为暖色组。即在暖色背景下，背景色与提示色为对比色搭配时学习者的认知更投入。在冷色背景下，暖色调的提示色组被试认知投入客观测量值更高，而冷色提示色组被试的认知投入主观判断值更高。即在冷色背景下，背景与重点内容提示的颜色呈对比搭配时有利于提高学习者认知投入的客观测量值，当背景与重点内容提示色为同色系搭配时有利于提高学习者认知投入的主观判断值。情感投入方面：对于情感投入的客观测量值，无论背景是暖色还是冷色，当重点内容提示色为暖色调时，学习者情感投入的客观测量值均高于重点内容提示色为冷色调时。即学习者情感投入客观测量值更容易受到重点内容提示颜色的影响。对于情感投入的主观判断值，无论是冷色背景还是暖色背景，当背景颜色和重点内容提示色为对比色搭配时，学习者情感

投入的主观判断值高于背景色和提示色同色系搭配。即背景和提示色采用对比色搭配时有利于提高学习者学习投入的主观判断值。行为投入方面：无论背景色是暖色的还是冷色调，当重点内容提示色为冷色调时，学习者的行为投入高于提示色为暖色调时。即当提示色为冷色调时有利于增加学习者的学习时长和行为投入。

进一步对不同背景颜色和不同重点内容提示色的学习投入情况进行两因素被试间方差分析，了解背景颜色和重点内容提示色的主效应和交互作用情况。

认知投入：四组被试的认知投入如图 5-53 所示。

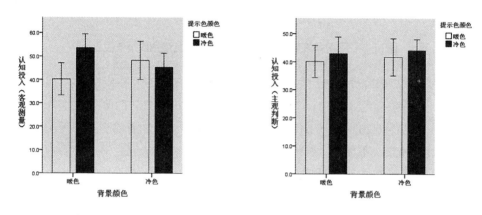

图 5-53 不同背景颜色不同重点内容提示色组别的认知投入

背景颜色和重点内容提示色对认知投入影响的主效应和交互作用情况：（1）客观测量值（专注度）：背景颜色（$F(1, 75)=0.000$，$p=0.983>0.05$）主效应不显著，重点内容提示色（$F(1, 75)=2.614$，$p=0.110>0.05$）主效应不显著，二者的交互作用（$F(1, 75)=6.346$，$p=0.014<0.05$）显著。表明画面背景颜色和重点内容提示色对学习者认知投入客观测量值的影响有显著的交互作用。（2）主观判断值（问卷值）：背景颜色（$F(1, 75)=0.250$，$p=0.618>0.05$）不显著，重点内容提示色（$F(1, 75)=0.909$，$p=0.343>0.05$）主效应不显著；二者的交互作用（$F(1, 75)=0.005$，$p=0.943>0.05$）不显著。表明画面背景颜色和重点内容提示颜色对认知投入主观判断值有没有显著影响。

画面背景颜色和重点内容提示色对学习者认知投入的客观测量值的影响存在显著的交互作用，应进行进一步的简单效应分析：当背景色为暖色调时，重点内容提示色（$F(1, 76)=8.78$，$p=0.004<0.01$）的主效应极其显著，冷色的重点内容提示色（53.55±12.64）>暖色重点内容提示色（40.20.63±14.77）；在背景色为冷色调时，重点内容提示色（$F(1, 76)=0.41$，$p=0.525>0.05$）的主效应不显著。当背景色为暖色调时，不同的重点内容提示色极其显著地影响学习者的认知投入客观测量值，重点内容提示色为背景的对比色时，有利于提高学习者的认知投入主观测量值。当背景色调为冷色调时，差异未达到显著水平。

情感投入：四组被试的情感投入如图 5-54 所示。

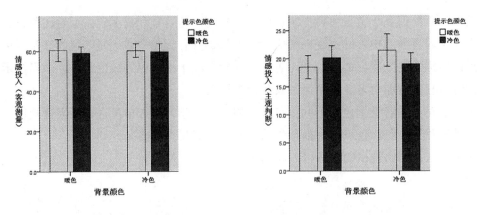

图 5-54 不同背景颜色不同重点内容提示色组别的情感投入

　　背景颜色和重点内容提示色对情感投入影响的主效应和交互作用情况：（1）客观测量值（放松度）：背景颜色（$F_{(1, 75)}$=0.025，p=0.876>0.05）主效应不显著，重点内容提示色（$F_{(1, 75)}$=0.262，p=0.610>0.05）主效应不显著，二者的交互作用（$F_{(1, 75)}$=0.039，p=0.844>0.05）不显著。表明背景颜色和重点内容提示色对学习者情感投入客观测量值没有显著影响。（2）主观判断值（问卷值）：背景颜色（$F_{(1, 75)}$=0.773，p=0.382>0.05）主效应不显著，重点内容提示色（$F_{(1, 75)}$=0.142，p=0.707>0.05）主效应不显著，二者的交互作用（$F_{(1, 75)}$=3.546，p=0.064<0.1）接近显著，属于边缘显著水平。表明背景颜色和重点内容提示色对学习者情感投入主观判断值无显著影响，二者的交互作用对学习者情感投入主观判断值的影响接近显著水平。

　　背景颜色和重点内容提示色对学习者情感投入主观判断值的影响存在接近显著的交互作用，因此对其进行进一步的简单效应分析：在重点内容提示色为暖色时，背景色主效应边缘显著（$F_{(1, 76)}$=3.78，p=0.055<0.1），冷色背景时学习者的情感投入主观判断值（21.53±5.00）接近显著地高于暖色背景时学习者的情感投入主观判断值（18.50±4.40）。

　　行为投入：四组被试的行为投入（学习时长，单位为"秒"）如图 5-55 所示。

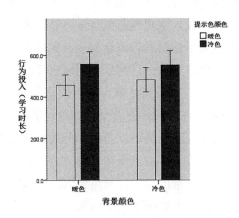

图 5-55 不同背景颜色不同重点内容提示色组别的行为投入（学习时长）

　　背景颜色和重点内容提示色对行为投入影响的主效应和交互作用情况：背景颜色

（F（1，75）=0.121，p=0.729>0.01）主效应不显著；重点内容提示色（F（1，75）=8.916，p=0.004<0.01）主效应极其显著，提示色为冷色时学习者的行为投入（554.70±136.71）极其显著地高于为提示色为暖色调时的学习者行为投入（469.15±112.82）。二者的交互作用（F（1，75）=0.300，p=0.586>0.05）不显著。表明重点内容提示色对学习者的行为投入（学习时长）有极其显著的影响。

3.学习效果分析

在本实验中，学习效果指标包括保持测试成绩、迁移测试成绩和总测试成绩。其中，保持测试为填空题和判断题等客观题型，迁移测试为选择和简答题，客观题型结合主观题型，其中主观题由三位研究人员进行评分，取其平均值。测试成绩如表5-39所示。

表5-39 各组被试测试成绩情况（M±SD）

背景颜色	重点内容提示颜色	保持成绩	迁移成绩	总成绩
暖色	暖色	14.70±3.39	12.68±3.92	27.38±5.73
	冷色	17.40±2.76	14.55±2.19	31.95±3.90
冷色	暖色	15.37±2.59	12.74±2.83	28.11±4.31
	冷色	16.40±3.76	14.05±2.61	30.45±4.43

可以看出，不同背景颜色和不同重点内容提示色的搭配，学习者的保持测试成绩、迁移测试成绩和总成绩均存在差异。无论是暖色背景还是冷色背景，重点内容提示色为冷色时学习者的保持成绩、迁移成绩和总成绩均高于提示色为暖色时。表明当提示色为冷色调时有利于提高学习者的学习效果，这可能是因为冷色的提示色更容易给人以冷静舒适的感觉，学习效果更理想。表5-39的结果也表明：无论是保持成绩、迁移成绩还是总成绩，学习效果的极端值出现在暖色背景色被试组中，即最好的学习成绩和最差的学习成绩均出现在背景色为暖色的被试组里。这可能说明背景颜色的冷暖对学习者的学习效果有着较大的影响，但这种影响通过重点内容提示色的调节作用而呈现显著的负向和正向影响。因此，当设计学习材料的背景颜色设计为暖色时，重点内容提示色的设计对学习者的学习效果有着较大的影响。四组被试的保持测试成绩、迁移测试成绩和总成绩如图5-56所示。

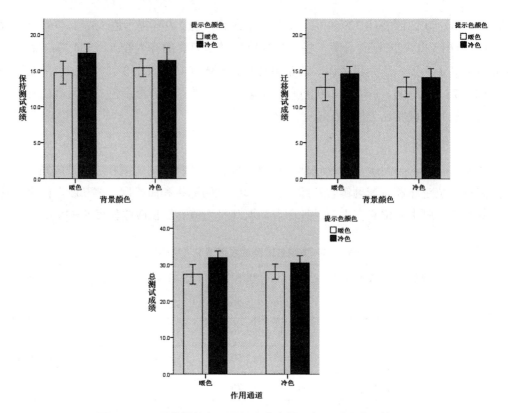

图 5-56 不同背景颜色不同重点内容提示色组别的学习效果

进一步对不同背景颜色和不同重点内容提示色的学习效果进行两因素被试间方差分析，了解背景颜色和重点内容提示色的主效应和交互作用情况。

（1）保持测试成绩：背景颜色（$F_{(1, 75)}=0.054$，$p=0.817>0.05$）主效应不显著. 重点内容提示色（$F_{(1, 75)}=6.862$，$p=0.011<0.05$）主效应显著，提示色为冷色调时被试的保持测试成绩（16.90±3.30）显著高于提示色为暖色调时被试的保持测试成绩（15.03±3.00）。二者的交互作用（$F_{(1, 75)}=1.370$，$p=0.246>0.05$）不显著。表明重点内容提示色对学习者的保持测试成绩有显著影响，背景颜色对学习者的保持测试成绩无显著影响，二者的交互作用对学习者的保持测试成绩也无显著影响。

（2）迁移测试成绩：背景颜色（$F_{(1, 75)}=0.108$，$p=0.743>0.05$）主效应不显著，重点内容提示色（$F_{(1,75)}=5.737$，$p=0.019<0.05$）主效应显著，提示色为冷色调时被试的保持测试成绩（14.30±2.39）显著高于提示色为暖色调时被试的保持测试成绩（12.71±3.39）。二者的交互作用（$F_{(1, 75)}=0.178$，$p=0.674>0.05$）不显著。表明重点内容提示色对学习者的迁移测试成绩有显著影响，背景颜色对学习者的迁移测试成绩无显著影响，二者的交互作用对学习者的迁移测试成绩也无显著影响。

（3）总测试成绩：背景颜色（$F_{(1, 75)}=0.135$，$p=0.714>0.05$）主效应不显著，重点内容提示色（$F_{(1,75)}=10.932$，$p=0.001<0.01$）主效应极其显著，提示色为冷色调时被试的总测试成绩（31.20±4.19）显著高于提示色为暖色调时被试的总测试成绩（27.73±5.04）。二者的交互作用（$F_{(1, 75)}=1.136$，$p=0.290>0.05$）不显著。表明重点内容提示色对学习者的总测试成绩有极其显著的影响，背景颜色对学习者的总测试成绩无显著影响，二者的交互作用对学习者的总测试成绩也无显著影响。表明画面颜色的搭配中，重点内容提示色对学习者的学习效果有着重要影响。

4.认知负荷分析

在本实验中，认知负荷指标包括内在认知负荷、外在认知负荷、关联认知负荷，各有一道测试题，采用 9 级量表的形式测量。总认知负荷为三类认知负荷的总和。认知负荷情况如表 5－40 所示。

表 5－40 各组被试认知负荷情况（M±SD）

背景颜色	重点内容提示颜色	内在认知负荷	外在认知负荷	关联认知负荷	总认知负荷
暖色	暖色	5.80±1.40	6.70±1.03	4.15±1.73	16.65±1.90
	冷色	4.90±1.92	6.05±1.47	5.65±2.18	16.60±3.78
冷色	暖色	5.11±1.73	6.21±1.58	5.26±1.76	16.58±3.11
	冷色	5.70±1.42	6.25±1.55	5.20±2.09	17.15±2.92

可以看出，不同背景颜色、不同重点内容提示色，学习者的内在认知负荷、外在认知负荷、关联认知负荷和总认知负荷均存在差异。内在认知负荷、外在认知负荷和总认知负荷的变化情况较为一致，当背景色和重点内容提示色为同色搭配时，学习者的认知负荷偏高；但背景色和重点内容提示色为对比色搭配时，学习者的认知负荷偏低。关联认知负荷则呈现相反趋势，当背景色和重点内容提示色为对比色搭配时，学习者的关联认知负荷偏高，但背景色和重点内容提示色为同色搭配时，关联认知负荷偏低。总体来讲，背景色和重点内容提示色为对比色搭配比同色搭配更有利于减轻学习者的认知负荷。四组被试的总认知负荷情况如图 5－57 所示。

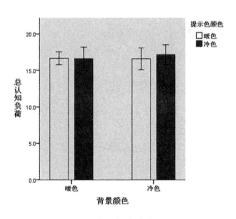

图 5－57 不同背景色不同重点内容提示色组别的认知负荷

进一步对不同背景色和不同重点内容提示色的认知负荷情况进行两因素被试间方差分析，了解作背景颜色和重点内容提示色的主效应和交互作用情况。

（1）内在认知负荷：背景颜色（F（1，75）=0.021，p=0.886>0.05）主效应不显著，重点内容提示色（F（1，75）=0.173，p=0.678>0.05）主效应不显著，二者的交互作用（F（1，75）=4.156，p=0.045<0.05）显著。表明背景颜色和重点内容提示色对学习者的内在认知负荷无显著影响，但二者的交互作用对学习者内在认知负荷有显著影响。

由于背景颜色和重点内容提示色对学习者内在认知负荷的影响存在交互作用，需要进行进一步的简单效应分析：在背景色为暖色时，提示色的主效应（F(1,76)=3.09，p=0.083<0.1）边缘显著，提示色为暖色时的内在认知负荷（5.80±1.40）显著高于提示色为冷色时的内在认知负荷（4.90±1.92）。背景色为冷色时，提示色的主效应（F(1,75)=1.32，p=0.254>0.05）不显著。说明在背景色为暖色时，提示色影响学习者感知学习内容的难度。

（2）外在认知负荷：背景颜色（F（1，75）=0.204，p=0.653>0.05）主效应不显著，重点内容提示色（F（1，75）=0.907，p=0.344>0.05）主效应不显著，二者的交互作用（F（1，75）=1.157，p=0.286>0.05）不显著。表明背景颜色和重点内容提示色，及二者的交互作用均对学习者的外在认知负荷无显著影响。

（3）关联认知负荷：背景颜色（F（1，75）=0.569，p=0.453>0.05）主效应不显著，重点内容提示色（F（1，75）=2.672，p=0.106>0.05）主效应不显著，二者的交互作用（F（1，75）=3.162，p=0.079<0.1）边缘显著。表明背景颜色和重点内容提示色均对学习者的关联认知负荷无显著的影响，二者的交互作用对学习者的关联认知负荷的影响达到了边缘显著。

由于背景颜色和重点内容提示色对学习者关联认知负荷的影响存在边缘显著的交互作用，进行进一步的简单效应分析：背景为暖色时，重点内容提示色的主效应（F（1，76）=5.93，p=0.017<0.05）显著，重点内容提示色为暖色时学习者的关联认知负荷（4.15±1.73）显著小于重点内容提示色为冷色时学习者的关联认知负荷（5.65±2.18）。

（4）总认知负荷：背景颜色（F（1，75）=0.136，p=0.713>0.05）主效应不显著，重点内容提示色（F（1，75）=0.161，p=0.689>0.05）主效应不显著，二者的交互作用（F（1，75）=0.229，p=0.633>0.05）不显著。表明背景颜色、重点内容提示色，及二者的交互作用对学习者的总认知负荷均无显著影响。

5.眼动行为分析

本实验中，眼动指标主要包括总注视次数、总注视时间、平均注视点持续时间和瞳孔直径大小等指标，结果如表 5-41 所示。

表 5-41　各组被试眼动行为情况（M±SD）

背景颜色	重点内容提示色	总注视时间(秒)	注视点个数（个）	注视点平均持续时间（毫秒）	瞳孔直径（毫米）
暖色	暖色	284.23±88.54	847.95±251.86	337.00±37.43	3.90±0.52
	冷色	357.77±110.57	1160.45±374.46	322.50±41.20	4.25±0.76
冷色	暖色	319.06±115.65	910.68±241.22	344.70±50.15	3.79±0.36
	冷色	374.57±141.27	1001.65±286.64	369.00±76.98	4.12±0.65

可以看出，不同背景颜色和不同重点内容提示色情况下，学习者的总注视时间、注视点个数、注视点平均持续时间和瞳孔大小均存在差异。总注视时间、注视点个数和瞳孔大小变化较为一致，无论背景颜色为暖色调还是冷色调，冷色重点内容提示色时，学习者的注视时间更长，注视点个数更多，瞳孔更大。可能表明冷色的重点内容提示色更能吸引学习者的持续注意力，学习更积极。注视点平均注视时间方面，背景色和重点内容提示色为同色搭配时，注视点平均持续时间均高于背景色和重点内容提示色为对比色搭配时。可能表明背景色和重点内容提示色对比色搭配时有利于突出重点内容，学习者获取信息更容易，看清所学内容所花费的注视点持续时间更短。四组被试的总注视时间、注释点个数、注视点平均持续时间和瞳孔大小如图5－58所示。

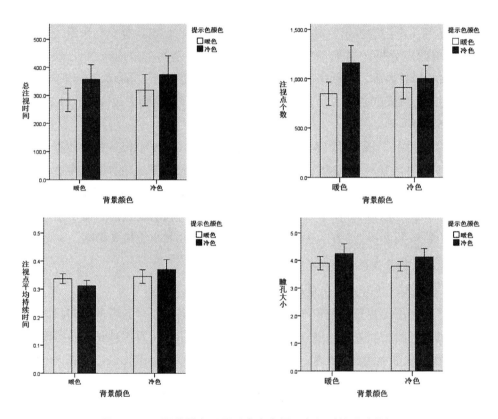

图5－58 不同背景色不同重点内容提示色组别的眼动数据

进一步对不同背景颜色和不同重点内容提示色的眼动行为数据进行两因素被试间方差分析，了解背景颜色和重点内容提示色的主效应和交互作用情况。

（1）总注视时间：背景颜色（$F_{(1,75)}=0.986$，$p=0.324>0.05$）主效应不显著；重点内容提示色（$F_{(1,75)}=6.157$，$p=0.015<0.05$）主效应显著，提示色为冷色时学习者的总注视时间（366.17 ± 125.50）显著高于提示色为暖色时的总注视时间（301.20 ± 102.79）。二者的交互作用（$F_{(1,75)}=0.120$，$p=0.730>0.05$）不显著。表明重点内容提示色对学习者的总注视时间有显著影响。

（2）注视点个数：背景颜色（$F_{(1,75)}=0.527$，$p=0.470>0.05$）主效应不显著，重

点内容提示色（F（1，75）=9.301，p=0.003<0.01）主效应极其显著，提示色为冷色时学习者的总注视点个数（1081.05±338.83）极其显著地高于提示色为暖色时的总注视点个数（878.513±245.54）。二者的交互作用（F（1，75）=2.804，p=0.098>0.05）不显著。表明重点内容提示色对学习者的注视点个数有显著影响。

（3）注视点平均持续时间：背景颜色（F（1，75）=7.268，p=0.009<0.01）主效应极其显著，背景色为冷色时学习者的注视点平均持续时间（357.20±65.61）显著高于背景色为暖色时学习者的注视点平均持续时间（324.3±40.94）。重点内容提示色（F（1，75）=0.003，p=0.959>0.05）主效应不显著，二者的交互作用（F（1，75）=4.229，p=0.043<0.05）显著。表明背景颜色对注视点平均持续时间有显著影响，重点内容提示色对学习者的注视点的平均持续时间无显著影响，二者的交互作用有显著影响。

背景颜色和重点内容提示色对注视点平均持续时间的影响具有交互作用，需要进一步进行简单效应分析：当提示色为冷色时，背景颜色的主效应（F（1,76）=11.59，p=0.001<0.01）极其显著，冷色背景时的注视点平均持续时间（369.00±76.98）显著大于暖色背景时的注视点平均持续时间。当提示色为暖色时，背景色的主效应（F（1,76）=0.20，p=0.653>0.05）不显著。

（4）瞳孔大小：背景颜色（F（1，75）=0.784，p=0.379>0.05）主效应不显著；重点内容提示色（F（1，75）=6.524，p=0.013<0.05）主效应显著，提示色为冷色时学习者的瞳孔大小（4.19±0.70）显著大于提示色为暖色时学习者的瞳孔大小（3.85±0.44）；二者的交互作用（F（1，75）=0.004，p=0.948>0.05）不显著。表明重点内容提示色对瞳孔大小有显著影响，背景颜色和二者的交互作用对学习者的瞳孔大小无显著影响。

6.学习投入、学习效果和眼动行为关系分析

（1）学习投入、学习效果和眼动行为变化趋势的组别分析

为直观了解在不同背景颜色和不同重点内容提示色条件下学习者的学习投入、学习效果及眼动行为之间的相互关系，进行了进一步的对比分析。将每组被试的各维度得分转换为 Z 分数后得到不同分组学习投入、认知负荷和学习成绩的标准化值，如表 5－42 所示。

表 5－42 标准化为 Z 分数后的各维度测量值

背景颜色	暖色		冷色	
重点内容提示色	暖色	冷色	暖色	冷色
认知投入(客观测量)	−0.44	0.45	0.10	−0.10
认知投入(主观判断)	−0.17	0.06	−0.04	0.16
情感投入(客观测量)	0.06	−0.10	0.05	−0.02
情感投入(主观判断)	−0.26	0.07	0.35	−0.15
行为投入(客观测量)	−0.42	0.34	−0.23	0.30
保持成绩	−0.39	0.44	−0.19	0.13
迁移成绩	−0.28	0.34	−0.26	0.18
注视点个数	−0.42	0.20	−0.13	0.34

背景颜色	暖色		冷色	
重点内容提示色	暖色	冷色	暖色	冷色
总注视时间	−0.43	0.58	−0.23	0.07
注视点平均持续时间	−0.06	−0.51	0.07	0.50
瞳孔大小	−0.19	0.38	−0.37	0.17

将学习投入在不同背景颜色和不同重点内容提示色条件下的 Z 分数进行可视化比较，结果如图 5−59 所示。

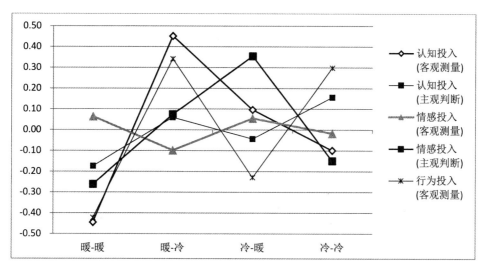

图 5−59 不同组别学习投入变化趋势图

可以看出，在不同背景颜色和主题内容提示色的搭配，被试学习投入各维度间存在一定差异，其中"暖−冷"组被试学习投入各维度值的 Z 分数较高，且认知投入（客观测量）值与行为投入测量值较为接近，"暖−暖"组被试各组值的 Z 分数偏低。四组被试不同维度的学习投入值也存在较大差异，表明移动学习资源画面背景颜色和主题内容提示色的不同搭配对被试的学习投入有较大影响。

将眼动行为在不同背景色和不同重点内容提示色条件下的 Z 分数进行可视化比较，结果如图 5−60 所示。

可以看出，不同组别间被试的眼动行为存在差异，"暖−冷"组的注视点个数、总注视时间和瞳孔大小数值较高，注视点持续时间较短，"暖−暖"组的注视时间、注视点个数和瞳孔大小数值较低，注视点持续时间相对较长，"冷−冷"组则在总注视视觉、注视点个数、瞳孔大小注视点持续时间方面均较高。不同组间眼动行为的差异表明背景颜色和重点内容提示色的搭配对学习者的眼动行为有着较为复杂的影响。

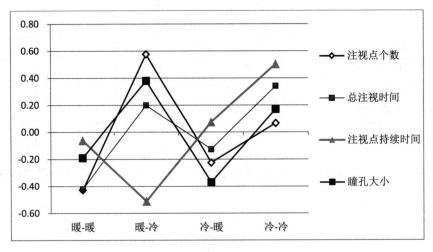

图 5－60 不同组别眼动行为变化趋势图

　　将学习效果在不同背景颜色和不同重点内容提示色条件下的 Z 分数进行可视化比较，结果如图 5－61 所示。

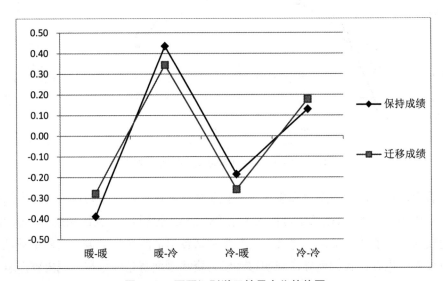

图 5－61 不同组别学习效果变化趋势图

　　可以看出，各组被试的保持测试成绩和迁移测试成绩变化趋势呈现较高的一致性，说明画面背景颜色和主题内容颜色的搭配对学习者以识记为主的保持成绩和以理解运用为主的迁移测试成绩的影响是一致的。当重点内容提示颜色为冷色时学习者的保持测试和迁移测试成绩优于提示色为暖色调时的学习者成绩。学习效果最好的为"暖－冷"色的画面色彩搭配，学习效果最不理想的为"暖－暖"色搭配。

　　同时，通过对比不同组被试学习效果变化趋势图和眼动行为变化趋势图可以发现，学习者的眼动行为中的注视点时间和注视点个数变化趋势和学习效果的变化趋势较为一致，表明移动学习资源画面背景和重点内容提示色的搭配影响学习者的眼动行为、注意力分配和认知策略等学习过程；并进一步影响学习者的学习效果。眼动行为和学习效果较为一致的变化趋势表明学习者的眼动行为反映了学习者的学习加工过程，是学习投入和学习效果的重要行为指标。

（2）学习投入、学习效果和眼动行为变化趋势的可视化比较

为了更为直观地了解学习投入整体情况、学习效果整体情况和眼动行为情况间的相互关系，将学习投入和学习效果各维度变量的标准化分数进行合并，得到学习投入和学习效果结果数据，并选取总注视点个数，将这三个变量在四个不同组别上的变化情况可视化呈现，结果如图 5—62 所示。

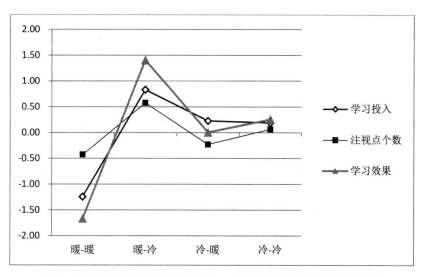

图 5—62 不同组别被试的学习动机、学习投入和学习效果变化趋势

可以看出：学习投入方面：整体学习投入度最高的为"暖—冷"被试组，学习投入度最低的为"暖—暖"被试组，"暖—冷"和"冷—冷"被试组学习投入比较接近，且处于中间水平。 学习效果方面：学习效果最为理想的为"暖—冷"被试组，学习效果最差的为"暖—暖"被试组，这与学习投入的结论一致。"冷—冷"被试组学习成绩稍高于"冷—暖"被试组。四组被试的学习效果成阶梯分布，由优至差的顺序为"暖—冷"＞"冷—冷"＞"冷—暖"＞"暖—暖"。眼动行为方面：这里的眼动行为指标指被试的总注视次数，测量值越大表明学习者的认知加工程度越高，学习越投入，测量值由大至小依次为"暖—冷"＞"冷—冷"＞"冷—暖"＞"暖—暖"，与学习投入和学习效果整体趋势大致一致。

从总体上看，被试在四组实验条件下的学习投入、学习成绩和眼动行为变化趋势比较一致。"暖—冷"组被试的学习投入、学习效果和注视点个数均为最高，"暖—暖"组被试的学习投入、学习效果和注视点个数均为最低且变化范围较大，"冷—暖"组和"冷—冷"组的学习投入、学习成绩和注视点个数比较接近，且变化范围较小。

（五）结果讨论

本实验探索了画面背景颜色和重点内容提示色对学习者学习动机、学习投入和学习效果的影响。研究发现，背景颜色和重点内容提示色分别在不同维度上影响学习者的学习动

机、学习投入和学习效果。学习者的眼动行为与学习投入、学习效果变化趋势一致。

1.背景颜色和重点内容提示色对学习动机和学习投入的影响

对学习动机的影响：背景颜色和重点内容提示色的主效应均不显著，二者的交互作用也不显著。说明背景颜色和重点内容提示色的差异对学习者动机的激发效果是相似的，不存在显著差异。

对学习投入的影响：认知投入客观测量方面，背景颜色和重点内容提示色对认知投入的客观测量值主效应不显著，但交互作用显著，当背景为暖色调时，使用冷色调的重点内容提示色时的认知投入客观测量值比使用暖色调的重点内容提示色时高；当背景色为冷色调时，这种差异不显著。背景色和重点内容提示色对认知投入的主观判断值无显著影响。情感投入方面，背景颜色和重点内容提示色，及其交互作用对学习者情感投入客观测量值均没有显著影响。背景颜色和重点内容提示色对学习者情感投入主观判断值无显著影响，二者的交互作用对学习者情感投入主观判断值的影响接近显著水平，在重点内容提示色为暖色的情况下，冷色背景时学习者的情感投入主观判断值接近显著地高于暖色背景时学习者的情感投入主观判断值。即重点内容提示色为暖色时，背景色为冷色的对比搭配更容易引起学习者的情感投入。行为投入方面，背景颜色主效应不显著，重点内容提示色的主效应极其显著，提示色为暖色时，背景颜色为冷色调时学习者的行为投入显著高于暖色背景色。暖色提示色可以显著提高学习者的学习时长，提高学习者的行为投入。

本实验的假设 H1 为"不同背景颜色对学习者的学习投入有显著影响"，实验结果显示，不同背景颜色对学习投入在学习投入各维度上的影响均不显著，未验证假设 H1。本实验的假设 H2 为"不同重点内容提示色对学习者的学习投入有显著影响"，实验结果显示，重点内容提示色对学习者认知投入的客观测量和主观判断值无显著影响，对学习者情感投入的客观测量和主观判断值无显著影响；对学习者的行为投入（学习时长）有显著影响，冷色调的重点内容提示色更容易促进学习者的行为投入，部分验证假设 H2。本实验的假设 H3 为"不同背景颜色和重点内容提示色对学习投入的影响存在交互作用"，实验结果显示，背景颜色和重点内容提示色的交互作用对认知投入客观测量值的影响有极其显著的影响，对认知投入主观判断值无显著影响。背景色为暖色时，冷色的重点内容提示色对认知投入客观测量值的影响大于暖色重点内容提示色。背景颜色和重点内容提示色对情感投入客观测量值影响的交互作用不显著，对情感投入主观判断值影响的交互作用达到边缘显著水平。在重点内容提示色为暖色时，冷色背景时学习者的情感投入主观判断值高于暖色背景时学习者的情感投入主观判断值。背景颜色和重点内容提示色对行为投入（学习时长）的交互作用不显著。部分验证假设 H3。

2.背景颜色和重点内容提示色对学习效果的影响

本实验的假设 H4 为"不同背景颜色对学习者的学习效果有显著影响"，实验结果显示，保持测试、迁移测试和总成绩，背景颜色主效应均不显著，未能验证假设 H4。背景颜色是冷色调还是暖色调对学习者的学习效果无显著影响。

本实验的假设 H5 为"不同重点内容提示色对学习者的学习效果有显著影响"，实验结果显示，对于保持成绩和迁移成绩，重点内容提示色的主效应显著，无论是保持成绩还是迁移成绩，重点内容提示色为冷色时的测试成绩均显著高于重点内容提示色为暖色时的测试成绩；对于总成绩，这种差异达到了极其显著的水平，完全验证假设 H5。在背景有颜色时，无论背景是暖色还是冷色，重点内容提示色为冷色调时学习者的学习效果显著优于重点内容提示色为暖色时。以红色为代表的暖色调给人以醒目，吸引注意力的效果，但学习是注意力高度集中的活动，过于醒目的暖色在学习过程中不断给予学习者强烈的刺激，容易使学习者产生烦躁心理，不利于注意力的长时间集中。因此，当学习内容中需要较多的重点内容提示帮助学习者理解和掌握时，建议使用冷色的提示色，既能引起学习者的注意，帮助学习者获取重点，但不至于引起视觉和心理的不适，进而提高学习效果。

本实验的假设 H6 为"不同背景颜色和重点内容提示色对学习效果的影响存在交互作用"，实验结果显示，背景颜色和重点内容提示色的交互作用对测试成绩、迁移测试成绩和总成绩，背景颜色的影响均不显著，未能验证假设 H6。背景颜色和重点内容提示色的交互作用对学习者的学习效果无显著影响。

3.背景颜色和重点内容提示色对认知负荷的影响

背景颜色：冷色背景和暖色背景之间，学习者的认知负荷没有显著差异，表明不同背景颜色对学习者认知负荷的影响程度相似。重点内容提示色：无论是暖色还是冷色，学习者认知负荷均没有显著差异，表明重点内容提示色对学习者认知负荷的影响程度也相似。内在认知负荷方面，背景颜色和重点内容提示色的交互作用对学习者的内在认知负荷有显著影响，当背景色为暖色时，暖色提示色时学习者内在认知负荷显著高于冷色提示色时。说明当背景色为暖色时，提示色为背景色的对比色冷色时，有利于降低学习者的内在认知负荷。对于外在认知负荷，背景色和提示色交互作用对外在认知负荷的影响不显著。对于关联认知负荷，背景色和提示色的交互作用对关联认知负荷的影响边缘显著，当背景为暖色时，重点内容提示色为冷色时关联认知负荷高于重点内容提示色为暖色时，关联认知负荷有利于提高学习者的学习效果，进一步验证了"暖色背景、冷色提示色有利于学习者学习效果提高"这一结果。

4.背景颜色和重点内容提示色对眼动行为的影响

本实验的假设 H7 为"不同背景颜色对学习者的眼动行为有显著影响"，实验结果显示：对于总注视时间、注视点个数和瞳孔大小，背景颜色的主效应不显著，但对于注视点平均持续时间，背景颜色的主效应极其显著，当背景色为冷色时，学习者的注视点平均持续时间显著高于背景色为暖色时，部分验证假设 H7。本实验的假设 H8 为"不同重点内容提示色对学习者的眼动行为有显著影响"，实验结果显示：重点内容提示色对学习者的总注视时间、注视点个数和瞳孔大小均有显著影响，重点内容提示色为冷色时，学习者的总注视时间、注视点个数和瞳孔大小均显著高于提示色为暖色时。对于注视点平均持续时间，重点内容提示色的主效应不显著，部分验证假设 H8。本实验的假设 H9 为"不同背景颜色和重点内容提示色对学习者眼动行为的影响存在交互作用"，实验结果显示：对于总注视时间、注视点个数和瞳孔大小，背景颜色和重点内容提示色的交互作用影响均不显著；对于注视点平均持续时间，背景颜色和重点内容提示色的交互作用影响显著，当提示色为冷色时，冷色背景色时的注视点平均持续时间显著大于暖色背景时的注视点平均持续时间。当提示色为冷色时，采用对比色暖色的背景色时，可以显著减少学习者的注视点平均持续时间，使得学习信息的获取更容易，部分验证 H9。当背景色和提示色为对比色搭配时比同色搭配更容易减少学习者获取信息的时间。

　　5.学习投入、学习效果和眼动行为的关系

　　从总体上看，各组被试的学习投入、学习成绩和眼动行为变化趋势均较为一致。结果表明，移动学习资源画面色彩搭配影响学习者的学习投入，并通过眼动行为体现出来，并最终影响学习效果。

　　研究结果显示，合适的背景色与内容提示色搭配能增加学习材料吸引力，优化学习体验，提高学习专注程度，增加认知积极性，降低信息识别与获取难度，减少认知负荷，提高学习效果。就本研究而言：暖色背景、冷色重点内容提示的搭配，学习者的专注程度高，视觉认知分配合理，学习效果最为理想。可能的原因：暖色背景给人以舒适的情感体验，对比鲜明的冷色提示使得学习者更容易获取有效信息，学习过程较为流畅。

　　（六）进一步实验——有无色彩搭配的效果比较

　　整体来讲，从学习投入、学习效果和眼动行为总体分析，背景颜色和重点内容提示色搭配的优劣顺序为"暖－冷"＞"冷－冷"＞"冷－暖"＞"暖－暖"。在本实验中，学习材料采用了 2 背景颜色（暖，冷）×2 重点内容颜色（暖，冷）的两因素完全随机实验。学习者所接触的刺激材料中背景和提示内容均有颜色刺激。相对于有颜色刺激，无颜色刺激的学习材料对学习者的影响如何？学习者的学习投入、学习效果、认知负荷以及眼动行为是优于有颜色搭配，还是劣于有颜色搭配？为此，进行了进一步的实验探索。

　　1.实验设计与结果分析

　　（1）实验设计

　　将学习材料中的背景颜色和重点内容提示色全部去掉，所学内容全部呈现白色背景，黑色字体，其他设计与前期实验中的学习材料完全一样，学习材料效果如图 5－63 所示。

　　从在 T 大学本科生中招募 19 名有效被试，实验要求和流程与前期实验完全相同。将实验数据与前期实验中综合效果最好的"暖－冷"组和最差的"暖－暖"组数据形成 3（色彩搭配）×1 的单因素完全随机三组实验设计，以确定有色彩和无色彩时，学习者学习投入、学习效果、认知负荷和眼动行为的差异与优劣。

　　学习内容、测试材料、实验设备和实验过程与前期实验一致。

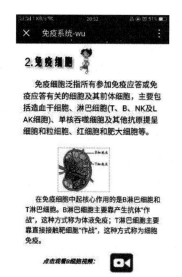

图 5-63 无背景色和重点内容提示色效果图

（2）数据分析

各组在学习投入、学习效果、认知负荷和眼动行为各维度的结果如表 5-43 所示。

表 5-43 各组被试学习各维度得分情况（M±SD）

测量维度	子维度	暖一冷	暖一暖	无一无
认知投入	客观测量	53.55±12.64	40.20±14.77	44.16±11.60
	主观判断	42.90±12.71	40.15±12.23	46.00±11.43
情感投入	客观测量	59.10±6.95	60.50±11.71	61.37±9.56
	主观判断	20.15±4.67	18.50±4.40	19.47±5.15
行为投入	学习时长（S）	557.55±127.34	456.70±105.64	555.95±133.28
动机投入	主观判断	36.90±7.62	35.30±6.71	38.16±8.17
认知负荷	内在认知负荷	4.90±1.92	5.80±1.40	5.94±1.62
	外在认知负荷	6.05±1.47	6.70±1.03	6.68±1.70
	关联在认知负荷	5.65±2.18	4.15±1.73	4.86±2.09
学习效果	保持成绩	17.40±2.76	14.70±3.39	15.79±3.52
	迁移成绩	14.55±2.19	12.68±3.92	13.53±3.01
眼动行为	总注视时间	357.77±110.57	284.23±88.54	322.09±91.90
	总注视次数	1160.45±374.46	847.95±251.86	1040.95±330.70
	注视点平均持续时间（ms）	311.50±41.20	337.00±37.43	316.30±58.33
	瞳孔大小	4.25±0.76	3.90±0.52	3.85±0.85

可以看出，学习者在不同的配色条件下，学习投入、认知负荷、学习效果和眼动行为

均不同。学习投入方面，认知投入客观测量值、情感投入主观判断值、学习时长等维度值，"暖一冷"组最高，"无一无"组居中，"暖一暖"组最低。认知投入主观判断值、情感投入客观测量值等维度值，"无一无"组最高，"暖一冷"组居中，"暖一暖"组最低。认知负荷方面，内在认知负荷"无一无"组最高，"暖一暖"组次之，"暖一冷"组最低；外在认知负荷"暖一暖"组最高，"无一无"组次之，"暖一冷"组最低；关联认知负荷"暖一冷"组最高，"无一无"组次之，"暖一暖"组最低。学习效果方面，无论是保持成绩、迁移成绩还是总成绩，均为"暖一冷"组最高，"无一无"组次之，"暖一暖"组最低。眼动行为方面，反映学习者认知加工程度的总注视时间、总注视次数均为"暖一冷"最高，"无一无"次之，"暖一暖"最低。注视点平均持续时间这一反映学习者加工难易程度和认知负荷的指标，"暖一暖"组最高，"无一无"组次之，"暖一冷"组最低，这与认知负荷的趋势一致。反映学习者脑负荷状况和学习积极性的瞳孔大小为"暖一冷"最大，"暖一暖"组次之，"无一无"组最低。

对三组的学习投入、学习效果、认知负荷和眼动行为数据进行单因素（oneway）被试间方差分析，进一步确定不同配色条件下被试之间各维度间的差异是否显著。结果发现，三组被试间的学习投入客观测量值（专注度）（$F_{(2, 56)}=5.474$，$p=0.007<0.01$）差异极其显著，行为投入（学习时长）（$F_{(2, 56)}=4.414$，$p=0.017<0.05$）差异显著，保持测试成绩（$F_{(2,56)}=3.524$，$p=0.036<0.05$）差异显著，总成绩（$F_{(2,56)}=4.264$，$p=0.019<0.05$）差异显著，注视点个数（$F_{(2, 56)}=4.767$，$p=0.012<0.01$）差异显著。关联认知负荷（$F_{(2, 56)}=2.755$，$p=0.072<0.1$）差异边缘显著，总注视时间（$F_{(2, 56)}$，$p=0.067<0.1$）差异边缘显著。其他维度测量值差异不显著。

对差异显著的各维度测量值进行 LSD 事后多重比较，结果如表 5—44 所示。

表 5—44　不同组被试各维度测量值的 LSD 事后多重比较结果

测量维度	分组（I）	分组（J）	平均差 (I−J)	标准误	显著性
学习投入（专注度）	暖一冷	暖一暖	13.3500*	4.141	0.002
		无一无	9.3921*	4.1951	0.029
	暖一暖	暖一冷	−13.3500*	4.141	0.002
		无一无	−3.9579	4.1951	0.350
	无一无	暖一冷	−9.3921*	4.1951	0.029
		暖一暖	3.9579	4.1951	0.350
学习投入（学习时长）	暖一冷	暖一暖	100.8500*	38.7271	0.012
		无一无	1.6026	39.2334	0.968
	暖一暖	暖一冷	−100.8500*	38.7271	0.012
		无一无	−99.2474*	39.2334	0.014
	无一无	暖一冷	−1.6026	39.2334	0.968
		暖一暖	99.2474*	39.2334	0.014

测量维度	分组（I）	分组（J）	平均差 (I-J)	标准误	显著性
关联认知负荷	暖—冷	暖—暖	1.5000*	0.6412	0.023
		无—无	0.8605	0.6496	0.191
	暖—暖	暖—冷	-1.5000*	0.6412	0.023
		无—无	-0.6395	0.6496	0.329
	无—无	暖—冷	-0.8605	0.6496	0.191
		暖—暖	0.6395	0.6496	0.329
保持测试成绩	暖—冷	暖—暖	2.7000*	1.0231	0.011
		无—无	1.6105	1.0365	0.126
	暖—暖	暖—冷	-2.7000*	1.0231	0.011
		无—无	-1.0895	1.0365	0.298
	无—无	暖—冷	-1.6105	1.0365	0.126
		暖—暖	1.0895	1.0365	0.298
总测试成绩	暖—冷	暖—暖	4.5750*	1.5724	0.005
		无—无	2.6342	1.5929	0.104
	暖—暖	暖—冷	-4.5750*	1.5724	0.005
		无—无	-1.9408	1.5929	0.228
	无—无	暖—冷	-2.6342	1.5929	0.104
		暖—暖	1.9408	1.5929	0.228
总注视时间	暖—冷	暖—暖	73.54100*	30.85719	0.021
		无—无	35.67758	31.26057	0.259
	暖—暖	暖—冷	-73.54100*	30.85719	0.021
		无—无	-37.86342	31.26057	0.231
总注视时间	无—无	暖—冷	-35.67758	31.26057	0.259
		暖—暖	37.86342	31.26057	0.231
总注视点个数	暖—冷	暖—暖	312.5000*	102.1017	0.003
		无—无	119.5026	103.4365	0.253
	暖—暖	暖—冷	-312.5000*	102.1017	0.003
		无—无	-192.9974	103.4365	0.067
	无—无	暖—冷	-119.5026	103.4365	0.253
		暖—暖	192.9974	103.4365	0.067
*. 平均值差异在 0.05 水平上显著。					

学习投入（专注度），"暖—冷"组与"暖—暖"组差异极其显著（$p=0.002<0.01$）；"无—无"组与"暖—冷"组差异极其显著（$p=0.002<0.01$），"无—无"组与"暖—暖"组差异不显著（$p=0.35>0.05$）。学习投入（学习时长），"暖—冷"组与"暖—暖"组差

异显著（$p=0.012<0.05$），"无—无"组与"暖—暖"组差异显著（$p=0.014<0.05$），"无—无"组与"暖—冷"组差异不显著（$p=0.968>0.05$）。关联认知负荷，"暖—冷"组与"暖—暖"组差异显著（$p=0.023<0.05$），"无—无"组与"暖—冷"组差异不显著（$p=0.191>0.05$），"无—无"组与"暖—暖"组差异不显著（$p=0.329>0.05$）。保持测试，"暖—冷"组与"暖—暖"组差异显著（$p=0.011<0.05$），"无—无"组与"暖—冷"组差异不显著（$p=0.126>0.05$），"无—无"组与"暖—暖"组差异不显著（$p=0.298>0.05$）。总测试成绩，"暖—冷"组与"暖—暖"组差异极其显著（$p=0.005<0.01$），"无—无"组与"暖—冷"组，与"暖—暖"组差异不显著（$p=0.104>0.05$，$p=0.228>0.05$）。总注视时间，"暖—冷"组与"暖—暖"组差异显著（$p=0.021<0.05$），"无—无"组与"暖—冷"，与"暖—暖"组差异均不显著（$p=0.259>0.05$，$p=0.231>0.05$）；总注视点个数，"暖—冷"组与"暖—暖"组差异极其显著（$p=0.003<0.01$），"无—无"组与"暖—冷"组差异不显著（$p=0.253>0.05$），与"暖—暖"组差异边缘显著（$p=0.067<0.1$）。

分析发现，"无—无"组与两组的显著差异主要体现在学习投入（专注度）、学习投入（学习时长）和总注视点个数三个维度上。表明，在暖色背景下，重点内容提示色的差异显著地影响学习者的学习投入、认知负荷、学习效果和眼动行为。与有色搭配相比，白底黑字的搭配不具备极端优势和极端劣势。进一步表明，学习内容的背景颜色和重点内容提示色的搭配会影响学习过程中的学习投入、认知负荷、学习效果及眼动行为，当色彩搭配符合学习者的需求时，与白底黑字效果相比，可以促进学习者的学习投入和学习效果，当色彩搭配不符合学习者的需求时，反而会阻碍学习的学习投和学习效果。

（3）前后两次实验的脑波分析

在所有五组被试中分别选取专注度的脑波测量值接近各组均值的被试，对其学习学习过程中的认知投入（专注度）和情感投入（放松度）的动态变化情况进行对比分析，如图5-64、5-65所示。

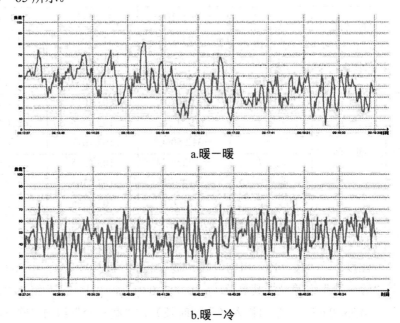

a.暖—暖

b.暖—冷

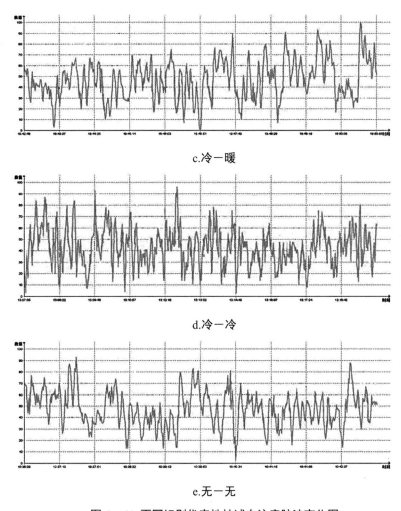

c.冷—暖

d.冷—冷

e.无—无

图 5—64 不同组别代表性被试专注度脑波变化图

可以看出，不同组被试学习过程中的专注度变化有所差异。当背景色和重点内容提示色为同色搭配时，学习者的专注度偏低，并且呈现逐渐下降的趋势。"暖—暖"搭配组被试的专注度为最低，在学习初期学习者有较高的专注度，在中后期学习者专注度出现了显著下降，并且这种较低专注度直到学习结束也没有出现回升趋势。"冷—冷"搭配组被试在学习前期也有较高的专注度，但在中前期出现了一定幅度的上下浮动；在学习的中后期也出现了显著的下降趋势，与"暖—暖"搭配组不同的是在学习的后期又出现了轻微的上升，但整体上处于下降趋势。表明当使用同色搭配时，无论是暖色还是冷色，学习者的专注度在学习过程中均呈现前高后低的趋势，表明同色搭配不利于学习者高专注度的保持。当背景色和重点内容提示色为对比色搭配时，学习者的专注度相对于同色搭配有着较好的表现。"暖—冷"搭配组的典型被试在整个学习过程中表现出较为稳定的学习投入度，较高专注度，并在基线范围内小幅度波动，未出现随着学习时间延长而减低的现象，表明"暖—冷"搭配有利于学习者高专注度的长时间保持。"冷—暖"搭配时，学习者的专注度在整个学习过程中有一定幅度的变化，在学习前期相对稳定，在中期出现了较大幅度的上下波动，随着学习时间的增加，这种波动进一步加剧，但未出现明显的下降趋势。表明"冷—暖"搭配时学习者的专注度总体上处于相对理想，但变化幅度较大。当没有背景颜色和重点内容提示色时，学习者的专注度呈现"高—低—高—低"的波浪式变化趋势，学习者在学习初期专注度较高，随着时间的增加逐渐下降，在中后期又出现一定的上升，之后又下降和上升。由于没有颜色的干预，这种变化可能主要由学习内容引起。

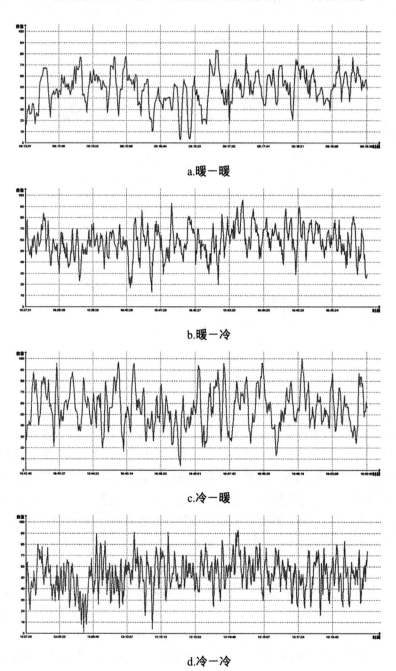

a.暖—暖

b.暖—冷

c.冷—暖

d.冷—冷

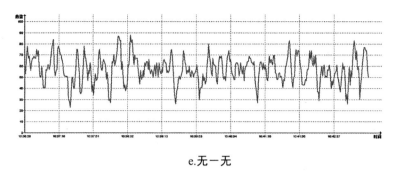

e.无－无

图 5－65 不同组别代表性被试放松度脑波变化图

由图 5－65 不同组被试放松度脑波变化图可以看出，不同组被试学习过程中的放松度变化有所差异。不同背景和重点内容提示色搭配时典型被试学习过程中放松度变化幅度整体不大。"暖－暖"组和"冷－暖"组被试整个过程中呈现"高－低－高"的变化特点，但整体起伏幅度不大。"暖－冷"组整体较为稳定，在学习的中后期出现了轻微的下降和上升变化。"冷－冷"组则在学习过程初期和学习的中后期出现了轻微的下降，但整体变化幅度不大。"无－无"组被试在整个学习过程中的放松度保持较为平稳的特点，且上下浮动的幅度较小，学习者的情感状态较为平稳。颜色搭配对学习过程中被试的放松度有一定影响，但这种影响变化不大。

2.两次实验中学习投入与学习效果的综合回归分析

进一步对两次实验中所有被试的学习投入对学习效果的影响进行回归分析，进一步考查不同色彩搭配条件下学习投入对学习效果的预测情况，结果如表 5－45 所示。

表 5－45 各组被试学习投入与学习效果的相关关系

变量	变量子维度	认知投入		情感投入		行为投入
		专注度	问卷值	放松度	问卷值	学习时长
学习效果	测试成绩	.324**	.291*	−.048	.183	.271*

**. 相关性在 0.01水平上显著（双尾）。

通过学习投入各变量与学习效果间的相关关系可知，被试的学习效果与认知投入及行为投入间存在显著的相关性。进一步运用多元回归分析的方式评估基于移动学习资源中不同色彩搭配条件下学习者的学习投入、学习动机和学习效果之间的关系，以确定学习投入和学习动机对学习成绩的影响。采用 Enter 法进行多元回归分析，探索学习投入各维度自变量对学习成绩因变量的影响，结果如表 5－46 所示。

表 5-46 学习投入对学习效果影响的多元回归分析

模型		非标准化系数		标准化系数	T	显著性
		B	标准差	Beta		
1	（常数）	18.379	4.568		4.023	.000
	认知投入（专注度）X_1	.096	.036	.306	2.675	.010
	认知投入（主观判断）X_2	.075	.044	.207	1.707	.093
	情感投入（放松度）X_3	−.024	.054	−.052	−.451	.654
	情感投入（主观判断）X_4	.056	.100	.066	.554	.582
	行为投入（学习时长）X_5	.007	.003	.250	2.263	.027
R		0.492				
R2		0.242				
Adj−R2		0.181				
F		4.014				
P		0.003				

根据表 5-45 可以建立学习投入对学习效果影响的标准化回归方程模型：学习效果 $=0.306X_1+0.207X_2-0.052X_3+0.066X_4+0.250X_5$。进一步对 5 个变量的回归系数进行检验，其显著性分别为 0.010，0.093，0.654，0.582 和 0.027，在 α=0.05 的显著水平下，认知投入（专注度）和学习时长两个变量达到了显著水平。

同时可以看出，*F*=4.014，*p*=0.003<0.01，自变量可解释的因变量变异与误差变异相比在统计上是显著的，表明回归方程有意义，学习投入的五个变量能联合预测测试成绩变异的 18.1%。其中有两个变量对学习效果产生了显著影响，认知投入（专注度）变量的预测力最佳，其次是行为投入（学习时长）。情感投入变量虽然对学习效果也有一定的预测力，但这种预测力未达到显著水平。在本实验中，在不同色彩搭配条件下，被试的学习效果主要受到认知投入（专注度）和学习时长的影响，情感投入度对学习效果也产生一定影响，但影响力相对较弱。

三、移动学习资源画面色彩设计规则讨论

（一）色彩搭配对学习投入和学习效果的影响

当移动学习资源画面背景为暖色，重点内容提示色为冷色时，学习者的学习投入和学习效果为最好；背景为暖色，重点内容提示色为暖色时，学习者的学习投入和学习效果均为最差，冷色背景暖色提示色和冷色背景冷色提示色时，学习者的学习投入和学习效果比较接近，且变化范围较小。同时，学习者的眼动行为和学习投入、学习效果的变化趋势一致。在一定程度上表明，在暖色背景下，重点内容提示色的差异显著地影响学习者的学习投入、学习效果和眼动行为。冷色背景下，重点内容提示色对学习者的学习投入、学习效果和眼动行为也有一定影响，但这种影响差异相对较小。

合适的背景色与内容提示色搭配能增加学习材料吸引力，优化学习体验，提高学习专注程度，降低信息识别与获取难度，减少认知负荷，提高学习效果。与有色搭配相比，白

底黑字的搭配不具备极端优势和极端劣势，学习内容的背景颜色和重点内容提示色的搭配会影响学习过程中的学习投入、学习效果及眼动行为，当色彩搭配符合学习者的需求时，与白底黑字效果相比，可以促进学习者的学习投入和学习效果，当色彩搭配不符合学习者的需求时，反而会阻碍学习的学习投入和学习效果。

（二）学习投入和学习效果的关系

学习投入的五个变量能联合预测学习成绩变异的 18.1%。其中认知投入（专注度）变量的预测力最佳，其次是行为投入（学习时长），两者都达到了显著水平。情感投入变量虽然对学习效果也有一定的预测力，但这种预测力未达到显著水平。在本实验中，在不同色彩搭配条件下，被试的学习效果主要受到认知投入（专注度）和学习时长的影响，情感投入对学习效果也产生一定影响，但影响力相对较弱。

学习投入作为影响学习者学习过程的重要因素，对学习效果有着显著的正向影响作用，背景色和重要内容提示色搭配的差异影响并调节不同组被试的学习投入；学习投入正向影响学习效果，即学习投入水平越高，学习效果越好。

（三）基于实验结果的移动学习资源画面色彩设计规则描述

暖色背景给人以舒适的情感体验，对比鲜明的冷色提示使得学习者更容易获取有效信息，学习过程较为流畅。因此，暖色背景、冷色重点内容提示的搭配，学习者的专注程度高，视觉认知分配合理，学习效果最为理想。在进行移动学习资源画面的配色设计时，注重色彩设计的美学功能、情感功能和认知功能的协调与平衡，有机整合，充分发挥移动学习资源画面色彩设计对学习者的正向影响。设计时应在考虑学习者情感体验的基础上，同时考虑学习者的视觉认知与注意力分配水平，采用背景和提示色为对比色搭配方式，提高信息的获取效率，其中暖色背景冷色重点内容提示色搭配最为理想，其次是冷色背景，暖色提示色。同时也需要注意色彩搭配所带来的影响因学习者个体差异及色彩自身属性等方面的不同而存在较大差异。当色彩搭配较为理想时，能够促进学习，但当色彩搭配不理想时，反而阻碍学习，在进行画面色彩搭配设计时应注意避免色彩搭配带来的负面作用。具体设计规则如下：

规则：注重色彩设计的美学功能、情感功能和认知功能的协调与平衡。

细则 1 合理的色彩设计可以引发良好的情感体验，适应学习者的视觉认知与注意力分配水平。

细则 2 背景色和提示色对比搭配可以提高信息获取效率，暖色背景冷色提示色最佳，避免暖色背景暖色提示色搭配。

细则 3 不良的色彩搭配易引发负面作用，无法确定搭配方案时可用白色背景黑色字体的经典搭配保证学习效果。

第六章 移动学习资源画面设计规则体系的建立

将系列研究结果放在移动学习资源画面设计的层次框架下，形成促进学习投入的移动学习资源画面设计规则体系，如表 6—1 所示，为优质移动学习资源的设计提供参考，以提高学习者的学习投入水平，改善移动学习效果。

表 6—1 促进学习投入的移动学习资源画面设计规则体系

设计总则：主张形成"多媒体画面语言表征的移动学习资源（环境要素）——动机激发与维持（动力机制）——学习投入（过程机制）——学习效果（结果要素）"学习过程生态链。		
设计细则	情感层	注重色彩设计的美学功能、情感功能和认知功能的协调与平衡。 合理的色彩设计引发良好的情感体验，适应学习者的视觉认知与注意力分配水平。 背景色和提示色对比搭配可以提高信息获取效率，暖色背景冷色提示色最佳，避免暖色背景暖色提示色搭配。 不良的色彩搭配易引发负面作用，无法确定搭配方案时可用白色背景黑色字体的经典搭配保证学习效果。
	行为层	三维互动界面设计应根据设备类型和内容需求进行恰当选择。 三维互动界面设计有利于增加移动学习的吸引力和沉浸感。 三维互动界面对移动设备屏幕尺寸有最佳适应性，平板效果优于智能手机。 无三维互动时，智能手机和平板电脑的学习优势无显著区别。 学习支架设计应依据支架信息作用通道类型对支架信息进行恰当设计。 当支架信息以音频形式呈现时，信息描述尽可能详细。 当支架信息以文本形式呈现时，信息描述尽可能简明。 当支架信息以文本+音频呈现时，信息描述可根据需要进行选择。 学习支架位置对注意力和操作行为有影响，建议位置的优劣顺序为：画面下方、画面中间、画面右上方。
	感官层	根据学习内容需求和知识类型选择合适的画面布局类型与内容切分方法。 注意保持知识的内在逻辑性，依据知识内容选择合适的划分策略。 考虑不同布局方式对不同知识类型的最佳适应性。 应优先选择标签式布局设计方式，其次是瀑布流式布局方式。

该规则体系分为设计总则和设计细则两部分，设计总则依据系列实验数据的回归分析结果得出，强调移动学习资源画面设计的整体观和系统观，将移动学习资源画面设计放在学习过程生态系统的框架下考虑，注重通过合适的画面设计引发学习者的学习动力，产生积极的学习投入，从而获得理想的学习效果。注重通过设计的方式抓住学习者的注意力，激发学习动机，提高专注度；通过交互方式设计调动学习者的行为积极性；并从色彩美学设计角度诱发学习者的积极情感，优化学习过程中的情感体验，从认知、行为和情感多个维度激发学习者的投入度，提高学习效果。

设计细则是在移动学习资源画面设计层次观基础上，依据各实验结果得出。

感官层设计：画面布局类型的选取与知识内容的切分应依据学习内容和知识类型，注重知识的逻辑性，注意不同布局方式对不同知识类型的最佳适应性；标签式布局方式在促进学习投入、提高学习效果和充分利用画面空间方面均具有一定优势。

行为层设计：一方面学习支架设计应根据作用通道选择合适的描述方式，听觉通道适合描述详细的支架信息，视觉通道适合描述简明的支架信息，视听觉通道对支架信息的描述程度无特殊要求；同时应注意学习支架位置对学习者注意力和操作行为的影响。另一方面注意发挥三维互动界面设计的优势，增加学习吸引力与沉浸感；考虑三维互动界面对移动设备屏幕尺寸的最佳适应性。

情感层设计：注意色彩的美学功能、情感功能和认知功能的协调与平衡，通过合适的色彩搭配设计引发学习者良好的情感体验，背景色与重点内容提示色对比搭配有利于信息获取效率的提高，暖色背景冷色提示色最佳，同时注意避免不当色彩搭配引发的负面作用。

第七章 总结与展望

第一节 研究总结

移动学习资源质量对移动学习中学习者的时间、精力、情感和认知的投入情况有非常重要的影响，而学习者足够的学习时间、精力、认知和情感投入是高质量移动学习的保证。从学习投入视角出发，以多媒体画面语言学为支撑，探索移动学习资源画面设计影响学习效果的内在机制和规律。

一、研究结论

在进行文献梳理、理论分析基础上，明确了移动学习、学习投入和移动学习资源画面的概念、内涵及构成维度，界定了研究的边界和范围。并以已有研究为基础，基于实证研究的立意，以用户体验为指导，对开展移动教育的教师进行了系统访谈，并对进行移动学习的学习者进行了问卷调研，以此为基础梳理出了移动学习环境下学习投入的影响因素体系，并对其作用机制进行了分析。采用专家评定的方法，邀请相关领域专家对影响学习投入因素的重要性和可干预性进行评定，确定出了移动学习资源画面设计中影响学习投入的五个高重要性和高可干预性的双高因素。并据此提出了画面设计的层次观，即感官层、行为层和情感层三个需求依次提高的设计层次，将五个双高因素划归为画面设计的不同层次。在此基础上提出了与双高因素相呼应的移动学习资源画面设计策略，即画面布局设计、学习支架设计、三维互动界面设计和画面色彩搭配设计等策略。通过实验研究的方式对提出的移动学习资源画面设计策略进行验证。结果如下：

对于画面布局设计，相对于学习内容未进行切分的瀑布流式布局方式，按照一定标准对内容进行切分的标签式布局在促进学习投入和提高学习效果方面更具优势。画面布局设计主要通过影响学习者行为的方式影响学习投入，标签式布局以分块的形式将内容呈现，有利于学习者对学习内容的深度理解和把握，有利于学习者将新的知识内容体系与原有的认知图式进行加工整合，促进学习者进入深度学习层次，进而更有利于提高学习者的学习投入和学习效果。在进行移动学习资源画面设计时，应优先选择标签式布局设计方式，其次是瀑布流式布局方式，同时考虑不同布局方式对不同知识类型的适应性问题。

对于学习支架设计，学习支架以详细的信息作用于听觉通道时，学习者的学习投入和学习效果最好，其次是以简明的信息作用于视觉通道。效果最不理想的是以简明的信息作用于听觉通道，和以详细的信息作用于视觉通道。在进行学习支架设计时，因作用通道不同，信息描述的详细程度应有所差别。当采用音频形式呈现学习支架信息时，信息的描述程度应尽量详细；当采用文本形式呈现学习支架信息时，信息的描述程度应尽量简明；当采用语音和文字结合方式呈现学习支架信息时，信息描述的详细程度可根据需要进行自主设计。

对于三维互动界面设计，当使用平板电脑呈现具有三维互动功能的学习内容时，学习者的学习动机、学习投入和学习效果最好，其次是使用有三维互动的手机呈现学习内容，再次是使用无三维互动的手机呈现学习内容，效果最差的是使用无三维互动的平板电脑。三维互动操作可以让学习者深入地了解学习对象本身，并在学习和操作过程中充分调动自我认知和反思动力，有利于学习者达到深度学习的层次。在进行移动学习资源设计时，设计方案的优劣顺序为：有三维互动平板电脑＞有三维互动智能手机＞无三维互动智能手机＞无三维互动平板电脑。优先考虑使用三维互动方式，同时最好使用屏幕较大的移动设备，可以使学习者的互动操作更加方便。

对于色彩搭配设计，当有色彩搭配时，对学习动机、学投入和学习效果影响的优劣顺序为："暖—冷"＞"冷—暖"＞"冷—冷"＞"暖—暖"，总体上背景色与重要内容提示色对比搭配时的学习效果比同色搭配时的学习效果好，较为理想的搭配组合是暖色背景搭配冷色提示色，效果最差的为暖色背景暖色提示色搭配。与有色搭配相比，白底黑字的搭配不具备极端优势和极端劣势，其效果介于"暖—冷"搭配和"暖—暖"搭配之间。移动学习资源画面设计时色彩的搭配建议为：应选择合适的背景色与内容提示色搭配，以增加学习材料吸引力，提高学习专注程度，降低信息识别与获取难度，提高学习效果。优先选择"暖—冷"搭配，忌选择"暖—暖"搭配，当搭配效果不理想时可考虑用白色背景黑色字体的经典搭配设计。

同时，通过对实验获取的学习投入与学习效果数据间的回归分析发现，学习投入显著影响学习效果，认知投入和行为投入是学习效果的重要预测指标。移动学习资源画面的设计建议为：首先考虑抓住学习者的注意力，提高学习者的专注度，激发学习者主动投入的意愿；同时提供有利于学习者参与的互动操作或交互活动，调动学习者的行为积极性，提高其认知投入和行为投入，进而提高学习效果。

二、研究创新

从学习投入的视角研究移动学习资源画面设计，以多媒体画面语言学为指导，在多媒体画面语构学和语用学层次探索移动学习资源画面设计。从激发学习动机、提高学习投入角度探索移动学习资源画面的设计策略，将移动学习资源设计与实际应用中学习者的适应性建立联动关系，将以学习者为中心的教育理念融入移动学习资源画面设计的具体过程。

数据获取时，采用多种方式采集多维数据，将学习者的脑波数据、眼动数据和主观问卷数据有机结合，形成三角互证，增加数据的可靠性，充分挖掘数据间关联所反映的本质规律。学习结果分析中，学习者的动机测量数据、学习投入数据和学习效果数据相互印证，形成学习动力、学习过程和学习效果数据间的三角互证，立体、动态地反映了画面设计策略对学习的影响情况。在一定程度上丰富和拓展了多媒体画面语言学研究思路和方法。

三、研究不足

1. 实验研究中以 T 大学和 H 大学两所大学共 453 名大学生被试参与实验，共得到有效被试 410 名，未涉及其他地区和其他年龄层次的被试，在一定程度上影响研究结果的普适性。

2. 画面设计方案在实验研究过程中，仅选取了有代表性的策略方案进行实验验证，如画面布局实验中，仅选取了标签式和瀑布流式布局方式，其他布局方式未能涉及；学习支架实验中，仅选取了学习支架的作用通道与信息详细程度，其他属性未能涉及；三维互动界面设计实验，仅选取了平板电脑和智能手机两类移动设备，三维互动水平也仅分为有无两个水平，其他类型移动设备和三维互动形式未能涉及；色彩搭配实验中，仅选取了以蓝色和橙色为代表的冷暖对比色搭配，其他色彩搭配效果未能涉及。画面设计中的其他设计策略对学习投入和学习效果的影响还有待进一步验证。

3. 由于移动学习资源画面设计和眼动数据采集的特殊性，在"画面布局"设计研究和"三维互动"设计研究实验中，数据的采集主要采用了脑波仪采集脑波数据和主观问卷数据，未使用眼动仪获取被试的眼动行为数据，在数据分析中缺少眼动数据对脑波数据和主观问卷数据的佐证，研究结果的生态效度受到一定影响。同时，由于实验条件的限制，在测量学习行为投入时，仅将学习时长作为行为投入的表征指标，未对学习者具体操作行为进行量化分析，是行为投入测量方面的不足。

第二节 "三角互证"法在画面设计研究中的应用探索

一、"三角互证"法适应 5G 时代多媒体画面语言研究多维数据分析的诉求

三角互证法主张用一种信息源对另一种信息源进行有益的补充，或者通过使用不同的数据源来对同一个观点进行验证，从不同视角解决一个问题。[①]三角互证法混合研究范式有利于提升研究品质。[②]胡航在研究中运用三角互证法，将学习者的学业成绩、眼动和脑波数据相互印证，更好地解释深度学习的发生。[③]

在当前 5G 环境下，网络带宽的提升和数据采集技术的快速发展，而且多媒体画面语言研究的理论和内容、视角和方法在不断地变化和革新，运用相应设备和技术手段获取以"图、文、声、像、交互"等要素为基础的多媒体画面数据，和学习者学习过程中的生物表征数据、情感体验数据及外显行为数据，进行深入地挖掘与分析，是 5G 时代多媒体画面语言研究范式的发展与创新。[④]复杂多样的多维数据为生动刻画学习发生过程提供了有力支持；将这些数据有机整合，充分挖掘数据间的复杂关系需要采用科学合理的思路与方法。三角互证法可以从多个维度获得不同类型的数据，并将多维数据指向画面设计研究中的同一个问题，有利于从多视角探索事实真相，挖掘外在表象下的本质，揭示多媒体画面语言学及多媒体画面设计规则形成与发展的内在规律。

---

①陈斌. 混合方法研究： 远程教育值得推广的研究范式[J]. 现代远距离教育，2010(5)：26−29.

②林刚，张诗亚. 应用"三角互证法"提升教育技术研究的品质[J]. 中国电化教育，2014(10)：23−28.

③胡航，董玉琦. 深度学习内容及其资源表征的实证研究[J]. 中国远程教育，2017(8)：57−63.

④王志军，吴向文，冯小燕，等. 基于大数据的多媒体画面语言研究[J]. 电化教育研究，2017(4)：59−65.

二、"三角互证"法的应用

要想真正了解和把握基于移动学习资源画面的学习发生过程，需要借助于现代化的测量和分析手段，做到"听其言、观其行、测其脑"，将学习者的主观体验（听其言）、眼动行为和操作行为（观其行）和脑波变化（测其脑）有机结合，共同反映学习投入的发生和变化过程。Roger Azevedo[1]主张采用三角互证的方法，运用多维数据进行学习投入的研究，以更全面、深刻地探索学习投入复杂的作用机制和影响因素，准确了解学习过程中学习者的投入状态及变化情况。以往学习投入的测量侧重采用问卷量表的方式进行，对于基于过程的实时测量较少。学习投入在宏观和中观层次上多以分析、观察或等级评定等测量方法，微观层次需要借助于生理和心理测量设备进行。问卷测量的主观性与生理测量的客观性有助于从不同视角对学习投入进行实时测量。

在本书的系列实验中，将问卷主观测量与生理客观测量有机结合，从多个维度反映移动学习资源画面不同设计策略对学习投入和学习效果的影响。对于学习动机，采用问卷测试的方法主观测量；对于学习投入不同维度，采用了不同的测量方法，由于认知和情感维度的学习投入具有内隐性，难以通过获取外显数据的方式获得，因此采用问卷的主观测量、脑波仪及和眼动仪客观测量相结合的方法；行为投入主要采用以时间投入为主要指标的客观测量方法。对于学习效果，则采用保持测试和迁移测试相结合的方法进行测量。基于学习过程的脑波数据、眼动数据的实时"在线"测量和基于问卷调查的"离线"测量相结合，形成学习投入数据间的三角互证，共同反映学习者的学习投入情况。

系列实验数据的分析结果显示，脑波仪测量数据、眼动仪测量数据和问卷测量数据，与测试成绩间的变化具有一致性，具有三角互证研究方法的特性，相互印证，从多个维度说明移动学习资源画面设计影响学习者的学习投入，并进一步影响学习结果。学习投入和学习效果之间三角互证关系可用图7－1表示。

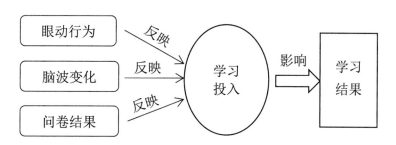

图7－1 学习投入与学习效果之间三角互证关系图

同时，学习者的动机数据、学习投入数据和学习效果数据相互影响，形成学习发生动力（学习动机）、过程（学习投入）和结果（学习效果）数据间的三角互证，立体、动态地反映了移动学习资源画面设计策略对学习投入的影响情况。并从实证研究的角度验证了本研究提出的"移动学习环境、学习动机、学习投入和学习者发展的关系模型"。

---

①Azevedo R. Defining and Measuring Engagement and Learning in Science：Conceptual，Theoretical，Methodological，and Analytical Issues [J]. Educational Psychologist，2015，50(1)：84－94.

在移动学环境下,当为学习者提供了符合多媒体画面设计规律的学习资源时,学习资源画面具有足够的吸引力,学习过程中的互动富有兴趣,并提供及时有效的帮助与反馈,学习体验友好时,学习者的学习动机将被有效激发,在学习过程中产生较高的情感投入和认知投入,并激发较高的行为投入,提高学习效果。学习投入的变化对学习者的学习动机具有能动的调整作用,逐渐形成了积极主动的学习态度,学习投入程度高,学习效果理想的良性循环。

第三节 研究展望

为了提高后续研究结果的普适性和可靠性,在研究中尽量选择多地区,多年龄层次的被试,探索不同年龄层次被试在学习投入和学习效果方面的差异。

后续研究将进一步对移动学习资源画面设计的三个层次五个影响因素进行细化和深入,对画面布局的其他设计形式、学习支架的其他设计策略、三维界面更深层次互动方式的挖掘和更多色彩搭配方式进行系统深入的实验探索和实践验证。

研究中使用了 Tobii X120 型固定式眼动仪,在进行实验时被试自由活动范围受到一定限制,移动学习效果的生态效度受到一定影响。在后续研究中,尝试采用生态效度更好的便携式及眼镜式眼动仪进行眼动数据的采集,以适应移动学习的特点和研究需要。

将研究结论进行推广应用,对移动学习资源画面设计进行指导,并在实际教学中加以应用,以检验所得结果的有效性和可推广性。

参考文献

[1][德]库尔勒·勒温. 拓扑心理学原理[M]. 高觉敷，译. 北京：商务印书馆，2011.

[2][法]莫里斯·梅洛－庞蒂.知觉现象学[M]. 姜志辉，译. 北京：商务印书馆，2001.

[3][美]J.M.斯伯克特，M.D.迈瑞尔，J.G.迈里恩波. 教育传播与技术研究手册[M]. 任友群，等译. 上海：华东师范大学出版社，2015.

[4][美]Jeff Johnson. 认知与设计：理解 UI 设计准则（第 2 版）[M]. 张一宁，王军锋，译. 北京：人民邮电出版社，2014.

[5][美]Jennifer Romano Bergstrom，Andrew Jonathan Schall. 眼动追踪—— 用户体验设计利器[M]. 宫鑫，等译. 北京:电子工业出版社，2015.

[6][美]R.M.加涅. 学习的条件和教学论（第三版）[M]. 皮连生，王映学，郑葳，等译. 上海：华东师范大学出版社，1999.

[7][美]R.基思·索耶. 剑桥学习科学手册[M]. 徐晓东，等译. 北京：教育科学出版社，2010.

[8][美]Robert J.Sternberg. 认知心理学（第三版）[M]. 北京:轻工业出版社，2006.

[9][美]Scott Mc Quiggan，Lucy Kosturko，Jamie Mcquiggan 等. 移动学习：引爆互联网学习的革命[M]. 王权，等译. 北京：电子工业出版社，2016.

[10][美]Shneiderman B，Plaisant C. 用户界面设计：有效的人机交互策略[M]. 张国印，汪滨琦，等译. 北京：电子工业出版社，2006.

[11][美]Tom Tullis，Bill Albert. 用户体验度量：收集、分析与呈现[M]. 周荣刚，秦宪刚，译. 北京：电子工业出版社，2016.

[12][美]Tomas Lockwood. 设计思维：整合创新、用户体验与品牌价值[M]. 李翠容，李永春，译. 北京：电子工业出版社，2012.

[13][美]理查德·E.梅耶. 多媒体学习[M]. 牛勇，邱香,译. 北京：商务印书馆，2006.

[14][美]理查德·E.梅耶. 应用学习科学—— 心理学大师给教师的建议[M]. 盛群力，等译. 北京：中国轻工业出版社，2016.

[15][美] 唐纳德·A.诺曼. 设计心理学 1 日常的设计[M]. 小柯，译. 北京：中信出版社，2015.

[16][美]唐纳德·A.诺曼. 设计心理学 2 与复杂共处（修订版）[M]. 张磊，译. 北京：中信出版社，2015.

[17][美]唐纳德·A.诺曼. 设计心理学 3 情感化设计（第 2 版）[M]. 何笑梅，欧秋杏，译. 北京：中信出版社，2015.

[18][美]托马斯·费兹科，约翰·麦克卢尔著. 教育心理学—— 课堂决策的整合之路[M]. 吴庆麟，译. 上海:上海人民出版社，2008.

[19][美]约翰·D.布兰思福特，等. 人是如何学习的[M]. 程可拉，孙亚玲，王旭卿，等译. 上海：华东师范大学出版社，2013.

[20][英]约翰·特拉克斯勒，[美]海伦·克朗普顿，肖俊洪. 文化视角下的移动学习[J]. 中国远程教育，2015，（10）：5−14＋79.

[21]白学军，阴国恩. 有关眼动的几个理论模型[J]. 心理学动态，1996，（03）：30−35＋60.

[22]曾家延，董泽华. 学生参与时间理论模型研究评论——兼论 PISA 等国际大规模测试对学习时间测量的不足[J]. 外国教育研究，2017，（11）：69−81.

[23]曾嘉灵，陆星儿，杨阳等. 基于结构方程的远程学习者满意度影响因素研究[J]. 中国远程教育，2016，（08）：59−65＋80.

[24]柴阳丽，陈向东. 面向具身认知的学习环境研究综述[J]. 电化教育研究，2017，38（09）：71−77＋101.

[25]陈杰. 网络自主学习中的学生投入研究[M]. 北京：北京交通大学出版社，2015.

[26]陈侃，周雅倩，丁妍. 在线视频学习投入的研究——MOOCs 视频特征和学生跳转行为的大数据分析[J]. 远程教育杂志，2016，34（04）：35−42.

[27]陈美玲，白兴瑞，林艳. 移动学习用户持续使用行为影响因素实证研究[J]. 国远程教育，2014，（12）：41−47＋96.

[28]陈明选，张康莉. 促进研究生深度学习的翻转课堂设计与实施[J]. 现代远程教育研究，2016，（05）：68−78.

[29]陈斌. 混合方法研究：远程教育值得推广的研究范式[J]. 现代远距离教育，2010，（05）：26−29.

[30] 陈星海，杨焕，廖海进. 基于效率的移动界面视觉设计美学发展研究[J]. 包装工程，2015，36（16）：107−110.

[31]邓静，赵冬生. 再探学习支架[J]. 上海教育科研，2008，（09）：65−67.

[32]丁凯. 论移动平台中用户界面的视觉层级设计[J]. 南京艺术学院学报（美术与设计版），2014，（06）：192−196.

[33]杜栋，庞庆华. 现代综合评价方法与案例精选[M]. 北京：清华大学出版社，2005.

[34]风笑天. 追踪研究：方法论意义及其实施[J]. 华中师范大学学报（人文社会科学版），2006，（06）：43−47.

[35]冯武锋，高杰，徐御士，等. 5G 应用技术与行业实践[M]. 北京：人民邮电出版社，2020.

[36]冯小燕，胡萍，李纲. 大学生在线学习投入现状及影响因素研究——以疫情防控下的河南 H 高校为例[J]. 河南科技学院学报，2020，40（10）： 24−30..

[37]冯小燕，王志军，李睿莲等. 基于认知负荷理论的微课视频设计与应用研究[J]. 实验室研究与探索，2017，36（10）：218−222.

[38]冯小燕，王志军，吴向文. 我国教育技术领域眼动研究的现状与趋势分析[J]. 中国远程教育，2016，（10）：22−29.

[39]高杰. 注意起伏规律及其在课堂教学中的运用[J]. 教育评论，2002，（05）：113－115.

[40]高洁. 外部动机与在线学习投入的关系：自我决定理论的视角[J]. 电化教育研究，2016，37（10）：64－69.

[41]高洁，李明军，张文兰. 主动性人格与网络学习投入的关系——自我决定动机理论的视角[J]. 电化教育研究，2015，36（08）：18－22＋29.

[42]戈文，辛向阳. 移动界面中信息传达的设计研究[J]. 包装工程，2017，38（06）：81－86.

[43]龚少英，上官晨雨，翟奎虎等. 情绪设计对多媒体学习的影响[J]. 心理学报，2017，49（06）；771－782.

[44]顾小清，王春丽，王飞. 信息技术的作用发生了吗：教育信息化影响力研究[J]. 电化教育研究，2016，37（10）：5－13.

[45]郭德俊，汪玲，李玲. ARCS动机设计模式[J]. 首都师范大学学报（社会科学版），1999，（05）：95－101.

[46]郭继东. 英语学习情感投入的构成及其对学习成绩的作用机制[J]. 现代外语，2018，41（01）：55－65＋146.

[47]郭雨涵. 学习支架支持的大学生批判思维培养实证研究[D]. 西北师范大学，2015.

[48]韩静华，牛菁. 格式塔心理学在界面设计中的应用研究[J]. 包装工程，2017，38（08）；108－111.

[49]韩立龙. 移动网络学习[M]. 合肥：中国科学技术大学出版社，2011.

[50]何克抗. 教学支架的含义、类型、设计及其在教学中的应用——美国《教育传播与技术研究手册（第四版）》让我们深受启发的亮点之一[J]. 中国电化教育，2017，（04）：1－9.

[51]何旭明. 教师教学投入影响学生学习投入的个案研究[J]. 教育学术月刊，2014，（07）：93－99.

[52]胡航，董玉琦. 深度学习内容及其资源表征的实证研究[J]. 中国远程教育，2017，（08）：57－63＋80.

[53]胡敏. 在线学习中学生参与度模型及应用研究[D]. 武汉：华中师范大学，2015.

[54]黄冰玉. 多屏时代的移动用户体验设计研究[D]. 北京：北京邮电大学，2015.

[55]黄荣怀，Jyri Salomaa. 移动学习——理论. 现状. 趋势[M]. 北京：科学出版社，2008.

[56]黄荣怀，陈庚，张进宝，等. 关于技术促进学习的五定律[J]. 开放教育研究，2010，（01）：11－19.

[57]黄荣怀，张振虹，陈庚. 网上学习：学习真的发生了吗？——跨文化背景下中英文上学习的比较研究[J]. 开放教育研究，2007，（06）：12－24.

[58]黄鑫睿. 智慧教室环境下小学生课堂学习投入度及影响因素研究[D]. 武汉：华中师范大学，2016.

[59]江丰光,王丹,林群,等. 多媒体学习理论视角下英语多媒体学习资源设计框架——基于学龄前儿童英语听说 APP 的实证研究[J]. 中国电化教育,2015(12):12-17+25.

[60]姜金伟,李苏醒,远理. 基于同学和教师支持提升初中生学习投入的设计性研究[J]. 教育研究与实验,2015,(5):77-81.

[61]蒋军,陈雪飞,陈安涛. 积极情绪对视觉注意的调节及其机制[J]. 心理科学进展,2011,19(05):701-711.

[62]杰伦. 范梅里恩伯尔,金琦钦. 人如何学习?[J].开放教育研究,2016,22(03):13-23+43.

[63]金慧,胡盈滢,宋蕾. 技术促进教育创新——新媒体联盟《地平线报告》(2017 高等教育版)解读. 远程教育杂志,2017,(02):3-8.

[64]靳霄,邓光辉,经旻,等. 视频材料诱发情绪的效果评价[J]心理学探新,2009,29(06):83-87.

[65]井维华. 布卢姆掌握学习理论评析[J]. 中国教育学刊,1999,(03):40-42.

[66]康卫勇,袁修干,柳忠起,等. 瞳孔的变化与脑力负荷关系的试验分析[J]. 航天医学与医学工程,2007,(05):364-366.

[67]科技日报. 赵卫华:我国累计建成开通 5G 基站超过 142.5 万个,5G 手机终端连接数达到 5.2 亿户[EB/OL]. 2022-02-28.

[68]赖文华,王佑镁. 电子课本环境中数字化学习行为的眼动研究[J]. 开放教育研究,2016,22(05):112-120.

[69]雷浩,刘衍玲,魏锦. 基于时间投入——专注度双维核心模型的高中生学业勤奋度研究[J]. 心理发展与教育,2012,(04):384-391.

[70]李宝敏,祝智庭.从关注结果的"学会",走向关注过程的"会学"——网络学习者在线学习力测评与发展对策研究[J]. 开放教育研究,2017,23(04):92-100.

[71]李浩君,项静,吴亮亮. 概念图理论在移动学习资源设计中的应用研究[J]. 中国远程教育,2013(07):76-82.

[72]李克东. 教育技术学研究方法[M]. 北京:北京师范大学出版社,2003.

[73]李曼. 资产专用性视角下的移动学习:缺陷与改进[J]. 中国远程教育,2010,(09):42-46.

[74]李明. 世界著名心理学习家勒温[M]. 北京:北京师范大学出版社,2013.

[75]李娜,任新成. 国外学生投入及相关理论综述[J]. 上海教育科研,2013,(12):22-26.

[76]李青. 移动学习:让学习无处不在[M]. 北京:中央广播电视大学出版社,2014.

[77]李青峰. 基于具身认知的手持移动终端交互设计研究[D]. 无锡:江南大学,2016.

[78]李爽,李荣芹,喻忱. 基于 LMS 数据的远程学习者学习投入评测模型[J]. 开放教育研究,2018,24(01):91-102.

[79]李爽,喻忱. 远程学生学习投入评价量表编制与应用[J]. 开放教育研究,2015,21(06):62-70+103.

[80]李汪洋. 教育期望、学习投入与学业成就[J]. 中国青年研究，2017，（01）：23－31.

[81]李英蓓，迈克尔.J.汉纳芬，冯建超等. 促进学生投入的生本学习设计框架——论定向、掌握与分享[J]. 开放教育研究，2017，23（04）：12－29.

[82]厉毅. 远程教育中教学支架的表现形式和具体应用[J]. 河北广播电视大学学报2010，15（03）：1－4.

[83]林刚，张诗亚. 应用"三角互证法"提升教育技术研究的品质[J]. 中国电化教育，2014，（10）：23－28.

[84]林立甲. 基于数字技术的学习科学理论、研究与实践[M]. 上海：华东师范大学出版社，2016.

[85]林秀曼，谢舒潇. 数字化学习中学习动机激发与维持的探索[J]. 中国电化教育，2005，（09）：65－67.

[86]刘斌，张文兰，焦伟婷. 传播学视角下移动学习探究——基于要素分析的移动学习过程模型构建与解析[J]. 现代教育技术，2009，19（06）：69－72.

[87]刘斌. 对移动学习若干问题的再审视[J]. 远程教育杂志，2010，（05）：92－96.

[88]刘刚，胡水星，高辉. 移动学习的"微"变及其应对策略[J]. 现代教育技术，2014，24（02）：34－41.

[89]刘鲁川，孙凯. M－Learning 用户接受机理：基于 TAM 的实证研究[J]. 电化教育研究，2011，（07）：54－60.

[90]刘名卓，姜曾贺，祝智庭. 视线跟踪技术在网络教育资源界面设计中的应用个案及启示[J]. 中国电化教育教育，2011，（04）：71－76.

[91] 刘爽，郑燕林，阮士桂. ARCS 模型视角下微课程的设计研究[J]. 中国电化教育，2015，（02）：51－56＋77.

[92]刘在花. 中学生学习投入发展的现状与特点研究[J]. 中国特殊教育，2015，（06）：71－77＋85.

[93]刘哲雨，郝晓鑫，王红，等. 学习科学视角下深度学习的多模态研究[J]. 现代教育技术，2018，28（03）：12－18.

[94]刘哲雨，郝晓鑫. 深度学习的评价模式研究[J]. 现代教育技术，2017，27（04）：12－18.

[95]刘哲雨，侯岸泽，王志军. 多媒体画面语言表征目标促进深度学习[J]. 电化教育研究，2017，38（03）：18－23.

[96]刘哲雨，王志军，倪晓萌. Avatar 虚拟环境支持 CALLA 模式的教学研究[J]. 现代教育技术，2016，26（07）：44－50.

[97]刘哲雨，王志军. 行为投入影响深度学习的实证探究——以虚拟现实（VR）环境下的视频学习为例[J]. 远程教育杂志，2017，35（01）：72－81.

[98]刘智惠，薛晶晶，卢倩芸. 面向不同设备的响应式网页设计——Web 移动图书馆[J]. 现代图书情报技术，2014，（11）：95－101.

[99]刘作芬，盛群力. "直导教学"研究的三大贡献——罗森海因论知识结构、教学步

骤与学习支架[J]. 远程教育杂志，2010，28（05）：59－64.

[100]陆春萍，赵明仁. 大学生是如何学习的：学习投入的视角[J]. 高教探索，2012，（06）：72－76.

[101]罗士鉴，朱上上. 用户体验与产品创新设计[M]. 北京：机械工业出版社，2010.

[102]罗晓燕，陈洁瑜. 以学生学习为中心的高等教育质量评估——美国 NSSE"全国学生学习投入调查"解析[J]. 比较教育研究，2007，（10）： 50－54.

[103]吕林海，张红霞. 中国研究型大学本科生学习参与的特征分析——基于 12 所中外研究型大学调查资料的比较[J]. 教育研究，2015，36（09）：51－63.

[104]吕中舌，杨元辰. 大学生英语动机自我系统及其与学习投入程度的相关性——针对清华大学非英语专业大一学生的实证研究[J]. 清华大学教育研究，2013，34（03）：118－124.

[105]马兰. 掌握学习与合作学习的若干比较[J]. 比较教育研究，1993，（02）：6－9.

[106]马蕾迪，范蔚，孙亚玲. 学习参与度对初中生数学成绩影响研究[J]中国教育学刊，2015，（02）：77－80.

[107]马艳梅. 基于沉浸理论的中学文言文学习动机激发策略研究[J]. 教学与管理，2011，（33）：111－113.

[108]苗元江，李明景，朱晓红. "心盛"研究述评—— 基于积极心理学的心理健康模型[J]. 上海教育科研，2013，（01）：26－29.

[109]莫梅锋，张锦秋. 手机沉迷对大学生移动学习的影响与引导[J]. 现代远距离教育，2012，（05）：80－84.

[110]欧阳荣华. 教育技术学[M]. 北京：中国人民大学出版社，2011.

[111]潘运. 视觉注意条件下数字加工能力发展的实验研究[D]. 天津：天津师范大学，2009.

[112]庞博. 从扁平化风格看界面设计的发展潮流[J]. 装饰，2014，（04）：127－128.

[113]任峥，张胜楠，杨宏. "学习投入"与"学习性投入"的关系辨析[J]. 北京联合大学学报（人文社会科学版），2018，16（01）：120－124.

[114]荣泰生. AMOS 与研究方法[M]. 重庆：重庆大学出版社，2009.

[115]桑新民，李曙华，梁林梅. 媒体与学习的双重变奏——教育技术学的生产发展与国际比较研究[M]. 南京：南京大学出版社，2014.

[116]申荷永. 论勒温心理学中的动力[J]. 心理学报，1991，（03）：306－312.

[117]沈晖. 基于扁平化的移动学习 APP 界面设计[J]. 电脑知识与技术，2016，12（07）：214－215.

[118]沈晖. 艺术符号学视角下的移动学习客户端 GUI 设计[J]. 现代教育技术，2015，（11）：100－105.

[119]沈欣忆，胡雯璟，Daniel Hickey. 提升在线学习参与度和学习效果的策略探究及有效性分析[J]. 中国电化教育，2015，（02）：21－28.

[120]沈欣忆,李爽,丹尼尔•希基,等. 如何提升 MOOCs 的学生参与度与学习效果——

来自 BOOC 的经验[J]. 开放教育研究，2014，（03）：63－70.

[121]沈永江，姜冬，石雷. 初中生自我效能对学习投入影响的多层分析研究[J]. 中国临床医学杂志，2014，（02）：334－340.

[122]盛群力，丁旭，滕梅芳. 参与就是能力——"ICAP 学习方式分类学"研究述要与价值分析[J]. 开放教育研究，2017，23（02）：46－54.

[123]司国东，李安，宋鸿陟. 扭曲界面对移动阅读效果的影响[J]. 电化教育研究，2013，34（12）：68－73.

[124]司国东，赵玉，赵鹏. 移动学习资源的界面设计模式研究[J]. 电化教育研究，2015，36（02）：71－76.

[125]宋艳玲，孟昭鹏，闫雅娟. 从认知负荷视角探究翻转课堂——兼及翻转课堂的典型模式分析[J]. 远程教育杂志，2014，（01）：105－112.

[126]苏状. 手机屏幕的具身视觉建构研究[J]. 新闻大学，2021.

[127]孙崇勇. 认知负荷的理论与实证研究[M]. 沈阳：辽宁人民出版社，2014.

[128]孙东阳. 多媒体课件界面视觉要素组织和信息有效传递研究[J]. 包装工程，2010，31（08）：71－74.

[129]孙辛欣，靳文奎. 移动应用中的情感交互设计研究[J]. 包装工程，2014，35（14）：51－54.

[130]孙洋，张敏. 基于眼动追踪的电子书移动阅读界面的可用性测评——以百阅和 iReader 为例[J]. 中国出版，2014，（05）：48－52.

[131]谭浩，刘进，谭征宇. 基于意象的交互界面动效设计方法研究[J]. 包装工程，2016，37（06）：53－56.

[132]田嵩. 基于轻应用的移动学习内容呈现模式研究——以"瀑布流"式布局体验为例[J]. 电化教育研究，2016，（02）：31－37.

[133]汪振城. 视觉思维中的意象及其功能——鲁道夫•阿恩海姆视觉思维理论解读[J]. 学术论坛，2005，（02）：129－133.

[134]王建华，李晶，张珑. 移动学习理论与实践[M]. 北京：科学出版社，2009.

[135]王美倩，郑旭东. 基于具身认知的学习环境及其进化机制：动力系统理论的视角[J]. 电化教育研究，2016，（06）：54－60.

[136]王世赟. 联合国教科文组织："移动学习周"探索提高教育质量新路径[J]. 人民教育，2016，（06）：11.

[137]王晓晨，郭鸿，杨孝堂等. 面向数字一代的电子教材用户体验设计研究——以《Photoshop 图像处理》电子教材的用户体验设计为例[J]. 电化教育研究，2014，35（04）：77－82.

[138]王晓晨，杨娇，陈桄. 基于用户体验元素模型的电子教材设计与应用研究[J]. 中国电化教育，2015，（10）：82－87.

[139]王雪，王志军，付婷婷，等. 多媒体课件中文本内容线索设计规则的眼动实验研究[J]. 中国电化教育，2015，（05）：99－104＋117.

[140]王雪，王志军，付婷婷. 交互方式对数字化学习效果影响的实验研究[J]. 电化教育研究，2017，38（07）：98－103.

[141]王雪. 多媒体学习研究中眼动跟踪实验法的应用[J]. 实验室研究与探索，2015，34（03）：190－193＋201.

[142]王志军，王雪. 多媒体画面语言学理论体系的构建研究[J]. 中国电化教育，2015，（07）：42－48.

[143]王志军，吴向文，冯小燕，等. 基于大数据的多媒体画面语言研究[J]. 电化教育研究，2017，38（04）：59－65.

[144]王竹立. 移动互联时代的碎片化学习及应对之策——从零存整取到"互联网＋"课堂[J]. 远程教育杂志，2016，（04）：9－16.

[145]魏雪峰，杨现民，张玉梅. 移动互联时代碎片化学习资源的适用场景与高效管理[J]. 中国电化教育，2017，（05）：117－122.

[146]温小勇. 教育图文融合设计规则的构建研究[D]. 天津：天津师范大学，2017.

[147]武法提，张琪. 学习行为投入：定义、分析框架与理论模型[J]. 中国电化教育，2018，（01）：35－41.

[148]项立刚.5G 机会:5G 将带来哪些机会？如何把握？[M]. 北京：中国人民大学出版社，2020.

[149]辛自强，林崇德. 认知负荷与认知技能和图式获得的关系及其教学意义[J]. 华东师范大学学报（教育科学版）2002，（04）：55－60＋77.

[150]徐光. 加强情绪调节提高学习效率[J]. 佳木斯大学社会科学学报，2005，（01）：122－124.

[151]许玲，郑勤华. 大学生接受移动学习的影响因素实证分析[J]. 现代远程教育研究，2014，（04）：61－66.

[152]薛文峰. 移动互联网软件产品中的 UI 设计研究[J]. 包装工程，2016，37（06）：45－48.

[153]闫国利，熊建萍，臧传丽，等. 阅读研究中的主要眼动指标评述[J]. 心理科学进展，2013，21（04）：589－605.

[154]阳亚平，詹立彩，陈展虹，等. 基于室联网的开放大学智慧学习空间生态建设——以福建广播电视大学"5G 室联网实验室"的建设与应用为例[J]. 现代教育技术，2021，31（06）：64－71.

[155]杨立军，韩晓玲. 基于 NSSE－CHINA 问卷的大学生学习投入结构研究[J]. 复旦教育论坛，2014，12（03）：83－90.

[156]杨晓宏，李运福，杜华，等. 高校在线开放课程引入及教学质量认定现状调查研究[J]. 电化教育研究，2018，39（08）：50－58.

[157]叶素静，唐文清，张敏强，等. 追踪研究中缺失数据处理方法及应用现状分析[J]. 心理科学进展，2014，22（12）：1985－1994.

[158]殷丙山，高茜. 技术、教育与社会：碰撞中的融合发展——2017 年高等教育版《新

媒体联盟地平线报告》解读[J]. 开放教育研究，2017，23（02）：22－34.

[159]尹睿，徐欢云. 国外在线学习投入的研究进展与前瞻[J]. 开放教育研究，2016，22（03）：89－97.

[160]尹睿，徐欢云. 在线学习投入结构模型构建——基于结构方程模型的实证分析[J]. 开放教育研究，2017，23（04）：101－111.

[161]游泽清. 多媒体画面艺术基础[M]. 北京：高等教育出版社，2003.

[162]游泽清. 多媒体画面艺术设计[M]. 北京：清华大学出版社，2009.

[163]袁浩，马玉梅，陈典良，等. 手持移动终端界面可用性眼动评价研究[J]. 人类工效学，2016，22（04）：70－73+80.

[164]远程教育杂志. 2015 年国外十大教育科技创新方向[J]. 远程教育杂志，2015，33（02）：54.

[165]詹青龙，黄荣怀. 移动学习终端设计的价值取向和方法[J]. 中国远程教育，2009，（10）：69－72.

[166]詹泽慧. 基于智能 Agent 的远程学习者情感与认知识别模型——眼动追踪与表情识别技术支持下的耦合[J]. 现代远程教育研究，2013，（05）：100－105.

[167]张豹，黄赛，祁禄. 工作记忆表征引导视觉注意选择的眼动研究[J]. 心理学报，2013，45（02）：139－148.

[168]张虹. 推进手机移动学习：中小学教师态度与需求[J]. 现代远程教育研究，2012，（05）：71－78.

[169]张洁，王红. 基于词频分析和可视化共词网络图的国内外移动学习研究热点对比分析[J]. 现代远距离教育，2014，（02）：76－83.

[170]张克永，李宇佳，杨雪. 网络碎片化学习中的认知障碍问题研究[J]. 现代教育技术，2015，25（2）：88－94.

[171]张立. 基于用户的移动应用产品界面视觉设计研究[J]. 理论月刊，2017，（04）：67－72+91.

[172]张丽霞，郭秀敏. 影响虚拟课堂学习参与度的因素与提高策略[J]. 现代教育技术，2012，22（06）：29－34.

[173]张灵聪. 注意稳定性研究概述[J]. 心理科学，1995，（06）：372－373.

[174]张琪，武法提. 学习分析中的生物数据表征——眼动与多模态技术应用前瞻[J]. 电化教育研究，2016，37（09）：76－81＋109.

[175]张茹燕. 论多媒体画面语言学的合理性——从"国内外研究比较"和"语言学"的角度论证[D]. 天津：天津师范大学，2012.

[176]张舒予. 视觉文化研究与教育技术创新[J]. 中国电化教育，2006，（04）：10－15.

[177]张伟，陈琳，丁彦. 移动学习时代的学习观：基于分布式认知论的视点[J]. 中国电化教育，2010，（04）：21－25.

[178]张艳梅，章宁，涂艳. 移动环境下学习者在线参与度研究[J]. 现代教育技术，2014，

24（11）：88－96.

[179]赵呈领，周凤伶，蒋志辉，等. TAM 与 SDT 视角下网络学习空间使用意向之影响因素研究[J]. 现代远距离教育，2017，（05）：3－11.

[180]赵大羽，关东升. 品味移动设计：用户体验设计最佳实践[M]. 北京：人民邮电出版社，2013.

[181]赵慧臣. 移动学习的影响因素与优化研究[M]. 北京：科学出版社，2016，（04）.

[182]赵俊峰. 解密学业负担：学习过程中的认知负荷研究[M]. 北京：科学出版社，2011.

[183]赵鑫硕，杨现民，李小杰. 移动课件字幕呈现形式对注意力影响的脑波实验研究[J]. 现代远程教育研究，2017，（01）：95－104.

[184]郑世钰，刘三女牙. 智能手机的微型移动学习创新设计[M]. 北京：清华大学出版社，2015.

[185]郑旭东，王美倩. "感知—行动"循环中的互利共生：具身认知视角下学习环境构建的生态学[J]. 中国电化教育，2016，（09）：74－79.

[186]中国信息通信研究院. 中国 5G 发展和经济社会影响白皮书——开拓蓝海，成果初显[EB / OL]. 2021－12.

[187]衷克定，康文霞. 多媒体中文本色——背景色搭配对注意集中度的影响[J]. 电化教育研究，2010，（06）：88－91＋95.

[188]衷克定，王慧敏. 基于在线平台数据分析的教师教学能力发展阶段探究[J]. 现代远程教育研究，2019，31（03）：49－56.

[189]周详，沈德立. 高效率学习的选择性注意研究[J]. 心理科学，2006，（05）：1159－1163.

[190]朱静雯，方爱华，刘坤锋. 移动阅读沉浸体验对用户黏性的影响研究[J]. 编辑之友，2017，（04）：13－18.

[191]Ana I.Molina，Miguel A.Redondo，Carmen Lacave，et al. Assessing the effectiveness of new devices for accessing learning materials：An empirical analysis based on eye tracking and learner subjective perception[J]. Computers in Human Behavior，2014，31：475－490.

[192]Ashby F G，Isen A M，Turken A U. A neuropsychological theory of positive affect and its influence on cognition.[J]. Psychological Review，1999，106（03）：529－529.

[193]Azevedo R. Scaffolding self-regulated learning and met cognition-Implications for the design of computer based scaffolds[J]. Instructional Science，2005，（05）：367－379.

[194]Azevedo R. Defining and Measuring Engagement and Learning in Science：Conceptual，Theoretical，Methodological，and Analytical Issues [J]. Educational Psychologist，2015，50（01）：84－94.

[195]Beatty J，Lucerowagoner B. The pupillary system. [J]. 2000：142－162.

[196]Beckett GH，Hemmings A，Maltbie C，et al. Urban High School Student Engagement Through CincySTEM iTEST Projects[J] Journal of science education and technology，2016，25（06）：1－13.

[197]Bentler P.M.，Bonett D.G. Significance tests and goodness of fit in the analysis of covariance structures[J]. Psychological bulletin，1980，88（03）：588－606.

[198]Biemann C，Teresniak S. Positive emotions broaden the scope of attention and thought action repertoires. Cognition and Emotion，19（03），313－332[J]. Cogn Emot, 2005，19（03）：313－332.

[199]Bouta H，Retalis S，Paraskeva F. Utilising a collaborative macro－script to enhance student engagement：A mixed method study in a 3D virtual environment[J]. Computers & Education，2012，58（01）：501－517.

[200]Brand S，Reimer T，Opwis K. How do we learn in a negative mood? Effects of a negative mood on transfer and learning[J]. Learning and instruction，2007，17（01）：1－16.

[201]Cann AJ. Increasing Student Engagement with Practical Classes Through Online Pre-Lab Quizzes[J]. Journal Of Biological Education，2016，50（01）：101－112.

[202]Casuso-Holgado MJ，Cuesta-Vargas AI，Moreno-Morales N，et al. The association between academic engagement and achievement in health sciences students[J]. BMC Medical Education，2013，（02）：13－33.

[203]Charland P，Léger P M，Mercier J，et al. Measuring implicit cognitive and emotional engagement to better understand learners' performance in problem solving-A research note[J]. Zeitschrift Für Psychologie，2016，224（04）：294－296.

[204]Chen C M，Lin Y J. Effects of different text display types on reading comprehension，sustained attention and cognitive load in mobile reading contexts[J]. Interactive Learning Environments，2016，24：553－571.

[205]Christenson，S.L.，Reschly，A.L.&Wylie.C. The handbook of research on student engagement [M]. New York：Springer Science，2012：36－42.

[206]Clore G L，Gasper K，Garvin E. Affect as information. [J]. Handbook of affect and social cognition，2001，（02）：123－141.

[207]Connell J，Spencer M，Abert J. Educational risk and resilience in African-American youth：Context，self，action，and outcomes in school[J]. Child Development，1994，65（02）：493－506.

[208]Crowley K，Sliney A，Pitt I，et al. Evaluating a Brain-Computer Interface to Categorise Human Emotional Response[C]// IEEE，International Conference on Advanced Learning Technologies. IEEE，2010：276－278.

[209]Csikszentmihalyi，M. Play and Intrinsic Rewards [J]. Journal of Humanistic Psychology，1975，15（03）：135－153.

[210]Curtis RH，Lisa RH，Charles RG. Measuring student engagement in technology-mediated learning：A review[J]. Computers & Education，2015，90：36－53.

[211]D' Mello S，Graesser A. Dynamics of affective states during complex learning[J]. Learning and Instruction，2012，22（02）：145－157.

[212]Duchowski A T. Eye Tracking Methodology: Theory and Practice[M]. New York, NY: Spring-Verlag, 2007: 29—39.

[213]Efklides A, Petkaki C. Effects of mood on students' met cognitive experiences[J]. Learning and Instruction, 2005, 15（05）: 415—431.

[214]Evans J S B T. Dual-Processing Accounts of Reasoning, Judgment, and Social Cognition. Annual Review of Psychology, 59（01）: 255[J]. Annual Reviews.

[215]Folgieri R, Lucchiari C, Cameli B. A Blue Mind: A Brain Computer Interface Study on the Cognitive Effects of Text Colors[J/OL]. British Journal of Applied Science & amp; Technology, 2015, 9（01）: 1—11.

[216]Fred Paas, Juhani E. Tuovinen, Huib Tabbers, et al. Cognitive Load Measurement as a Means to Advance Cognitive Load Theory[J]. Educational Psychologist, 2003, 38（01）: 63—71.

[217]Fredricks JA, Blumenfeld PC, Paris AH. School Engagement: Potential of the Concept, State of the evidence[J]. Review of Educational Research, 2004, 74（01）: 59—109.

[218]Gary woodill. The Mobile Learning Edge: Tools and Technologies for Developing Your Teams[J]. McGraw Hill. 2010: 198—199.

[219]Ghergulescu I, Muntean C H. ToTCompute: A Novel EEG-Based Time OnTask Threshold Computation Mechanism for Engagement Modelling and Monitoring[J]. International Journal of Artificial Intelligence in Education, 2016, 26（03）: 821—854.

[220]Greene B A. Measuring Cognitive Engagement With Self-Report Scales: Reflections From Over 20 Years of Research[J]. Educational Psychologist, 2015, 50（01）: 1—17.

[221]Hannafin M J, Land S, Oliver K. Open Learning Environments: Foundations, methods, and models[M]// Instructional-design theories and models（Volume Ⅱ）. 1999.

[222]Hidi, S., Harackiewicz, J.M.. Motivating the academically unmotivated: A critical issue for 21st century. Review of Educational Research, 2000, 70: 151—179.

[223]Huang DL, Patrick Rau P.L, Liu Y. Effects of Font Size, Display Resolution and Task Type on Reading Chinese Fonts from Mobile Devices[J]. International Journal of Industrial Ergonomics, 2009, 39（01）: 81—89.

[224]J.Markwell. E-Learning and the Science of Instruction, R.C.Clark and R.E.Mayer[J]. Biochemistry and Molecular Biology Education, 2003, 31（03）: 217a—218.

[225]Jason M.Harley, Eric G.Poitras, Amanda Jarrell, et al. Comparing virtual and location-based augmented reality mobile learning: emotions and learning outcomes[J]. Educational Technology Research and Development, 2016, 64（03）, 359—388.

[226]Jeno L M, Grytnes J A, Vandvik V. The effect of a mobile-application tool on biology students' motivation and achievement in species identification: A Self-Determination Theory perspective[J]. Computers & Education, 2017, 107: 1—12.

[227] Reeve J, Ching-Mei Tseng. Agency as a fourth aspect of students' engagement

during learning activities[J]. Contemporary Educational Psychology，36（04）：257－267.

[228]Jonathan C，SharnRocco. Minding the Mind：The Effects and Potential of a School-Based Meditation Programme for Mental Health Promotion[J]. Advances in School Mental Health Promotion，2009，2（01）：47－55.

[229]Junco R. The relationship between frequency of Facebook use，participation in Facebook activities，and student engagement[J]. Computers & Education，2012，58（01）：162－171.

[230]Just M A，Carpenter P A. A theory of reading：from eye fixations to comprehension [J]. Psychological Review，1980，87（04）：329－354.

[231]Kareem J. Johnson，Christian E.Waugh，Barbara L. Fredrickson. Smile to see the forest：Facially expressed positive emotions broaden cognition[J]. Cogn Emot，2010，24（02）：299－321.

[232]Keller，J.M.. The Systematic Process of Motivational Design[J]. In Performance and Instruction，1987，26（09）：1－8.

[233]Kim D，Kim DJ. Effect of Screen Size on Multimedia Vocabulary Learning[J]. British Journal of Educational Technology，2012，43（01）：62－70.

[234]Kukulska-Hulme，A.. Mobile Usability in Educational Contexts：What Have We Learnt？[DB/OL]. http：//www. irrodl. org/index. php/irrodl/article/view Article/356/879[2017－03－03].

[235]Kumar A，Khanna R，Srivastava R K，et al. Alternative healing therapies in today's era[J]. International Journal of Research in Ayurveda & Pharmacy，2014，5（03）：394－396.

[236]Levert G L. Designing for Mobile Learning：Clark and Mayer's Principles Applied[J]. Learning Solutions Magazine，2006.

[237]Lin L，Lee C H，Kalyuga S，et al. The Effect of Learner-Generated Drawing and Imagination in Comprehending a Science Text[J]. Journal of Experimental Education，2016，85：1－13.

[238]Manuguerra M，Petocz P. Promoting Student Engagement by Integrating New Technology into Tertiary Education：The Role of the iPad[J]. Asian Social Science，2011，7（11）：285－287.

[239]Martínloeches M，Sel A，Casado P，et al. Encouraging Expressions Affect the Brain and Alter Visual Attention[J]. Plos One，2009，4（06）：e5920.

[240]Marzouk Z，Rakovic M，Winne P. Generating Learning Analytics to Improve Learners' Metacognitive Skills Using nStudy Trace Data and the ICAP Framework[C]// Learning Analytics and Knowledge，2016.

[241]Maughan L，Gutnikov S，Stevens R. Look more，like more：The evidence from eye-tracking[J]. Journal of Brand Management，2007，14（04）：335－342.

[242]Mayer R E，Estrella G. Benefits of emotional design in multimedia instruction[J]. Learning & Instruction，2014，33：12－18.

[243]Mehta R，Zhu RJ. Blue or Red? Exploring the Effect of Color on Cognitive Task Performances[J]. Science（New York，N. Y.），2009，323（5918）：1226－299.

[244]Michelene T.H.Chi & Ruth Wylie. The ICAP Framework：Linking Cognitive Engagement to Active Learning Outcomes[J]. Educational Psychologist，2014，49（04）：219－243.

[245]Miller B W. Using Reading Times and Eye-Movements to Measure Cognitive Engagement [J]. Educational Psychologist，2015，50（01）：31－42.

[246]Joua M，Tennyson R D，Wang J，et al. A study on the usability of E-books and APP in engineering courses：A case study on mechanical drawing[J]. Computers & Education，2016，92－93：181－193.

[247]Moreno R. Optimising learning from animations by minimising cognitive load：cognitive and affective consequences of signalling and segmentation methods[J]. Applied Cognitive Psychology，2010，21（06）：765－781.

[248]Newmann，F.，Wehlage，G.G.& Lamborn，S.D. The significance and sources of student engagement[M]. NewYork：Teachers College Press，1992：11－39.

[249]Ovesleová H. User-Interface Supporting Learners' Motivation and Emotion：A Case for Innovation in Learning Management Systems[C]. International Conference of Design，User Experience，and Usability. Springer International Publishing，2016：67－75.

[250]Park B，Knörzer L，Plass J L，et al. Emotional design and positive emotions in multimedia learning：An eyetracking study on the use of anthropomorphisms[J]. Computers & Education，2015，86（AUG）：30－42.

[251]Patrick B C，Skinner E A，Connell J P. What motivates children's behavior and emotion？Joint effects of perceived control and autonomy in the academic domain[J]. Journal of Personality & Social Psychology，1993，65（04）：781－791.

[252]Pekrun R. The control-value theory of achievement emotions：Assumptions，corollaries，and implications for educational research and practice. Educational Psychology Review，2006，18（04），315–341.

[253]Perry GT，Schnaid F. A Case Study on the Design of Learning Interfaces[J]. Computers & Education，2012，59（02）：722－731.

[254]Pizzimenti M A. Assessing Student Engagement and Self-Regulated Learning in a Medical Gross Anatomy Course[J]. Anatomical Sciences Education，2015，8（02）：104－110.

[255]Plass J L，Heidig S，Hayward E O，et al. Emotional design in multimedia learning：Effects of shape and color on affect and learning [J]. Learning & Instruction，2014，29：128－140.

[256]Porter D. Anxiety and Depression in the Classroom：A Teacher's Guide to Fostering Self－Regulation in Young Students[J]. School Social Work Journal，2016，40.

[257]Reeve J，Tseng C M. Agency as a fourth aspect of students' engagement during

learning activities[J]. Contemporary Educational Psychology，2011，36（04）：257-267.

[258]Renninger，K A，Bachrach J E. Studying Triggers for Interest and Engagement Using Observational Methods[J]. Educational Psychologist，2015，50（01）：58-69.

[259]Rotgans JI，Schmidt，HG. Cognitive engagement in the problem-based learning classroom[J]. Advances In Health Sciences Education，2011，16（04）：465-479.

[260]Ryan R M. Control and information in the intrapersonal sphere：An extension of cognitive evaluation theory. [J]. Journal of Personality & Social Psychology，1982，43（03）：450-461.

[261]Sanchez CA，Goolsbee JZ. Character Size and Reading to Remember from Small Displays[J]. Computers & Education，2010，55（03）：1056-1062.

[262]Sandra G.Hart, Lowell E.Staveland. Development of NASA-TLX（Task Load Index）：Results of Empirical and Theoretical Research[J]. Advances in Psychology，1988，52（06）：139-183.

[263]Schaufeli WB，Martinez LM，Pinto AM et al. Burnout and engagement in university students：Across-national study[J]. Journal of Cross-Cultural Psychology，2002，33：464-481.

[264]Shadiev R，Huang Y M，Hwang J P. Investigating the effectiveness of speech-to-text recognition applications on learning performance，attention，and meditation[J]. Educational Technology Research & Development，2017，65（05）：1-23.

[265]Sinatra G M，Heddy B C，Lombardi D. The Challenges of Defining and Measuring Student Engagement in Science[J]. Educational Psychologist，2015，50（01）：1-13.

[266]Smith E E，Kosslyn S M. Cognitive psychology : mind and brain[M]. Pearson / Prentice Hall，Pearson Education International，2007.

[267]Soto D，Funes M J，Guzmángarcía A，et al. Pleasant music overcomes the loss of awareness in patients with visual neglect[J]. Proceedings of the National Academy of Sciences of the United States of America，2009，106（14）：6011.

[268]Sun C Y. Influence of polling technologies on student engagement：An analysis of student motivation，academic performance，and brainwave data[J]. Computers & Education，2014，72（01）：80-89.

[269]Tanya Elias. Universal Instructional design principles for mobile Learning [J]. The International Review of Research in Open and Distance Learning，2011，（02）：143-156.

[270]Um E，Plass J L，Hayward E O，et al. Emotional design in multimedia learning[J]. Journal of Educational Psychology，2012，104（02）：485.

[271]Watson D，Clark L A，Tellegen A. Development and validation of brief measures of positive and negative affect：the PANAS scales. [J]. Journal of Personality & Social Psychology，1988，54（06）：1063-1070.

[272]Watt H M G，Goos M. Theoretical foundations of engagement in mathematics[J]. Mathematics Education Research Journal，2017，29（02）：1-10.

[273]Waycott J，Kukulska H A. Students' Experiences with PDAs for Reading Course Materials[J]. Personal and UbiquitousComputing，2003，7（01）：30－43.

[274]Yu T.F.，Lee Y.C.，Wang T.S.. The Impact of Task Technology Fit，Perceived Usability and Satisfaction on M-Learning Continuance Intention[J]. International Journal of Digital Content Technology and its Applications，2012，6：35－42.

附 录

附录1　移动学习环境下学习者学习投入情况调查

附录1－1 移动学习环境下学生学习投入情况调查的教师访谈提纲

老师您好！您在开展移动教育的过程中，对于学生的学习投入和表现有着自己的见解和体会，非常希望您能将您的见解与我们分享，共同促进移动教育的发展，谢谢！

1. 您任教的学段和年级是？

2. 在开展移动教育过程中，您观察或感受到学生学习投入程度较高的表现有哪些？学习投入不足的表现有哪些？

3. 在开展移动教育中，您认为影响学生学习投入的主要因素有哪些？

4. 针对移动教育中学生学习投入不足的问题，能否结合平时的教学谈谈您的促进策略或相关建议？

附录1－2 移动学习环境下学生学习投入情况调查学生问卷

亲爱的同学，相信你在平时利用移动设备进行自主学习时，会有自己的学习体验和感受，感谢您参与本次调查！

1. 你的年龄［单选］（　　）

A. 18 岁以下　　　　　B. 18－25 岁　　　　　C. 26－30 岁　　　　　D. 30 岁以上

2. 你目前的学段［单选］（　　）

A. 高中生　　　　　B. 大学生　　　　　C. 研究生　　　　　D. 职场白领

3. 你利用移动设备进行学习的频率是［单选］（　　）

A. 经常　　　　　B. 偶尔　　　　　C. 从不

4. 你觉得当前的移动学习资源质量总体怎么样？［单选］（　　）

A. 质量很好，让我欲罢不能　　　　　B. 质量一般，不怎么吸引我

C. 质量很差，一点儿也不吸引我　　　　　D. 其他 _____

5. 你在移动学习中有开小差的情况吗？［单选］（　　）

A. 从来不开小差　　　　　B. 偶尔会开小差

C. 经常开小差　　　　　D. 有时，开小差比学习的时间还长

6. 你觉得移动学习中导致您开小差的原因是？［多选］（　　）

A. 内容不新颖或不符合需求　　　　　B. 界面设计不生动或不美观，缺乏吸引力

C. 学习过程中帮助和反馈太少　　　　　D. 学习过程中容易迷失方向

E. 自我约束能力不强　　　　　*F.* 干扰信息太多　　　　　G. 其他 _____

7. 你觉得移动学习中您的学习投入程度高吗？［单选］（　）

A. 非常高　　　B. 比较高　　　C. 一般　　　D. 不是很高　　　E. 非常低

8. 移动学习中影响你学习投入的因素有哪些？可以从内容、资源、环境或自身等等各方面进行分析

_____

9. 当前的移动学习资源如何改进，才能让你的学习更加专注与投入？

_____

附录2 学习投入影响因素专家咨询与评定问卷

尊敬的专家：

您好！有关移动学习中学习者投入情况，通过文献分析、教师访谈及学习者调研，我们总结出移动学习中影响学习投入的几类因素，主要包括学习内容、资源、学习者自身、设备和其他干扰因素等。关于这些因素对学习投入影响大小和可干预性程度的确定，希望您能给出宝贵的意见和建议，非常感谢！请直接在题后面的对应栏里打"√"即可，谢谢您的指导和帮助！

此部分是影响因素的重要程度评定

影响因素维度	具体表征	1. 对学习投入的影响				
		非常小	较小	一般	较大	非常大
学习内容因素	主题明确					
	重点突出					
	内容丰富					
	内容新颖					
	体系完整					
	结构化设计					
	碎片化程度					
	满足学习者需求					
	难度适中					
	内容的吸引力					
资源设计因素	资源的整体质量					
	画面的整体设计					
	涉及内容的广泛性					
	呈现形式的吸引力					
	更新及时					
	画面设计的友好性					
	使用体验的舒适性					
	视频类内容的画面质量					
	音/视频内容的语速、语调					
	互动良好					
资源设计因素	操作方便					
	帮助与反馈及时					

续表

影响因素维度	具体表征	1. 对学习投入的影响				
		非常小	较小	一般	较大	非常大
资源设计因素	学习环节多样化					
	学习过程的趣味性					
	学习氛围的人性化					
	不易受设备中其他因素的干扰					
学习者自身因素	学习兴趣					
	学习动机					
	自我效能感					
	学习策略					
	注意力					
	精力集中的持续时间					
	自控力与自我约束力					
	学习时的状态					
	是否勤奋					
	能力基础					
	年龄					
	性别					
设备因素	移动设备对学习内容的适应性					
	移动设备的娱乐功能与诱惑性					
	网络速度是否给力					
	设备屏幕对眼睛及视力的影响					
干扰因素	学习环境是安静还是噪杂					
	学习环境的多样性（如地铁、公交上等非正式场合）					
	其他应用（如微信、游戏）的干扰					
	弹出信息（如电话、聊天等）的干扰					
干扰因素	广告的强势植入					
您觉得还有哪些干扰因素？						

此部分是影响因素的可干预程度评定

影响因素维度	具体表征	2.影响因素的可干预程度				
		很低	较低	中等	较高	很高
学习内容因素	主题明确					
	重点突出					
	内容丰富					
	内容新颖					
	体系完整					
	结构化设计					
	碎片化程度					
	满足学习者需求					
	难度适中					
	内容的吸引力					
资源设计因素	资源的整体质量					
	画面的整体设计					
	涉及内容的广泛性					
	呈现形式的吸引力					
	更新及时					
	画面设计的友好性					
	使用体验的舒适性					
	视频类内容的画面质量					
	音/视频内容的语速、语调					
	互动良好					
	操作方便					
	帮助与反馈及时					
	学习环节多样化					
资源设计因素	学习过程的趣味性					
	学习氛围的人性化					
	不易受设备中其他因素的干扰					
学习者自身因素	学习兴趣					
	学习动机					
	自我效能感					
	学习策略					
	注意力					
	精力集中的持续时间					
	自控力与自我约束力					
	学习时的状态					
	是否勤奋					
	能力基础					
	年龄					
	性别					

影响因素维度	具体表征	2.影响因素的可干预程度				
		很低	较低	中等	较高	很高
设备因素	移动设备对学习内容的适应性					
	移动设备的娱乐功能与诱惑性					
	网络速度是否给力					
	设备屏幕对眼睛及视力的影响					
干扰因素	学习环境是安静还是噪杂					
	学习环境的多样性（如地铁、公交上等非正式场合）					
	其他应用（如微信、游戏）的干扰					
	弹出信息（如电话、聊天等）的干扰					
	广告的强势植入					
您觉得还有哪些干扰因素？						

附录3 实验1测试与问卷

陈述性知识测试与问卷

基本信息

1.性别：_____ 2.年龄：_____ 3.年级：_____ 4.专业：_____

5.姓名：_____ 6.联系方式：_____

Ⅰ.前测

1.你了解大气环流吗？（　　　）

A.不了解　　　　　　B.了解，但不多　　　C.非常熟悉

2.你听说过拉马德雷现象或太平洋涛动现象吗？（　　　）

A.没有　　　　　　　B.听说过，但不清楚详细内容　　　　　　C.没听说过

3.你关注当前的气候异常的自然现象吗？（　　　）

A.从不关注　　　　　B.偶尔关注　　　　　C.经常关注

4.你的专业跟地理或海洋有关吗？（　　　）

A.无关　　　　　　　B.有关

5.请写出你所知道的拉马德雷现象（太平洋涛动现象）的相关知识。（会多少答多少，不会不答）

6.你对海洋及气候类主题内容或知识感兴趣的程度（1表示一点儿也不感兴趣，9表示非常感兴趣，请在对应的数字下面打"√"）

一点儿也不感兴趣 1 2 3 4 5 6 7 8 9 非常感兴趣

Ⅱ.PAS测试1

请阅读下面的每一个词语，并根据此刻你的情绪状态，在相应选项上打"√"

		几乎没有	比较少	中等程度	比较多	非常多
1	感兴趣的	1	2	3	4	5
2	兴奋的	1	2	3	4	5
3	热情的	1	2	3	4	5
4	受鼓舞的	1	2	3	4	5
5	意志坚定的	1	2	3	4	5
6	专注的	1	2	3	4	5
7	有活力的	1	2	3	4	5

Ⅲ.后测

PAS 测试 2 请阅读下面的每一个词语，并根据此刻你的情绪状态，在相应选项上打"√"

		几乎没有	比较少	中等程度	比较多	非常多
1	感兴趣的	1	2	3	4	5
2	兴奋的	1	2	3	4	5
3	热情的	1	2	3	4	5
4	受鼓舞的	1	2	3	4	5
5	意志坚定的	1	2	3	4	5
6	专注的	1	2	3	4	5
7	有活力的	1	2	3	4	5

内容测验

1."拉马德雷现象"由美国海洋学家斯蒂文·黑尔于 1996 年发现，又称"_____"，是一种高空气压流。

2."拉马德雷现象"分别以"_____"和"_____"两种形式交替出现。

3. 太平洋海面反复升降导致地壳运动，引发强烈的_____活动。

4.拉马德雷现象同南太平洋赤道洋流"_____"和"_____"现象有着极其密切的关系，被喻为它们两个的"母亲"。

5."深海巨震降温说"认为海洋及其周边地区的强震产生_____，可使海洋深处冷水迁到海面，使水面降温，冷水吸收较多的_____，从而使地球降温近 20 年。

6.判断题，正确的打"√"，错误的打"×"

1）当前的气候处于拉马德雷冷位相期（   ）

2）从"拉马德雷""冷位相"转到"暖位相"，飓风为高活动期（   ）

3）中国北方的严重低温冷害都发生在拉马德雷冷位相时期的拉尼娜年。（   ）

4）当"拉马德雷现象"以"暖位相"形式出现时，北美大陆附近海面的水温就会异常升高，而北太平洋洋面温度却异常下降。（   ）

5）在全球变暖的大背景下，拉马德雷的冷位相（1890－1924 年和 1947－1976 年）与全球低温气候对应，暖位相（1925－1946 年和 1977－1999 年）与全球变暖对应。（   ）

6）地球自转的速度有时候是加速的，有时候是减速的，而非一直匀速。（   ）

7）1889 年以来，全球大于等于 8.5 级的地震共 21 次，其中发生于暖位相期间的大地震次数比发生在冷位相期间的次数多。（   ）

7. 拉马德雷现象是哪个大洋上空的洋流和信风因地球自转速度的变化而产生强弱变化，进而影响海洋以及整个地球的气候？（   ）

A.印度洋   B.大西洋   C.太平洋   D.北冰洋

8. 当地球自西向东旋转加速时，下列说法错误的是（   ）

A.赤道带附近自东向西流动的洋流加强   B.赤道带附近自东向西流动的信风减弱

C.东太平洋深层冷水上翻，海面温度下降 D.全球气候变冷，形成拉马德雷冷位相

9.关于拉马德雷的位相周期，下列说法正确的是（   ）

A.一百多年来拉马德雷出现 4 个完整周期

B.20 世纪 90 年代地球属拉马德雷冷位相期

C.进入 21 世纪地球进入拉马德雷暖位相期

D.拉马德雷冷位相与全球低温气候相对应

10.拉马德雷与其他自然现象组合现象描述错误的是（   ）

A.拉马德雷冷位相期是强震集中爆发期

B.拉马德雷暖位相期是强震集中爆发期

C.拉马德雷冷位相期中国容易出现低温冷害

D.拉马德雷暖位相期飓风进入低活动期

11.下列自然现象，与是由拉马德雷相位影响无关的是（   ）

A.乳状云   B.飓风   C. 大地震   D.极寒天气

12. 关于深海巨震降温说，下列说法不合理的是（   ）

A.海洋及其周边地区的强震容易引起海啸 B.巨震多分布在赤道两侧各 40 度范围内

C.深海巨震能够影响气候变化   D.目前地区强震还不具有统计学规律

13. 有人认为中国古代天文学家设定一个甲子是六十年是有原因的，因为每隔六十年左右，地球上就会发生一次自然灾害频发期。根据刚才学的知识谈谈你对这一观点的理解。

14.近期全球范围内频繁出现特大强震、严重低温冻害、异常旱涝、强风海啸等自然灾害现象，请你解释出现这种现象的可能原因。

15. 2005 年 3 月 28 日印尼苏门答腊岛北部发生 8.6 级地震，2008 年 5 月 12 中国汶川发生 8.0 级地震，2010 年 2 月 27 日智利发生 8.8 级地震，2011 年 3 月 11 日日本发生 9 级地震，2012 年 4 月 11 日印尼苏门答腊发生 8.6 级地震，许多人推测地球进入了地震活跃期，但国地震台网中心预报部主任刘杰指出，近期的地震属正常，并未超出历史常规，1950年到 1964 年全球地震活动比最近 10 年还要强烈。请说出你的观点。

问卷

1. 在这次学习中，下面的描述与你的实际情况符合程度如何？ "1"为完全不符合，"9"为完全符合。

完全 | | | | | | | | 完全

不符合 1   2   3   4   5   6   7   8   9 符合

a1.我认为，在这次学习活动中我表现很好   （   ）

a2.完成这次学习任务中，我完全没感到紧张   （   ）

a3.这次学习中，我能进行自主的选择与调节   （   ）

a4.我认为这个学习任务对我有好处   （   ）

a5.我认为这个学习活动很有趣   （   ）

a6.在这次学习活动中，我非常地努力　　　　　　　　　　　　（　　　）
b1.此次学习过程中，我检查了学习中的错误　　　　　　　　　（　　　）
b2.此次学习过程中，我对利用移动设备进行学习感到很适应　　（　　　）
b3.活动结束后我会尝试其他学习方法以巩固这次移动学习的结果（　　　）
b4.此次学习过程中，我进行了自我反问以确保自己真正理解　　（　　　）
b5.此次学习过程中，我想到了借助查阅其他资料的方法增加对内容的理解（　　　）
b6.此次学习过程中，遇到的不熟悉内容时我努力想办法弄明白　（　　　）
b7.在此次学习过程中，对于不理解的内容我进行了适当的回顾　（　　　）
b8.我乐意课下跟其他同学交流刚才学习的内容　　　　　　　　（　　　）
2.你认为本次学习任务的难度为（　　　　　）

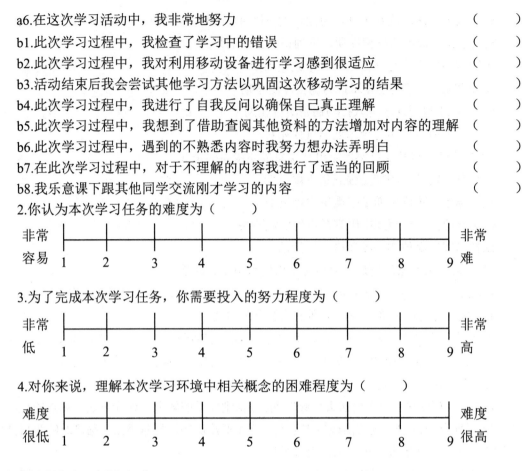

3.为了完成本次学习任务，你需要投入的努力程度为（　　　　　）

4.对你来说，理解本次学习环境中相关概念的困难程度为（　　　　　）

程序性知识测试与问卷

基本信息

同陈述性知识

Ⅰ.前测

1.你碰到过或目睹过紧急救助气道异物阻塞（喉管卡物）的事件吗？（2分）（如果有，请简要描述）

2.你遭受或经历过气道异物阻塞（喉管卡物）的危险情况吗？_____（2分）（如果有，请简要描述）

3.你听说过海姆立克急救法吗？　（　　　　）

A.没听说过　　　　　B.听说过，但不清楚功能和做法

C.听说过，并熟悉该方法的功能和做法

4.你的专业与医学有关吗？　（　　　　）

A.有关　　　　　B.无关

5. 请写出当你面对一个遇到气道异物阻塞的伤病员时，你所知道的紧急处理方法？

6.你对紧急救助类主题内容或知识感兴趣的程度（"1"表示一点儿也不感兴趣，"9"

表示非常感兴趣，请在对应的数字下面打"√"）

II.PAS 测试 1

同陈述性知识

III.后测

PAS 测试 2

同陈述性知识

内容测验

1.在没有发明海姆立克急救法之前，医生们多以_____方法或手指伸进口腔咽喉去取的方法进行救助，其结果不仅无效反而会使异物更深入气道。

2.海姆立克急救法是最简单有效的应对异物进入气管的方法，通过冲击腹部膈肌下软组织产生的压力压迫两_____下部，从而驱使该部位中的残留空气形成一股气流。

3. 海姆立克急救法对婴幼儿的急救可分为五步，即：一夹、_____、三翻、_____、五抠。

4.如果伤病员已经发生心搏停止，此时应对其实施_____，直到医务人员到来。

5. 进行气道异物阻塞的急救时，一般分为_____、立位胸部冲击法、卧位腹部冲击法和_____。

6.判断对错

1）大量饮酒时，由于血液中酒精浓度升高，使咽喉部肌肉松弛而吞咽失灵，食物团块极易滑入气道。（　　　　）

2）当较大异物堵塞气道造成完全堵塞时会导致不能发声和呼吸等，严重威胁生命。（　　　　）

3）当遇到明显肥胖者发生异物气道阻塞，且意识已经不清醒时，应立即实施立式腹部冲击法进行急救。（　　　　）

4）海姆立克急救法是通过抬高腹部膈肌，迫使肺内残留气体排出，造成人工咳嗽，从而使异物排出。（　　　　）

5）海姆立克急救法是由法国呼吸科科医生海姆立克于 1974 年发明的。（　　　　）

6）对于卧位腹部冲击法的急救，施救者将一只手的掌根平放在其腹部正中线肚脐上方剑突处；另一手直接放在第一只手心上，两手重叠，快速向内向上冲击伤病者的腹部，连续 5 次，重复操作若干次。（　　　　）

7）对意识不清醒的伤病员进行急救时，应首先将其置于仰卧位，使头后仰，开放气道。
（　　　）

8）对于已经发生心搏停止的异物阻塞伤病员，应先进行心肺复苏再进行海姆立克急救。
（　　　）

7.采用立位腹部冲击法施救时，下列操作有误的是（　　　）

A.将双臂分别从伤病员两腋下前伸并环抱伤病员腰部

B.救护人员一只手握拳，拳眼应顶住伤病员肚脐

C.另一只手从前方握住握拳手的手腕，形成"合围"之势

D.用力收紧双臂，迫使膈肌上升而挤压肺及支气管

8. 气道异物阻塞一般不会在以下哪种情况下发生？（　　　）

A.吃饭时嬉笑与打闹　B. 吃饭时大量饮酒　C.吃饭时细嚼慢咽　D.婴儿啼哭时喂食

9. 出现下列哪种症状可以直接判断是异物阻塞气道？（　　　）

A.剧烈且不停地咳嗽、干呕　　　　　　　　B. 呼吸困难，软弱无力

C. 一只手或双手呈"V"字状地紧贴于颈部，面色苍白　　　　　　D.昏迷失去意识

10.关于海姆立克急救法，下列说法错误的是（　　　）

A.海姆立克急救法被认为是最简单有效的应对异物进入气管的方法

B.该手法可以产生冲击性和方向性强的气流，将堵住器官或后部的异物冲击出来

C.该手法通过抬高膈肌的形式使患者产生人工咳嗽

D.对于孕妇，实施海姆立克急救法有风险，应等待专业人员施救

11.下列气道异物阻塞急救方法操作错误的是（　　　）

A.利用海姆立克急救手法进行自救时可以参照卧式腹部冲击法步骤进行

B.对3岁以下婴幼儿的救助可采用五步法进行救助

C.每次实施的冲击应是独立、有力的动作，一次4—6次

D.实施急救时，注意施力方向，防止胸部和腹内脏器损伤

12.关于气道异物阻塞的危害，下列说法正确的是（　　　）

A.会对呼吸器官产生致命伤害　　　　　　B.会对肺部产生不可逆的伤害

C.如果完全阻塞不能及时抢救将危及生命　D. 即使抢救及时也会造成不可治愈的伤害

13.请描述使用卧位胸部冲击法的主要步骤。

14.邻居家 2.5 岁小朋友在家里由奶奶照顾。小朋友在吃葡萄时忽然出现干呕、无法发声、面色发紫的紧急情况，奶奶惊慌中向你紧急求救？这时候你会如何做？

15.小明是一位淘气的初中学生，一次他在吃花生米时，将花生米抛到高空中并使之落入口中，如此几次玩得乐此不疲。忽然一不小心，在一粒花生米落进嘴了的瞬间，小明不小心深吸了口气将花生米卡在了呼吸道内，咽不下去，吐不出来，用双手捂着脖子痛苦地干呕，脸色发白。刚好你在旁边，你会怎么做？

问卷

同陈述性知识问卷

附录 4　实验 2 测试与问卷

基本信息

1.性别：＿＿＿＿＿＿　2.年龄：＿＿＿＿＿＿　3.年级：＿＿＿＿＿＿　4.专业：＿＿＿＿＿＿

5.姓名：＿＿＿＿＿＿　6.联系方式：＿＿＿＿＿＿

Ⅰ.前测

1.你了解岩石循环吗？（　　　　）

A.不了解　　　　　　　B.了解，但不多　　　C.非常熟悉

2.你知道岩石的分类吗？（　　　　）

A. 不知道　　　　　　　B.听说过，但不清楚详细内容　　　C.听说过，而且知道具体内容

3.你关注与岩石及其转化相关的内容吗？（　　　　）

A.从不关注　　　　　　B.偶尔关注　　　　　　C.经常关注

4.你的专业跟地理有关吗？（　　　　）

A.无关　　　　　　　　B.有关

5.请写出你所知道的岩石类型及岩石圈物质循环的原理、特点及影响的相关知识。（会多少答多少，不会不答）

6.你对岩石圈物质循环类主题内容或知识感兴趣的程度（"1"表示一点儿也不感兴趣，"9"表示非常感兴趣，请在对应的数字下面打"√"）

一点儿
也不感
兴趣
```
  ┌──────────────────────────────────────────────▶
  ├───┬───┬───┬───┬───┬───┬───┬───┤
  1   2   3   4   5   6   7   8   9
```
非常
感兴趣

Ⅱ.PAS 测试 1

同实验 1

Ⅲ.后测

PAS 测试 2

同实验 1

内容测验

1.岩浆岩的形成过程：岩浆在地下巨大的压力作用下，沿着地壳薄弱地带＿＿＿＿＿＿＿地表或＿＿＿＿＿＿＿地壳，随着温度、压力的变化，冷却凝固而形成岩浆岩。

2.常见的岩浆岩有：＿＿＿＿＿＿＿＿、＿＿＿＿＿＿＿。

3.变质岩的形成过程：地壳中原有的岩石，在_____、_____作用下，矿物成分和结构发生不同程度的改变而形成变质岩。

4.火山的喷发物主要来自（　　　　）

A.上地幔　　　　　B.下地幔　　　　　C.地核　　　　　D.地壳

5.关于各类岩石形成的说法，正确的是（　　　　）

A.变质岩形成需要经过重熔再生作用　　　B.岩浆岩的形成需要经过变质作用

C.沉积岩形成需要经过外力作用　　　　　D.各类岩石形成的起点是变质岩

6.下列岩石中能见到气孔的是（　　　　）

A.玄武岩　　　　　B.花岗岩　　　　　C.大理岩　　　　　D.石灰岩

7.下列各组岩石中都能找到化石的一组是（　　　　）。

A.花岗岩、板岩　　B.砂岩、大理岩　　C.玄武岩、页岩　　D.砾岩、砂岩

8.关于三大类岩石，下列说法正确的是（　　　　）

A.岩浆岩中的矿产含量最大　　　　　　　B.变质岩中的矿产含量最大

C.地壳中岩浆岩含量最多　　　　　　　　D.地壳中沉积岩含量最多

9.在一定温度和压力作用下，原有成分发生改变，由此而形成的岩石（　　　　）。

A.石灰岩、玄武岩　B.页岩、石灰岩　　C.大理岩、板岩　　D.砂岩、花岗岩

根据下列文字和图片描述完成10—11题。

在内蒙古北大山地区首次发现一种花岗岩形成的石林景观，花岗岩石林主要分布在海拔1700 m左右的一些山脊上，座座石峰，造型奇特，美不胜收，如下图所示。当地蒙古语称此石林为"阿斯哈图"，即险峻的岩石之意。

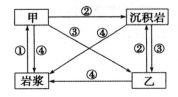

10.上图中"石林"景观，按照成因，其岩石为（　　　　）

A.玄武岩　　　　　B.变质岩　　　　　C.沉积岩　　　　　D.岩浆岩

11.上图中"石林"形成过程的先后顺序是（　　　　）

A.地壳下降—岩浆活动—风化、侵蚀　　　B.地壳上升—岩浆活动—风化、堆积

C.岩浆活动—地壳上升—风化、侵蚀　　　D.岩浆活动—地壳下降—风化、堆积

12.下图是不完整的岩石圈物质循环图，请结合刚才所学内容，解读该图，并完成问题回答。

图中：岩石类型：甲为_____乙为_____

作用类型：①为_____②为_____

③为_____④为_____

13. 下图嵌有恐龙化石的岩石属于哪类岩石？并说出你的理由或判断依据。

14.成语"海枯石烂"用于盟誓，反衬意志坚定，永远不变；或表示坚贞的爱情。结合刚才所学的知识，你认为石会烂吗？简要说出你的理由。

问卷

同实验 1

附录5　实验3测试与问卷

基本信息

1.性别：_____　2.年龄：_____　3.年级：_____　4.专业：_____

5.姓名：_____　6.联系方式：_____

Ⅰ.前测

1.你了解血液循环的过程吗？（　　　　）

A.不了解　　　　　B.了解，但不多　　　C.非常熟悉

2.你知道心脏的结构吗？（　　　　）

A.不知道　　　　　B.听说过，但不清楚详细内容　　　C.听说过，而且知道具体内容

3.你关注与心脏及血液循环相关的内容吗？（　　　　）

A.从不关注　　　　B.偶尔关注　　　　C.经常关注

4.你的专业跟医学有关吗？（　　　　）

A.无关　　　　　　B.有关

5.请写出你所知道的心脏及血液循环的相关知识。（会多少答多少，不会可不答）

6.你对心脏及血液循环主题内容或知识感兴趣的程度（"1"表示一点儿也不感兴趣，"9"表示非常感兴趣，请在对应的数字下面打"√"）

一点儿
也不感
兴趣　　　1　2　3　4　5　6　7　8　9　　非常
　　　　　　　　　　　　　　　　　　　　感兴趣

Ⅱ.PAS测试1

同实验1

Ⅲ.后测

PAS测试2

同实验1

内容测验

1.请在下列心脏部位中选择你认为正确的名称填写在下图中序号对应的括号内。

主动脉弓、左肺动脉、上腔静脉、下腔静脉、头臂干、左颈总动脉、左心室、左心房、右心室、右心房、肺动脉、肺静脉、心尖、右冠状动脉、左冠状动脉

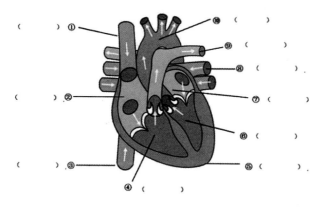

2. 心脏由心肌组织构成、具有瓣膜结构的空腔器官，位于胸腔的前下部，两肺之间，约 2/3 在身体正中线的偏_____侧，1/3 在正中线的_____侧。

3. 肺循环的静脉血起自肺门，注入_____。

4 体循环的静脉包括上腔静脉、_____和_____。

5. 右心室接受来自（   ）的血液。

A.左心房　　　　　　B.左心室　　　　　　C.右心房　　　　　　D.主动脉

6. 下列肺循环中的静脉说法错误的是（   ）

A.肺循环的静脉主要为肺静脉　　　　B.肺静脉主要分为左、右两条

C.主要收集肺泡毛细血管中的动脉血　　D.肺静脉血管中流的是静脉血

7. 心腔壁厚，且收缩力较强的是心脏的哪个房室？（   ）

A.左心室　　　　　　B.左心房　　　　　　C.右心室　　　　　　D.右心房

8. 三尖瓣位于哪个房室？（   ）

A.左心房　　　　　　B.左心室　　　　　　C.右心房　　　　　　D.右心室

9. 下列不属于右心房入口的是（   ）

A.上腔静脉口　　　　B. 肺静脉口　　　　　C.冠状窦口　　　　　D.下腔静脉口

10. 下列关于瓣膜说法错误的是（   ）

A.心脏瓣膜相当于门卫，防治血液回流　　B.瓣膜分为房室瓣和半月瓣

C.房室瓣分为二尖瓣、三尖瓣和四尖瓣　　D.血流经过后瓣膜合上，心脏发出心跳声

11. 体循环的静脉不包括（   ）

A.肺静脉　　　　　　B.上腔静脉　　　　　C.下腔静脉　　　　　D.心静脉

12. 关于肺循环的动脉，说法正确的是（   ）

A.肺动脉干起于左心室　　　　　　B.左肺动脉较长较粗

C.右肺动脉较短　　　　　　　　　D.右肺动脉分成三支进入右肺的上、中、下三叶

13. 下列有关动脉血管的特点，说法正确的是（   ）

A.管壁厚，弹性大　　　　　　　　B.管壁薄，弹性小

C.数量大分布广且流速慢　　　　　D.是物质交换的地方

14. 下列有关静脉血管的特点，说法正确的是（　　　）

A.管壁厚，弹性大　　　　　　　　　　　B.管壁薄，弹性小

C.数量大分布广且流速慢　　　　　　　　D.是物质交换的地方

15. 关于毛细血管说法错误的是（　　　）

A.内有毛细血管瓣　　B.数量众多　　　　C.遍布全身　　　　D.是物质交换的地方

16.当血液经过上腔静脉和下腔静脉后，它会流入（　　　）

A.左心房　　　　　　B.右心房　　　　　C.左心室　　　　　D.右心室

17.体循环的血液从（　　　）出发，经各级动脉，在全身毛细血管中进行物质交换。

A.左心室　　　　　　B.左心房　　　　　C. 右心室　　　　　D.右心房

18.右心室的出口朝向（　　　）

A.主动脉　　　　　　B.颈总动脉　　　　C.肺动脉　　　　　D.腹动脉

19.下列关于血管和血液的说法，错误的是（　　　）

A.离心流动的血液在动脉血管中　　　　　B.向心流动的血液在静脉血管中

C.静脉是将血液送回心脏的血管　　　　　D.动脉血管中流的均为动脉血

问卷

同实验 1 问卷

附录6　实验4测试与问卷

基本信息

1.性别：＿＿＿＿＿＿　2.年龄：＿＿＿＿＿＿　3.年级：＿＿＿＿＿＿　4.专业：＿＿＿＿＿＿

5.姓名：＿＿＿＿＿＿　6.联系方式：＿＿＿＿＿＿

Ⅰ.前测

1.你了解人体免疫系统吗？（　　　　）

A.不了解　　　　　　B.了解，但不多　　　C.非常熟悉

2.你听说特异性免疫和非特异性免疫吗？（　　　　）

A.没有　　　　　　　B.听说过，但不清楚详细内容　　　　C.听说过，且知道具体内容

3.你关注人体免疫对身体健康影响相关主题的内容吗？（　　　　）

A.从不关注　　　　　B.偶尔关注　　　　　C.经常关注

4.你的专业跟医学有关吗？（　　　　）

A.无关　　　　　　　B.有关

5.请写出你所知道的有关人体免疫系统相关的原理、特点及过程等方面的知识。（会多少答多少，不会不答）

6.你对人体免疫类主题内容或知识感兴趣的程度（"1"表示一点儿也不感兴趣，"9"表示非常感兴趣，请在对应的数字下面打"√"）

Ⅱ.PAS测试1

同实验1

Ⅲ.后测

PAS测试2

同实验1

内容测验

1.下列不属于免疫器官的是（　　　　）

A.脾　　　　　　　　B.淋巴结　　　　　　C.扁桃体　　　　　　D.肝脏

2.下列皮肤的作用中，属于免疫作用的是（　　　　）

A.防止细菌入侵　　　B.防止水分蒸发　　　C.感受外界刺激　　　D.调节体温

3.经胸腺分化成熟的免疫细胞是（　　　　）

A.B 细胞　　　　　　　B.T 细胞　　　　　　　C.NK 细胞　　　　　　　D.单核细胞

4.人类 B 细胞分化成熟的场所是（　　　　）

A.胸腺　　　　　　　B.脾脏　　　　　　　C.淋巴结　　　　　　　D.骨髓

5.关于中枢免疫器官的描述，下列错误的是（　　　　）

A.是免疫细胞分化成熟的部位　　　　　　　B.产生抗体和效应淋巴细胞

C.中枢免疫器官是免疫系统中的"黄埔军校"

D.胸腺和骨髓是人和哺乳动物的中枢免疫器官

6.下列结构中，不属于免疫器官的是（　　　　）

A.肝脏　　　　　　　B.脾脏　　　　　　　C.胸腺　　　　　　　D.淋巴结

7.下列关于抗体的叙述，不正确的是（　　　　）

A.主要分布于血清、组织液和外分泌液中　　B.是一种特殊的蛋白质

C.能破坏和排斥所有病原体　　　　　　　　D.是在抗原的刺激下产生的

8.下列不属于免疫功能的是（　　　　）

A.免疫防御　　　　　　B.免疫稳定　　　　　　C.免疫进攻　　　　　　D.免疫监视

9.病原体就是抗原（　　　　）

10.脊髓、胸腺、脾、淋巴结等免疫器官是免疫细胞生成、成熟和分布的场所（　　　　）

11.T 淋巴细胞和 B 淋巴细胞都来自于淋巴干细胞，它们分化、成熟场所也相同（　　　　）

12.取一只小鼠的皮肤分别移植到切除和不切除胸腺的幼年小鼠身上，切除胸腺的鼠皮肤移植更易成功。这个实验结果说明对异体皮肤排斥起重要作用的是（　　　　）

A.造血干细胞　　　　B.T 淋巴细胞　　　　C.血小板　　　　D.吞噬细胞

13.免疫是机体的一种重要的保护性功能。下列不属于免疫过程的是（　　　　）

A.花粉引起体内毛细血管扩张　　　　　B.移植的器官被排斥

C.抗 SARS 病毒的抗体清除 SARS 病毒　　D.青霉素消灭肺炎双球菌

14.免疫对机体是（　　　　）

A.有害的　　　　　　B.有利的　　　　　　C.利害均等

D.正常条件下有利，异常条件下有害

15.免疫防御功能低下的机体易发生（　　　　）

A.肿瘤　　　　　　　B.反复感染　　　　　　C.移植排斥反应　　　　　　D.超敏反应

16.下列关于 T 淋巴细胞和 B 淋巴细胞的区别，正确的是？（　　　　）

A.二者产生免疫作用的方式均为细胞免疫

B.二者产生免疫作用的方式均是靠产生抗体"作战"

C."T 淋巴细胞"采用直接接触靶细胞"作战"的细胞免疫方式，"B 淋巴细胞"采用产生抗体"作战"的体液免疫方式

D."T 淋巴细胞"采用产生抗体"作战"的体液免疫方式，"B 淋巴细胞"采用的是直接接触靶细胞"作战"的细胞免疫方式

17.最初进行的器官移植总是不能成功；但后来进一步的研究发现在进行器官移植时，

运用免疫抑制剂可以提高成活率。结合刚才所学的内容，请说出你对这种现象的理解。

18.为什么接种过水痘疫苗或者出过水痘的人能够抵抗水痘病毒的侵袭？他能抵挡麻疹病毒吗？

问卷
同实验 1